U0152685

The Lost Art of Reading Nature's Signs

Use Outdoor Clues to Find Your Way,
Predict the Weather, Locate Water,
Track Animals—and Other Forgotten Skills

消逝的艺术

如何读懂大自然的迹象

[英国] 特里斯坦·古利 著
丁将 译

Tristan Gooley

中国出版集团有限公司

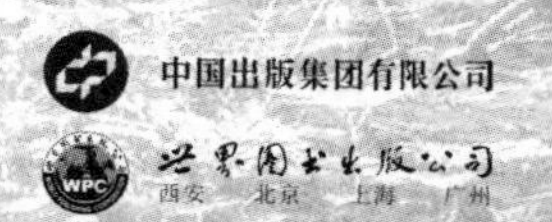

献给索菲、贝内迪克特和文森特

致读者

我的家乡在英格兰，我在我家附近和英格兰其他地方的森林里、城镇中、乡村间和海岸上徒步已经有20多年了。旅途中，我找到了数百个隐藏在平淡无奇的风光中的大自然的迹象——太阳、月亮、星辰、天空、植物和动物，在详尽观察后，它们往往能透露线索，让你对环境产生更深刻的理解。

我所见的很多东西一样能在美国很多地方找到，但我仍然难以避免地会提到一些读者可能不熟悉的植物和动物。北卡罗来纳州的民族植物学家马克·威廉姆斯和我一样，花了很多时间仔细观察大自然，我尽可能请他帮忙，将美国读者在自家后院可能发现的迹象和物种加入本书。

在这里，我还想提到一点，我非常喜欢的一些户外观察技巧是在远离家乡的地方学到的。我曾到过婆罗洲和撒哈拉这样遥远的地方，在那里，我和达雅人、图阿雷格人一起行走，学习他们阅读土地的古老习俗。我离开时，对一些概念和原则有了更好的理解，它们改变了我对家乡土地的看法，让我更深刻地理解：周遭世界如何以我从未想象过的方式，为那些愿意花时间观察的人，讲述它的秘密。

最后，我要做一些关于物种鉴别的说明：为了充分利用本书所述的内容，我建议读者在户外探险时带上一本或几本野外指南，我在徒步旅行的大多数时候都会这样做。事实证明，互联网也是有助于物种鉴别的绝佳资源。有无数的专业网站可以帮助你建立自己的线索库，而且我一直在将新的图片和素材加入我自己的网站：naturalnavigator.com。

目录

引　言

10 年前，为了在疲惫的旅程之后放松一下，我到布列塔尼的一片海滩上散步。一对年轻夫妇从一家高档酒店走出来，从我面前经过。从他们的泳装样式、发型和身体语言来看，他们给人一种欧洲大陆人的印象。我无意中听到的几句对话，证明了他们是意大利人。

当第一个浪头打到他们的双脚时，夫妻二人停了下来，然后他们做了很多人在这种情况下都会做的事情：他们下意识地检查了自己昂贵的首饰。他们的右手都摸了摸左手上的手指，正是这个动作将我的注意力引向了他们的婚戒。考虑到他们的年龄和酒店的豪华程度，不难推测出他们大概正在度蜜月。

我在不到 10 秒钟的时间里建立了关于这对夫妻的有限印象，我使用了非常基本的推理技巧，由于无数侦探故事都建立在这种观察和逻辑思考上，人们对这些技巧相当熟悉。人们给这类简单的思维过程冠以“福尔摩斯式思维”的绰号，这位虚构的侦探正是以这种方式分析陌生人的典型。

白日将尽时，我又看到了那对夫妻。他们已经开始在海滩上生火了。我在海滩上观察了鸟儿、岩石上的地衣、昆虫、云层、太阳和月亮，综合这些线索，我推断 40 分钟之后太阳就会落下去，过不了多久天空就会乌云密布，雨水将随后而至，而日落半小时后，潮水就会把他们生起的那一小堆篝火给浇灭。

如果这对夫妻晚上的计划是守在火堆旁仰望星空，那么大海和天空的“计划”则与他们背道而驰。他们会被迫提前离场，这种情况可能算不上什么了不得的悲剧。如果换成一对天文学家，恐怕会对当晚发生的事情大失所望，但一对蜜月旅行者反而可能会很高兴。

我离开了海滩，所以我没办法告诉你那晚在沙滩上到底发生了什么。人类的推理能力是有限的，但远远超出了大多数人的想象。事实上，我们很少将我们的推理和预测能力放在自然界上。但这一点马上就会改变。

在我 20 多岁的时候，换工作期间我都有一些闲暇时间，并有一种想要认真走走的欲望。我和我的朋友萨姆见了面，他也有类似的躁动。在我们讨论的第二分钟，我们就认定从苏格兰徒步到伦敦的旅行听上去相当不错，到了第三分钟，我们就把从格拉斯哥到伦敦的徒步旅行确定了下来。我们每天平均走 20 多英里，出发 5 周后到达了伦敦，一路上我俩好好领略了一番英伦风情，丑的、美的都见过。

那次旅行中某一天的经历我至今记忆犹新。旅程进入第三周，我们刚开始在英格兰北部峰区的一座山上徒步，这时地平线上冒出了一对黑影。几分钟后，我们可以看出他们是正经的徒步者。或者更准确地说，我们发现他们是预算相当了得的徒步者。他们身上挂满了我买不起也说不上名字的装备，那些装备垂向他们闪闪发光的运动鞋。我们两个人的背包再加上里面所有东西，都不及他们的手杖贵。那两个高端徒步者在我们对面停了下来，高傲地审视着我们穿的 T 恤、短裤和价值 19 英镑的运动鞋，说：“你们不会想穿成这样上去吧！”

这种同情可以原谅，我们确实看上去像一对无知的傻瓜。他们紧接着问了一个问题，并露出了善意的微笑。

“你们从哪儿来的？”

“格拉斯哥。”我和萨姆异口同声道。

他们沉默了，而我们两人继续爬山。

多年来，我所翻阅过的大多数徒步书籍都陷入了对安全和装备的过度关注。我不怎么喜欢这些书，因为我去徒步的目的不是为了待在安全无虞、舒适的世界里。就个人而言，我宁可在徒步中死去，也不愿因为读这种教人安全徒步的书给无聊死。接下来你就会发现，我多年来一直实践着这一观念。

在这本书中，我会别出心裁地假设你具备安全徒步的能力，而且会穿上大致合脚的袜子。如果你是那种喜欢穿着睡衣去爬冰山的人，那么你恐怕没怎么读过徒步方面的书，而且我怀疑要纠正你这种错误做法，仅仅靠读书是解决不了问题的。除了少数例外情况，我在安全方面的建议只有三个字：别犯傻。

这句话的意思是，每个人都需要为特定的工作准备适合的工具。

你可以在附录中找到一系列计算距离、高度、角度之类参数的方法。这些方法都不需要你购买或携带任何物品，但它们却非常有用。

大多数徒步者指南都会向读者提供关于某个特定地点的信息。这本书里没有这种信息。相反，它列出了几乎适用于任何地区、任何徒步活动的技巧，并示范了如何将这些技巧结合起来，使徒步整体的乐趣出现一加一大于二的效果。如果没有具体说明，这些技巧的适用范围都在北半球温带地区，其中包括英国，以及欧洲和美国的大部分地区。

这本书所讲述的是户外世界中的线索和迹象，以及预测和推理的艺术。本书旨在让你的徒步之旅不论时间长短，都能更加有趣。我希望你能喜欢它。

特里斯坦

第一章

开 始

——为什么一种气味预示着火车即将出现?

一条小小的线索就能让你对周围环境的看法产生极大的变化。想象一下，一个寒冷的清晨，你正在徒步，忽然闻到了一丝微弱的、持续不断的、臭臭的烟味。但是，你却看不到一丝着火的迹象。请你问问自己，据此能得出何种推论或者猜测。现在，思考一会儿，再继续阅读。

寒冷清晨的烟味

如果你能在寒冷的早晨，闻到空气中有烟味，很可能是出现了逆温（temperature inversion）。当温度比较高的空气层将温度较低的空气层困在地表附近时，就会产生逆温现象。工厂、家庭用火产生的烟滞留在地表附近无法散开，就在温暖的空气层下面弥漫开来，让空气带有一丝烟臭味。

逆温现象出现的时候，会形成“三明治效应”（sandwich effect），声音、光和无线电波会在下层低温空气层的顶端和地面之间发生反射。

在这种情况下，声音能够传播得更远，你能听到的响声也更大，因此正常情况下听不到的机场、马路或火车的声音，这时候也能听到了。如果附近有非常大的噪声，这种效应就非常明显，20世纪中叶发生的一起事件中，这一效应得到了明显的体现。

爆炸能够产生一种极端的声音形式，叫作冲击波（shock wave）。1955年，苏联在塞梅伊进行了一次早期核武器试验，爆炸产生的冲击波在逆温层中发生反射，摧毁了当地的一栋建筑，造成楼内三人死亡。

光会在逆温层中发生折射，这种光线的非正常弯曲现象会产生光学错觉。在正常的大气条件下，远处的物体会看上去又短又扁，所以日落的时候，我们看到的太阳总是矮胖矮胖的，像被压扁了一样。而空气中出现逆温层的时候，情况则刚好相反，这时候物体看上去像是被纵向拉长了。这会产生一种叫作“上蜃景”（Fata Morgana）的光学错觉，意大利人用“仙女摩根”[①]来称呼这种奇特的海市蜃楼。上蜃景的特点是，远处的物体会飘在半空：桥梁、船只看上去像悬浮在水面上方。这种逆温层折射效应也会让你更有可能看到“绿闪光”（green flash）这种罕见现象，即在日落那一刻，人们会看到转瞬即逝的绿色光芒迸发。

无线电波，特别是我们熟悉的调频广播使用的甚高频（VHF）无线电波，和声波一样，会在逆温层中发生类似的反射，而且它们也能传播得更远。这些无线电波不会逃逸到大气层中，而是在三明治结构里继续传播，处于常规覆盖范围几百公里外的电台这时也能收到电波。业余无线电爱好者将这种技术叫作“对流层大气波导”（tropospheric ducting），在互联网远未将远程通信变得简单的时候，人们广泛利用这种技术接收远程电台信号。冷战时期，冬日空气中的烟味让铁幕背后的人得以窃听到许多对话。这种环境状况也能够造成信号干扰，特别是在沿海地区，保持安全距离的电台之

①仙女摩根，La Fata Morgana，也叫摩根勒菲，是英国亚瑟王传奇中的女巫，亚瑟同母异父的姐姐，会魔法。（本书注释，除特别说明，均为译注。）

间会出现电波重叠。这种电波干扰会导致收音机出现乱七八糟的声音。

在逆温现象持续期间，早晨或晚上有雾的概率很高。无法散去的烟和雾浓度足够高时，会产生烟雾。1952 年，逆温导致伦敦出现了严重的烟雾，超过 11000 人因呼吸系统疾病丧生。

逆温是一种新奇的气象现象，但并不有益于健康，幸好它通常不会持续很长时间。

单单是闻到一种气味就可以让人的思维踏上一段非凡之旅。感觉后思考，观察后推理，这个过程看似简单，却是让徒步从单调无味转化为充满趣味的关键。这两步缺一不可。大脑可以在我们的思想中建造出妙不可言的高楼大厦，但它需要我们的感官提供脚手架。二者之间是一种共生关系：没有感官，大脑会变得迟钝；而没有大脑的指导，感官也会变得懒惰。幸好大脑在其中承担的任务很有趣，它要做的就是回答一系列问题：我要选哪条路？天气会如何变化？多久后会变化？温度是多少？那个有多少年历史了？我接下来会看到什么？

要回答这些简单问题和许多别的问题，倘若不借助笨重的工具，而单纯依据气味、色调、颜色和形状等线索，将迫使感官和头脑重新合作，并让徒步者双耳之间的脑袋中燃起一团有趣的篝火。公平来讲，我要在这里提醒一句：这种方法并不适合所有人。并不是每个人都能享受这种火花。世界上的徒步者有许多类型，有一些人喜欢通过徒步让大脑休息，这并没有错。然而，有一大群徒步者喜欢感受他们的思维跟随着腿一起活动，这本书就是为他们写的。有些人认为睡觉时的短暂休息以及死后的长眠绝对够自己的脑子休息了，对他们而言，徒步是一段可以让自己沉醉于全新洞察的美好时光。从一些事例中，我得知这两类徒步者能够互相包容对方的陪伴，甚至能共度愉快的时光。然而，后一类人眼中闪烁的令人不安的光芒往往会吓跑前一类人，在正常情况下，这两类人不应该试图一起徒步。建议他们徒步的时候最好让彼此之间隔几座山的距离。

现在说说正事，也就是如何把新鲜空气变成能拓展精神体验的灵药。要实现这一目标，最好的办法是依次介绍徒步者可能遇到的各项因素。我会分别介绍地面、天空、植物和动物，以便徒步者能够熟悉每一类线索。然而，我们得记住，大自然的意愿并不是让它们相互割裂，因此，当我们将不同的因素综合起来展开推理的时候，才能产生真正的乐趣。树木根部的曲线可以作为指南针，而岩石上的颜色会告诉你夜间徒步的最佳时间。

一旦你熟悉了所有的户外元素，你就有机会享受和获得绝佳的户外体验，以及那种在小心翼翼的尝试中不断开拓认知边界所带来的刺激感。但首先，你要做好基础工作。

第二章

地 面

——泥的颜色能说明什么？

任何一次徒步开始时，你最好花点时间审视旅途中的高地、山谷、山坡和路线，从中寻找形状和图案。无论你是在东安格利亚[①]穿越平缓的丘陵，还是在喜马拉雅山上，方法都是一样的。如果不仔细观察，我们就不可能在风景中找到线索。首先，大多数人认为有地图参考，这不过是小菜一碟，但是，当你读完本书就能发现，我们不是靠地图去了解一片土地，相反，我们能根据对一片土地的了解绘制出地图。几千年来，人类在地球上的移动大部分靠步行，而且没有地图的帮助。

在我的课上，我喜欢用一个简单的练习来说明抓住机会对周围环境进行恰当的观察是何等重要。在山顶上时，我会问一组人，他们认为在徒步中即将经历的最巨大的变化是什么。几张担心的面孔会在天空中寻找要变天的迹象，然而他们没找到一点线索，就会全无思路。接下来，我会请小组成员列一张清单，列出他们从各个方向能看到的景观特征。

“一座农场建筑、林地的边缘、两座山峰、海岸线、远处的无线电杆、三条小路、火堆产生的高耸的烟雾、城镇的边缘、一条公路、一堵墙……”

①东安格利亚，英格兰东部的一个地区，范围涵盖诺福克、萨福克和剑桥郡。

只要我不打断，这个清单就会越来越长。

接下来，我们步行 10 分钟，由于在山顶上，我们只有一条路可走——下山的路。当我们踏入一个普普通通的山谷底部的林地时，我会请大家列出他们环顾四周能看到的景观特征。

“两边都是上山的路……到处都是树……呃，没了。”

短短 10 分钟内，我们身边的景观从目不暇接变成了乏味无聊。然而并非完全乏味无聊。后来这些贫乏的观察中蕴含了很多潜力，稍后我们讲到婆罗洲的达雅部落的人时，就能体会到。但现在，我们需要重视的关键点是，优秀的景观视野不仅漂亮，也是丰富的信息来源。高度带来了宽广的视角，而这是宝贵的礼物。测绘人员一直很懂得这一点。因此如果你发现自己站在一个“三角点”或三角测量站旁边，在能见度良好的情况下，你应该能看到远方至少还有另外两个高点。

每当我们看到任何类型的风景，它都在提示我们要在头脑中记下主要的特征。当出现显眼或者有特色的地标时，你会很自然地记下来。这些地标往往拥有令人难忘和具有描述性的名字。威尔士蒙茅斯郡的糖塔山对此地的徒步者来说，如同里约热内卢的糖面包山一样，是强有力的参照物。不幸的是，与注意到夸张地标相比，人们错过不易察觉的地标可能性更大一些。想一想你熟悉的风景，在脑海中数一数你能想起的所有类型的地标的数量。下次你和别人一起到那里时，你们可以来一场友谊赛，各自列出那个地方的特色之处。你会突然注意到坍塌的墙壁、树木、岩石或山脊线。

事实上，花时间去注意那些不太显眼的地标特征是一种需要付出努力才能建立起来的习惯。在与我同行的人当中，你只能从三类人身上经常见到这样的习惯：艺术家、经验丰富的士兵和原住民。在我看来，研究风景中更复杂的特征，在现代人看来是一件困难的、奇怪且不自然的事。如果你感觉自己十分吃力，大体来说有两种方法可以帮你磨炼技能：你可以花大量时间生活在没有任何技术、地图或指南针的偏远地区，或者你可以花时间找几处风景进行速写——其中只有一个是特别实用的解决方案。你的艺术作品的质量并不重要，至关重要的是练习观察和注意的艺术。

当你对透视、光线及其对景观的影响有一些了解时，学着更仔细地研究景观就会有趣得多。下次你在一片起起伏伏的山丘上看到漂亮的风景时，请留心寻找自己已经看过无数次但也许从未注意过的东西。

请注意，距离越远的东西，看起来颜色越浅。最近处的山丘明显比它后面的山丘要暗，而更远处的山丘则显得更浅，就这样一直渐变到地平线。这种现象是由名为“瑞利散射”（Rayleigh scattering）的大气光学效应导致的，该效应以研究它的英国科学家的名字命名。也正是由于这种散射效应，天空呈现出蓝色，而地平线总是看起来更接近白色，甚至在没有云的日子里也是这样。

了解光线和明暗对比可以帮你做出预测。你是否有过这样的经历：在某天清晨或日暮时分望向山坡，感觉山的颜色异乎寻常，简直像在发光，而且浓郁得夺目。当太阳低垂时，我们背对太阳看向以黑暗天空为背景的山丘时，就会产生这种效果。如果在日落前的最后一个小时，你看到了阳光冲破云层，那么一定要背对太阳看看风景。风景的色彩会格外饱满，面前地面上的颜色会显得很耀眼。在天气不完美的情况下徒步时，我最喜欢用这种方式来结束一天的旅程。

有一种观点，虽然不那么有趣，但相当实用，很值得了解。站在斜坡上时，我们的大脑会略感困惑。当上坡或下坡时，我们的大脑会做出微调整，使眼前的画面趋于正常，也就是说，让一切看起来更接近水平状态。这在无意中影响了我们对其他地方坡度的判断。当我们走下坡路时，比较陡峭的下坡看起来比实际平缓一些。当身处于向下倾斜的斜坡上时，我们前方的平地看上去像平缓的上坡，而平缓的上坡会变成陡峭的上坡。这种效应对徒步者来说通常不是一个大问题，因为我们的行进速度慢，有很多时间来调整，但它经常让驾车者和骑行者判断失误，让他们有机会闻到紧急刹车时刹车片散发出的气味。

经常被徒步者低估的错觉还有很多，这种坡度错觉只是其中的一部分。当前的视角会影响我们对其他一切事物的感觉。出于这个原因，如果需要保持平衡的话，千万不要看正在移动的东西。如果你需要从狭窄的通道上走过，比如，一棵横跨溪流或河流的倒下的树，那么不要看流动的水——看着它你几乎不可能保持平衡。

我们把自己训练成为观察者后，才能享受更复杂的推理游戏。游戏的基础是广泛的观察。山丘的北面和南面的阳光条件截然不同，因而形成了不同的风貌。如果将风和降水的影响排除在外，你可能会注意到朝南的山坡上有更多植被，而山的北面则有更多冰川的痕迹。雪线、树线和居住区的位置在南面更高的山坡上。这一侧的植物通常也会比生长在北坡的同种植物早四天左右发芽。

许多不同的情况下，盛行风都可以作为一条宝贵的线索。但在我深入探讨这个问题之前，我应该提醒读者，盛行风的风向因地而异。在英国，我习惯的风向是西南风，而在美国的许多地方，西风多处于大气层较高区域，地面风（我在第 125 页解释了不同类型风的区别）的风向更多取决于当地的地理环境、一年中的时间和其他变量，所以在美国的不同地方，地面风的风向会有所不同。为了让本书提到的技巧与你的徒步需求相契合，你要核实自己附近区域最常见的风向。好处在于，一旦你确定了当地的盛行风向，它就会成为你的工具箱中最有价值的信息之一，用于解读大自然的迹象。

与背风的山坡相比，迎着盛行风的山坡往往土壤更薄、树木更矮。虽然要准确地预测随着方位变化，自己的视野会如何变化——而这恰好是你侦探工作的起点——非常困难，但可以肯定的是，它一定会发生变化。当你发现山坡两边的不对称时，你也就发现了线索。

这种观察事物的习惯会让你很快抓住更多细节。即使是未经训练的眼睛也有可能注意到田野上的墙壁或树篱，但善于观察的徒步者会发现墙壁或树篱的大门位于田野的哪个角落。这一细节中还隐藏着什么线索？继续读下去就知道了。

分门别类

风景速写是更有效阅读风景的普遍方法之一，但这是一项非常重要的技能，我还要呈现一种更具体的方法。我自己使用而且也会教给别人的方法，我叫它"分门别类"法（SORTED），由几个关键单词的首字母缩写构成。

S——形状（Shape）

O——总体特征（Overall character）

R——路线（Routes）

T——踪迹（Tracks）

E——边缘（Edges）

D——细节（Detail）

与你试图同时发现所有线索相比，这6个步骤能帮你注意到更多有用的线索。这里面每个步骤展开讲解都能单独成书，但本书目的是将方法展示出来，对每个步骤进行阐释，并提供一些实用又有趣的例子。如果你不知道如何从中获得乐趣，你就不可能长期坚持下去。换个角度说，这个方法可以分成两个部分：第一部分——形状、总体特征、路线（SOR）——是让你很好地了解周围的环境；第二部分——踪迹、边缘和细节（TED）——是让你从中找到线索，这时候乐趣才真正开始。

地形形状

我14岁时向父亲宣布，我和我的朋友们计划在那个夏天到布雷肯比肯斯国家公园去徒步和露营。我清楚地记得我的父亲出题考我，评估我有多大的决心去做这件事。一旦他意识到我已经决意要做这件事，他就会决定支持我，这样他就能促使这件事向着成功而不是失败的方向发展。

我打开了我和朋友们一起买的威尔士布雷肯比肯斯山脉中心区的地形测量图，给父亲指出了我们计划徒步的地方。现在回想起我给他看的路线，我仍会在心里发笑。这条路线几乎是一条直线，从我们的第一个营地出发，直奔英国南部最高点佩尼范峰那近乎垂直的南坡而去。这是一条完全没有考虑到步行道的路线，对我自己来说，它既愚蠢又不可行。（我要为自己辩解一句，我选的这条路线虽然可笑，但徒步地点的选择十分巧妙。我父亲在担任特别空勤队军官期间，对布雷肯比肯斯山脉非常了解。无论他认为整个计划多么愚蠢，我知道他很难抵挡参与其中的诱惑。）

我父亲很有耐心，建议我看看地图上的等高线，然后走到屋子外面，挖了一些土，为我们计划徒步的山做了一个泥巴模型。几个星期后，4个14岁的孩子从佩尼范峰的山顶安全下来，一路走到几英里外停在路边的我父亲的车前，与他会合。正是因为我父亲对地形的精心讲解，迎接我们的才会是茶和玛氏巧克力，而不是直升机和新闻工作者。我当时全然没有意识到，他正在教我对景观保持基本的尊重，从特种部队到游牧民族，每个在山崖边上行走的人都拥有这种态度。

在这次徒步旅行之前，我已经通过学校里的地理课等方式进行了理论学习，了解了地图上的等高线意味着什么。经过这次为期 5 天的露营和徒步旅行，我真正明白了熟悉山的地形的重要性。不过至少 10 年之后，我才开始理解山的地形中所包含的更隐晦的线索。现在，经过自我训练，我已经可以不借助任何仪器，主要参考周围地形，在浓雾中安全地行走数英里。

了解地形就像玩拼图，从大块的开始拼起。你要找到高地、山顶、山脊、河流和海岸线，熟悉它们的布局和方位。接着尝试找到塑造出你眼前地形的力量以及它们的作用方向。广义上讲，我们看到的大部分景观都会露出

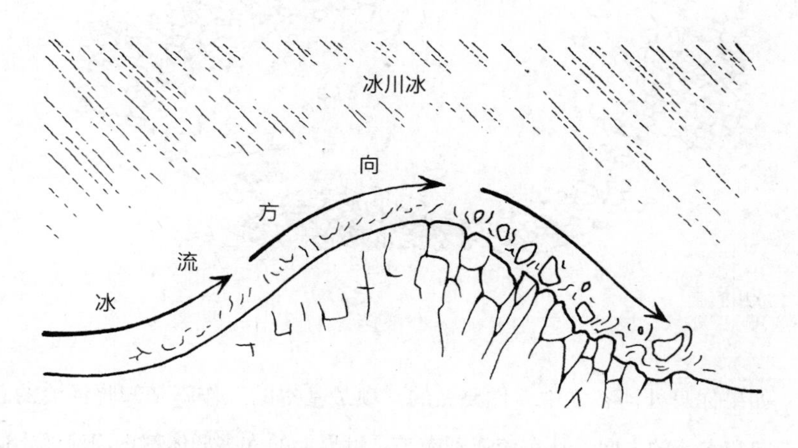

羊背石

被水——海洋、河流或冰川——侵蚀的地面，风也会侵蚀地面，不过影响程度比较小。

虽然以这种方式研究地面听起来是一个模糊的过程，但事实远非如此。一旦你能确定，一个山谷是被由南向北移动的冰川开凿出来的，你不仅可以理解山谷的轮廓呈 U 形，而且可以理解山谷内几乎每一个凹坑、凸块和划痕。

羊背石（Roches moutonnées）是一类岩层，只有在你了解了冰的流动方式后，才会理解其特征。这些岩石迎着冰流的一面是光滑的，而在背面或冰流下的一面外观更粗糙。

换到小一点的尺度，“冰川擦痕”（striations）是冰川让一块岩石在另一块岩石表面拖行留下的划痕。每一条这种刮痕都可以充当指南针。一旦我们知晓了每个地区的冰流，就可以利用这一历史信息来解读山丘和岩石。

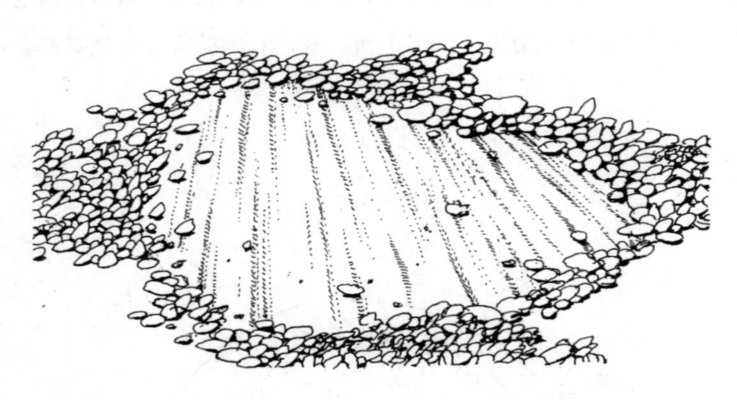

冰川擦痕

如果你身处河谷之中，你要做的一项最基本的工作就是知晓河流的总体走向和水流的方向。从东南亚到南美，世界上的许多群体都把河流的走向和水流的方向作为他们的主要导航工具，在离家较近的地方，对这些线索的持续关注也非常有帮助。水往低处流是没错的，有时虽然不能让你了解全局，但也有帮助。英格兰西南部的达特穆尔高地是高耸的花岗岩地貌，它有五个大的水体。顺着每个水体的水流方向行走，你都能走到荒野的边缘。

你要确定自己知道一条河流是只有一个流向还是会随潮汐变化。我知道有一对萨塞克斯夫妇沿着一条河走到一家酒吧吃午饭。他们享用完一顿悠长的午餐后，走过一座桥，然后继续“沿河而行”。他们感觉迷了路，以为是喝酒上头导致的，因为他们感觉看到的很多东西都是不太熟悉的。实际上潮水已经转向。判断一条河是否可能有潮汐的最主要线索是你离海岸有多近。而另一个线索是，如果你看到停泊的船只都对着同一个方向，那么这条河可能只有一个流向。所有明智的船长停泊船只时都会将船头指向上游。

偶尔，你可能忍不住以为自己是在一个平坦而没有特征的地方行走。事实并非如此。地球上没有任何地方是完全平坦和没有特征的。斯诺克球台的价格昂贵是有原因的：平整且没有特色的平面是很难打造的。我曾经在利比亚的撒哈拉沙漠中走过广阔的平原，我最初认为这些平原没有任何特征，但是对于和我一起行走的图阿雷格族[①]游牧民来说，我们正在穿越的地貌丰富多样。图阿雷格人能够利用一系列地标徒步走很远，而这些地标只有在有人指给我看的时候我才能看到。很快我就明白了，他们从A地到B地的方法是靠识别景观中的地形——丘陵和山脉的形状、干涸河道的形状、沙丘的形状、岩石的形状……

如果你看不出特征，但知道它们就在某处，那么解决办法通常是走到更高的地方观察。在阅读景观方面，我遇到过的最难读懂的两种景观是沙

①图阿雷格族，生活在北非和西非的游牧民族，是柏柏尔族的一支。

漠和丛林。在沙漠中，从沙丘的顶部观察景观要容易得多，甚至骑在骆驼背上也能容易些。在丛林中，从山顶上看到的风光神圣不容置疑，因为在雨林的山谷中，能见度会大大降低。在离家比较近的地方，这一原则同样适用：如果需要，就到更高的地方。

英国广播公司播出的经典喜剧《黑爵士四世》中有一场戏，斯蒂芬·弗雷扮演的梅尔切特将军展开一张一战的战场地图，俯下身子，大声说道："天呀，这真是一片荒芜的、没特色的沙漠，不是吗？"

他的助手达林上尉看着白纸，回答说："地图印在另一面，先生。"

我偶尔会看到要么几乎完全是白色的地图，要么是没什么东西的蓝色的海图。这只能说明制图的局限性，而不是地球表面到处都一个样。即使是最好的地图，也会刻意省略景观中的几乎所有细节。在认识地形的阶段，可以把地图看作帮你在速写时画下的最粗几笔，但不要像很多徒步者一样，以为地图会告诉你能从周围环境中看到一切。我至今都没有看到过一张能正确描述山脊轮廓的地图。

一旦你研究了你周围区域的地形，下一步就是在你的脑海中模拟在这里徒步。试着感受一连串的地标、地形和坡度。为了更好地了解这个过程，我们要花点时间讲讲理查德·欧文·道奇上校的故事，19 世纪时他和美国原住民一起工作了 33 年。在这里，他转述了一位名叫埃斯皮诺萨的科曼奇族老向导的说法，即如何教年轻人在未知的国家里进行突袭。

> 按照惯例，在规定出发时间的前几日，年长者会召集男孩们进行指导。
>
> 所有的人都坐成一圈，拿出一捆棍子，上面刻着代表天数的凹槽。从有一个凹槽的棍子开始，一位老人用手指在地上画出一张简略地图，说明第一天的行程。他会把河流、小溪、山丘、山谷、

沟壑、隐蔽的水洞，用参照明显的、仔细描述的地标指出来。当大家完全明白后，老人就会用同样的方式说明代表第二天行军的棍子，就这样一直到最后。他还说，他知道有一支年轻人和男孩组成的队伍，队员中最大的不超过19岁，他们以前没去过墨西哥，却能从得克萨斯州布雷迪溪的大本营出发，突袭墨西哥，最远到了蒙特雷（原文如此）①，他们依靠的完全是这些棍子所代表的、深深印在他们脑海中的信息。无论这看起来多么不可信，但是对于这样一段奇妙的旅程，任何解释都不会比它更可信。

总体特征

“他/她是什么做的？”这个问题经常被用来指某人的内在性格。这句话也可以用在景观上。我们在徒步时发现的岩石和土壤是理解和预测我们将看到的其他许多东西的关键。当我第一次开始教这个步骤时，我使用了“学问”（ologies）这个词，因为这个阶段的内容是地质学（geology）和研究土壤的土壤学（pedology），但我发现很多人都记不住这个奇怪的词，所以我把它改为“总体特征”。你可以选择你最容易记住的词来代表这一步。

2013年3月的一个晚上，杰里米·布什听到自己的弟弟杰夫在他们位于佛罗里达州坦帕市共同住所的隔壁房间里尖叫。杰里米冲进杰夫的卧室，发现弟弟、弟弟的床和床下的混凝土地板都消失在一个深洞中。杰里米跳进洞里试图救出弟弟，却够不到他，随后他自己被警察救了出来。寻找杰

①蒙特雷，墨西哥东北部新莱昂州首府，英文应写作Monterrey，而原文却写为Monterey，这其实是美国加利福尼亚州的一个城市，可能作者发现了这个小错误，故在后面加了一个“原文如此”的括注。

夫·布什的行动被叫停，然后寻找他的尸体的行动也被叫停，最后布什家的残余部分被拆毁。杰夫·布什是“地面下陷”（sinkhole）的受害者。听闻这一悲惨事件的令人震惊的消息后恢复神志的那一刻，大多数对岩石略有所知的人可能都会想到同样的东西——石灰岩！

一旦我们知道一个地区的主要岩石类型，就可以做许多其他预测。在我们发现石灰岩的地方，我们也会发现孔洞、洞穴和石柱。没有石灰岩，就不会有英格兰西南部切达峡谷中的洞穴，也不会有东南亚缅甸海的标志性石柱。在花岗岩为主的地方，我们能看到荒野、山脉、泥炭和沼泽，走在上面你的腿会很累，你的脚会被弄湿。至少，当我们看到脚下或突起的岩石发生巨大变化时，我们应该注意。这是一个线索，说明我们所走过的地区的其他方面也即将发生变化，其中就包括人类活动。如果你从荒野走出来，发现脚下的岩石发生了变化，你可能很快就会发现文明。

如果你能看到裸露的岩面，试着观察岩层能否显示出某种走向。地质作用力常常使岩石倾斜，使它们有一个角度，而且这种情况在很大的区域内是一致的。只有注意到这种角度，也就是地质学家所说的“地层倾角”（dip），我才能在北威尔士浓雾密布的山谷中完成艰难的自然导航挑战。一旦我发现该地区的沉积岩都向其南端倾斜，身处山脉当中的我就有了可靠的指南针。这是为数不多的自然导航方法之一，如果你需要在地下找路，可以使用它。我曾经在一个废弃的岩板矿深处被迫用上了这一招。

更仔细地观察小一些的岩石，我们可以推断它们是否在河流或冰川中度过了一段时间。光滑圆润的卵石是被水不断侵蚀的结果，这种水可能是河流或冰川水。水可能早已消失，但如果你在一个容易发生山洪的地区，那么当天空变暗时，靠近谷底的石头的形状能告诉你是否身处危险地带。

当石头被磨得稀碎，而且跟植物和动物产生的颗粒搅在一起时，它们一起形成了一种人们十分熟悉却又不重视的东西——土壤。两年前，我在英格兰西北部湖区南缘的哈弗里格附近徒步时，注意到我靴子下的泥土从深棕色变成了明亮的红色。我又多做了一点调查，马上证实了我的猜测：我正走在一座古老的铁矿上。

土壤能呈现出许多颜色。在20世纪初，一个叫艾伯特·芒塞尔的美国人开发了一个独特的系统，试图将它们全部标示出来。土壤科学家至今仍在使用芒塞尔颜色系统。事实上，它在给不同的颜色分类方面非常有效，人们用它做出了色卡系统，我们决定用哪种颜色粉刷房屋时就在使用它。

我们走过之地脚下的土壤和泥浆的颜色可以提供线索。土壤的颜色越深，里面的有机物含量就越高，营养物质也越丰富，因而此地会有多样的植物和动物。如果土壤的颜色明显发红、发黄或者发灰，这通常意味着土壤铁含量高。这三种不同的颜色能反映出土壤中的含水量差异，正是因为含水量不同，所以铁元素经历的化学反应也不同。灰色的土壤通常比红色到黄色的土壤更潮湿，而且通常是淋溶（leaching）的征兆，也就是说，土壤中的营养物质和矿物质被冲走了，这样的土壤可能植被稀少，动物也少。土壤中的铁含量通常是自然过程造就的结果，但如果很短距离范围内土壤颜色的变化非常剧烈，你就有理由怀疑出现了地上或地下的人为因素：可能有铁矿被开采了，或者钢铁结构被腐蚀掉了，这两种情况都会导致土壤铁含量和颜色异乎寻常。

如果你注意到犁过的地面缝脊上有白边，就像风中的海浪，这表明土壤中的盐分很高，这条线索意味着你可能正在向海岸靠近。

土壤的特征不仅反映在颜色上，纹理也很重要。可以滚成球的泥浆与散开后会露出沙砾的、掉渣的干土是截然不同的物质。如果一团土球可以滚成蛇形的线条，其中含有一部分黏土。我们当然没必要每次徒步时都把手弄得脏兮兮的，但双脚对泥土的反应值得我们注意。不同类型的土壤在脚下的感觉是不同的，如果我们注意到这种变化，往往会发现它能帮我们进行预测，然后也能发现植物、动物和人类活动的变化。沙质土壤往往是干燥的，但黏土会积水，所以如果你要在某个地方过夜，前者通常是比后者更好的选择。

土壤最后一个值得注意的方面是稳定性。如果你发现地面上有裂缝，或者最近有堤岸滑落，你所经之处就是岩石和土壤不稳定的地区，所以显而易见，你走在山崖附近得小心。你走进城镇或村庄时往往也能发现这种情况，也就是人行道或马路上有裂缝。这也是一个线索，意味着在这里不大可能捡到房地产的便宜。

路　线

一旦你对一个地方的地形和特征有了很好的了解，下一步就是寻找人类在景观中绘制的线条，这些线条以道路、铁路线和小路的形式出现。

公路和铁路的建设需要大量投资，所以无论它们新旧程度如何，其布局都会有逻辑性。最明显的是，它们肯定连接了两个地方，所以第一个问题就是，路的两头是哪些地方？接下来，值得关注的是这些线路相对于你的徒步路线的走向。充分了解区域的地形，知晓何时应该穿越道路或铁轨，你可以避免陷入以下情况。

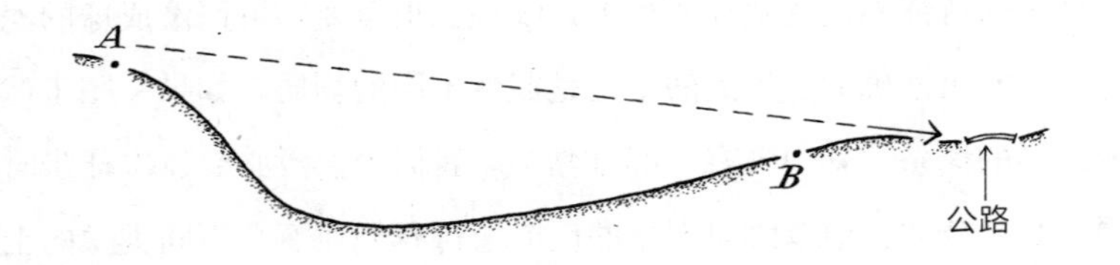

在上面图中所示的徒步中，我可以保证，如果在A点时没有恰当地通过“分门别类”判断环境，许多徒步者到了B点时会本能地以为自己走错了。一种不安的感觉会悄然而至，因为他们已经走了一个小时，却没有看到之前观察得很清楚的地标。这时候，人们往往会走50米就开始盯着地图看，这一点都不好玩，是对我们感官的一种浪费。

有些路线在所有天气条件下都能走，有些只能在某些天气情况下走，坐在家中计划出的路线可能没有考虑到实地的情况。在英格兰南部的西萨塞克斯，有一个我喜欢走的地区，叫安伯利布鲁克斯，但我走的路线会随着水位的变化而变化，最好在山上的时候就把水位估计出来，而不是等到水冲到我的靴子上面时。如果你想从高处判断是否有洪水，你需要顺着天空最亮的方向以及你徒步的方向观察这片区域。当你这样做的时候，被水淹没的平原会反射出明亮的光，以此非常清楚地显示出哪里有积水，要是一片平原被水淹没了，很可能该地区的所有洪泛区都被淹没了。一旦你从高处下来，你可以以植物为线索，我们将在后面介绍。

如果你沿着一条小路或公路行走，这条路在农村地区与一条比较宽的路交会，你怎么知道最近的城镇在哪个方向？如果你仔细观察路口，你会发现一个方向会比对面出现更多汽车、自行车或人转弯的迹象，这能引导你走向城镇。总有一侧道路的泥里或灰尘中会有更多的轮胎印，而且一条路的一边往往看起来更破旧，有时甚至更光亮。只要到了小路与大路的交会点，你就能找到告诉你哪个方向人更多的线索。

踪 迹

2009年，我和两个图阿雷格游牧民一起出发进入利比亚撒哈拉沙漠，我一开始就阐述了我对两种迥异的危险的担忧，因为我已经预见到了这些风险。首先，我想知道如果我跟阿姆加和哈罗迪走散，他们希望我怎么做。其次，我想知道在沙漠中我应该有所警惕的一切威胁。虽然我对这两点都有自己的想法，但肯定不如图阿雷格人的当地知识有价值。两人中相对年长的阿姆加指着自己的脚印，强调了他的鞋所形成的独特的脊线特征，并用法语夹杂着阿拉伯语对我说："这样你就不会把我跟丢了。"那天晚些时候，他指着一条由蛇形成的独特的弧形线条说："现在，你不会遇上糟糕的惊喜了。"在接下来的一周里，阿姆加喜欢出题考我，他会在岩石间消失，让我跟着他的足迹走。

这个习惯使我的观察力大大增强，后来帮助我发现了沙地上一些非常奇怪的印迹。我意识到，我脚边沙子上的形状是第二次世界大战中坦克留下的痕迹。在很少有水的地方，踪迹可以保留很长的时间。只要时间允许，利用沙漠中未曾磨灭的履带痕迹重现整个坦克战役可能不过是小菜一碟。

追踪，即通过观察地面上的印迹来解读背后故事的艺术，在迄今为止的户外推理中，它是为数不多的报道充分的领域之一。这是一门科学，全世界有许多专家和业余爱好者，研究的内容从小孩寻找小动物到全副武装的警察追捕危险罪犯。以这个主题为中心的书有几十本，课程也有许多，这意味着如果你对这个主题有浓厚的兴趣，你可能已经找到了培养这项技能的方法。在这本书中，我将主要面向还未享受过这项艺术的乐趣的人介绍。我还将重点介绍追踪的基本原则，以及我见过的一些比较特别的技能，以诱惑希望进一步增进知识的人。

在我十几岁的时候，第一次真正体验了追踪和地面线索的世界。在本书的引言中，我说过一条简洁的安全建议：别犯傻。按照我说的去做，而不是按照我做的去做，这样可能更安全。我曾经做过一些傻事，而且并不像听起来那么有趣。1993年，在我19岁的时候，我领着自己的老友萨姆去印度尼西亚的林贾尼火山探险。这座山海拔约3726米（12224英尺），是印度尼西亚第二高的火山，目前仍在活动。1994年，有30名村民在火山泥石流中丧生。2010年，林贾尼火山在一天之内喷发了3次。

我们没有带导游，没有地图，没有指南针，显然也没有GPS，没有防寒服，没有收音机，没有救生设备，没有急救设备，也没有可以加热我们所带的少量食物的工具。我们只有从《孤独星球》指南上撕下的几页纸，以及从当地的一个简易工棚里借来的帐篷，结果很快发现帐篷漏水很严重。这无疑是廉价的探险方式，也有其他的形容词来描述它。我差点把我俩的命都搭进去，还不止一次。

在山顶下几百英尺处，萨姆在半夜开始出现失温（hypothermia）的迹象。在我们不顾一切地想要下降到一个更温暖的海拔高度时，我们却"适时地"迷路了。我们的食物很快就吃完了，没过多久水就喝光了。3天后，我们踉踉跄跄地走出了丛林。当我们找到一个偏远的村庄时，萨姆的脚的情况非常不好，我不得不把他扶到一辆驴车上。

考虑到整个探险的愚蠢程度，我们遭受的磨难算是很轻了，这要归功于一种非常初级的追踪方法。整整一天，我们因为以为自己在茂密的雨林中发现了许多"小路"而感到沮丧，这些"小路"后来都消失了。我们本应意识到这些是动物的足迹，但当时我们既无知又乐观，感觉这些是人为的路径。我们曾试着沿着水道下山，但它只是把我们引向大瀑布，由于没有攀登设备，没有办法下山，我们不得不重走上坡路。当时我的自然导航技能确实很弱。

很快，我们就身处绝望的边缘，并讨论一些荒谬的计划，如扔掉背包从而减轻负担，以及给亲人写纸条，以防我们永远出不去。虽然现在听起来令人难以置信，但我们真的开始觉得自己的生还机会已经相当渺茫。我们的头脑会作怪，尤其是在我们缺乏经验的时候。

就在心情非常低落的时候，我们在大约 50 米外的山坡上发现了另一条“路”。起初我们认为它毫无价值而不予理会，然而随后我们注意到，我们看到的是两条“路”。不仅如此，在我们所能看到的范围内，这两条“路”似乎是相互平行的。我们认为动物的足迹虽然有很多奇怪的地方，但它们往往不会长距离地完全平行延展。我们勉强相信自己的感觉出发了，我们很快看到了泥地里的痕迹并意识到，我们身处四轮驱动的车轮胎印的最末端。我们大约走了一个小时，发现了一座偏远的村庄和一些一头雾水的村民。

如果你是追踪新手，我要给你提供 3 个黄金提示，能让你充分享受这门艺术的乐趣并坚持下去，而不是带着失望和灰心原路返回。

第一，你必须抓住一切机会，让事情变得简单，而最简单的莫过于在沙地上或散落了雪花的地上寻找足迹。我的妻子知道，在冬天的第一场雪之后，我会在晚上非常奇怪的时间起床。新雪和冷空气意味着没有什么东西可以在不留下明显的印迹的情况下从雪上通过（暖空气会使雪变软，但这仍然是追踪的好环境，除非你要寻找极为精细的痕迹）。在雪地上，即使是新手也能发现鸟儿落地后起飞的痕迹，而这在较硬的表面上则更具挑战性。

如果天气预报说几个月内不会下雪，也不要绝望，还有一些地面能让追踪者的工作变得轻松。泥土和沙子上的印迹也很容易辨认，只要动物或人经过上面的时候，它们既不太湿也不太干。即使它们后来干了也没关系，只要地面上有足够的水分，能让泥土或沙子对压力有反应，并有足够的硬度来维持形状。这样的地面分布范围足够广阔，几乎每一次徒步你都会走过一些类似的地面。

第二，有目的的寻找能极大提高成功概率。人类活动形成了复杂的大道，动物也是如此。在寻找动物足迹时，花时间研究地貌会给你带来回报。这是因为它们在地面上的分布不是随机的，而是大量地集中在某些地区。资源是稀缺的，竞争是激烈的，这都有助于我们预测动物会在哪里留下它们的痕迹。例如，如果你注意到有一片林地、一个开阔的小乡村、一片湖泊，那么你已经找到了动物线索的主要地点。动物需要食物、水和住所，并且会在它们生存所需之间发现“通勤之路”。

第三，保持对光线强度和角度的关注。足迹的出现和消失取决于我们观察的角度和光线的角度。一天中早晚这两个时段，对追踪者的追踪来说是最容易的，因为这个角度的光线能更清楚地显示出足迹的轮廓。为了证明这一点，也为了帮助你记住这一重要观点，请试一试下面的实验：

在一个黑暗的房间里，找一盏你可以调节亮度的灯，把它放在一个位置上，让它的光线垂直地照射到一张白纸上。从上面看这张纸。你会看到一张没有线索的纸。现在将台灯放置好，使光线从一个水平角度照射到纸上。朝着灯看去，使你的视线刚刚掠过纸的表面。现在，你应该能够看出用于制造纸张的纸浆纤维的各个颗粒，但也可能看出昨天写下的购物清单的痕迹。

接下来再做一个实验，这次是在户外。用一只脚轻轻地踩下，在一些沙子或泥土上留下一个非常模糊的脚印。接下来围绕你的足迹走一圈，注意从某些角度它更容易被看到，而从其他角度看它几乎消失了。你可以在一天的晚些时候回到同一地点，再绕着它走一圈。光线的角度，以及你观察的角度，决定了你能把印迹看得多清楚，即便在阴天也是一样。你可以从狂热的追踪者的脸上看出光线角度和观察角度是何等重要。他们的脸颊上很少没有红印，这是因为他们为了找到可行的角度，会把头放得越来越低，脸会反复压在森林地面上的树枝和树叶上。

有了这 3 个黄金提示，你就能发现大量的足迹。下一个阶段是疯狂地准备小抄。在海滩上跟在狗后面走半个小时，你能学到很多东西。先熟悉狗和你自己正常步行速度行走产生的足迹，然后比较狗发现气味时的足迹。看看它的足迹如何从偏离方向的搜索变成笔直的踪迹。然后观察有球抛出的时候，狗的足迹如何变化。看看你自己在沙地上的脚印：步行的足迹，试图跟上狗的脚步时慢跑和快跑的足迹，以及在狗的主人向你投来疑惑的目光时、你突然转到相反方向的足迹。

下一步是在这些发现的基础上日积月累，要做到这一点，你需要了解一些基本原则。起初我以为追踪是要记住1000个印迹的形状，但实际上你只需要识别最常见的印迹，每次徒步都会见识大量新的印迹。开始时，你所需要做的就是识别人类、马、自行车和汽车的印迹。大多数人也能认出狗的爪印，如果你记住猫不留爪印，而狗留爪印，你就知道了足够多种类的印迹，可以开始徒步了。你清单上的下一个可能是兔子，它会留下明显的伴随痕迹，因为它后腿落在前腿的内侧和前面。

一旦你理解了某些追踪的原则，即便你的知识相当基础，也能使用演绎逻辑揭示最不寻常的故事。

对大多数人来说，记住有逻辑的原理比记住数百张图片更容易。熟知我们可能遇到的所有鸟类的确切足迹需要一生的时间，但掌握鸟类脚型的基本逻辑只需要几分钟。鸣禽，如知更鸟，栖息在树枝上，因此它们得一个脚趾向后、几个脚趾向前。而在地面上行走的鸟类，如鸡，几乎不需要这种指向后方的脚趾。猛禽有令人印象深刻、显眼的爪子来抓取它们的猎物。海鸟和其他需要在水中移动的鸟类，如鸭子，脚上长着蹼。所以，但愿你能发现，只要自己注意到地上的印迹，然后意识到它是长着蹼的脚留下的，就可以找出线索——你附近可能有游禽，因此也可能有水。

追踪是建立在这些简单的、合乎逻辑的原理之上的。所有四足的动物都按照固定的顺序和节奏抬起和轮换它们的脚，这是在演化中遗传下来的。无论蟾蜍还是大象，这些模式都是存在的，甚至人类婴儿的爬行方式也是相当标准的。四足的捕食者需要具备速度和能够盯住猎物的、朝向前方的眼睛。经过演化，它们的腿位于身体下面。这是一种更快的“设计”，但意味着它们无法观察后脚着地的地方。出于这一原因，这些动物的后腿会落在与前腿相同的着落点，以避免需要同时关注四条腿。在行动方式的另一端，爬树动物的腿很短，因此当它们出于某些原因需要在地面上奔跑时，运动能力往往会受限。

用不了多久，你就会遇到两组明显有某种联系的足迹。两种类型的足迹，以及它们的特征、它们之间的空隙、栖息地、一年中的时间和一系列其他的间接证据，能揭示出其中一个动物是否在猎杀另一个动物，是否有吓跑它，与它玩耍或试图与它交配。在这里，跟踪足迹就像阅读故事。

在软泥上行走时，你很快会开始以不同的方式看待事物。你会注意到人类扁平的脚会把土壤压实，而动物的蹄子会把土翻起来。你对地面路线

动物行走留下的痕迹

的兴趣，加上追踪者的好奇心，会让你看到人类在不同情况下的不同行为方式。请注意，在平坦路段上的宽阔道路，延伸到上坡的路段上时会变窄成单行道。人们喜欢在平坦的地方并排行走，但当在费力或者需要集中注意力的斜坡上，就会排成一列行进。你很容易能发现人们谈话停止、行人开始排成一列的地方——那里看起来像一个泥浆漏斗。

现在，在泥地里找一处自行车的车轮印，我希望你能对它做三件事。第一件，把你的脚踩在轮胎印上，留下一个脚印。看看你的脚印和自行车的印迹。你不可能分不清哪个印迹是先留下的，这个简单的原则能让你开始建立起事件时间线。在这个简单的示例中，很明显自行车比你先到，但是追踪的大部分工作都与基于类似的简单原则建立的时间线有关。如果一个脚印上有几滴雨水，而这个脚印本身就在自行车的车轮印上，那么有时间线的故事就浮现出来了。如果你记得昨晚的大雨和早上 8 点的一场小雨打破了数天的干旱天气，那么从逻辑上讲，自行车是在晚上的某个时间点经过的，步行者是在那之后，早晨 8 点之前经过此处的。

关于自行车印的第二个任务是沿着其轨迹走到一个拐弯处。请注意，前后两个轮胎在转弯时的轨迹并不是完全贴合在一起的。后面轮胎总是会在前面轮胎的轨迹内留下一个痕迹。所有的车辆都是如此。后轮胎痕迹会从前轮胎轨迹内侧切入，也就是说，在道路上，它们留下的痕迹更靠近路缘。由于后轮胎印总是在某一点上盖住前轮胎印，所以行驶方向很容易判断出来。

需要注意的第三个因素是速度的变化。下坡的自行车必须非常有规律地刹车，在泥泞的山路上陡峭或颠簸的路段前，你会看到清晰的轮胎印变得模糊不清的过程。这并不是由于车失控而打滑，只是轮胎在滚动时轻微滑动。模糊原理同样也适用于动物和人。我们所有人的运动方式都反映在我们留下的脚印上。这是牛顿定律的一个基本印证：每一个动作都必须有一个大小相同、方向相反的反作用力。当我们冲刺的时候，我们把自己往前推，而地面则被往反方向推。这就导致了每个印迹中都有明显的形态。试着在柔软的泥地或沙地上冲刺，然后突然停下来。你会发现你留下的脚印一点儿也不清晰——当你加速时，你的脚印中的部分泥土被向后推动；当你突然停下来时，土又被向前推开。

追踪并不是完全利用脚印。还有许多其他方式揭示了动物们的习性和行踪，其中最丰富的方式之一是它们的粪便。当我们在印度尼西亚的火山上迷路时,我们应该放慢脚步,更仔细地寻找。我们会注意到标志着我们“路径”的动物粪便，这是区分动物奔跑形成的路和人类轻度踩踏路径的最简单方法之一。野兔的足迹看起来很像小路，但人类不会每隔一段时间就留下小颗粒。对粪便的复杂解读是已经很专业的追踪领域中的一个专门领域。在这里只需要指出，它建立在与该学科其他部分类似的逻辑原理上。例如，食肉动物的粪便往往有非常强烈的气味，而食草动物的粪便对鼻子的刺激较小。这种区别通常相当明显，任何在家里给狗和兔子清理过粪便的人都能证实。

通过对粪便的观察和对领地行为的理解，可以非常直接地画出某个区域的地图。兔子不会离开它们的洞穴太远。因此，如果你看到兔子的足迹或粪便，你就知道自己处于其洞穴的周边。这个原理同样适用于大多数动物，包括驯养的动物。

我们都曾不幸地发现自己走在城镇的“狗屎巷”里，这些地方吸引了那些想让狗方便又不想走太远的居民。同样的原则也适用于城镇和村庄的边缘——当狗屎的数量急剧增加时，你就知道自己离有人居住的地方越来越近了。事实上，在从乡郊地区接近城镇或村庄的时候，建筑物前看不到狗屎是相当少见的。这个城郊的例子可能不怎么吸引人，但它所依据的原则也适用于更荒凉的环境。

世界上许多厉害的航海家都依赖一种在西方被称为“目标放大”的方法，即如果你能找到证明某物就在附近的线索，你就不需要精准地找到它。太平洋地区的航海家利用太阳、星星、风和海浪来接近他们的目标，然后通过识别云、鸟和海洋生物等与岛屿位置相关的线索来“放大”他们的岛屿。同样的策略也被运用在陆地上，像因纽特人这样的北方文化中也在使用这样的方法，即使在大雾天气下，他们也能通过足够近距离的观察，然后发现狗和人的足迹，找到回家的路。

当你在户外向城镇或村庄靠近时，你有必要寻找能证明许多动物和人经常经过的其他线索。随着你的接近，你会发现更多的断枝和小树枝。从植被中可以读出一种有趣的累积效应。人类是一种习惯性动物，经常觉得有必要在类似的地方停下来。这个地方可能有好的风景，可能是能让狗方便的自然之处，或者是吸烟者在停下来点烟前走的平均距离。当然，这里会有更多的足迹，但植被也会被踏平，使下一个经过的人更有可能利用这条拓宽的道路和灌木丛中缺掉的部分。当你知道了这些地点，并开始能够预测人们接近它们时的行为时，你会产生一种奇怪的满足感。“再过 5 步，他们就会解开狗绳。”当然，自古以来人们就在战争中利用人类这种动物身上的可预测性，这就是伏击的全部历史。

5 年来，我开着一辆黑色的路虎卫士。这是一辆很棒的车，但在我的家乡西萨塞克斯郡是相当常见的类型，因此很少有人对它发出评论。它虽然体积很大，但并没有被人们注意到，它和其他普通的车没什么两样。4 年前，我在一个结冰的山坡上把那辆车弄坏后，我用一辆明亮的橙色路虎取代了它。这和追踪有什么关系呢？好吧，在我买了那辆颜色鲜艳的车之后不久，人们就开始说：“我早些时候在玛莎百货外面看到你了……”“你今天早上是在奇切斯特吗？我想我在来的路上看到你了……”最奇怪的说法是，“你开这样的车可搞不了多长时间的婚外情。”

最后这句话我颇为认同，因为它让我想起了我曾经读过的关于卡拉哈里沙漠[①]里的布须曼人[②]的文章。人类学家韦德·戴维斯曾与桑人一起生活过，据他描述，没有什么能逃过他们的眼睛，“在桑族人中，通奸是一个挑战，因为人们能认出每个人的脚印。”

这里的重点不是汽车或通奸，而是我们所能注意到的事情。它与训练有关。成功的户外观察的关键不是拥有非凡的技能，而是主动注意到某些其他人注意不到的事情。

例如，你可以主动注意到人或动物经过时把石头踢翻的样子，还有天气干燥时，你可以通过观察石头翻起的一面是否仍然又黑又湿，从而判断大概被踢翻多久了。澳大利亚的原住民追踪者能看到这一点，就像我们能看到一辆亮橙色的路虎。有人可能对此并无察觉，这种想法对他们来说是很奇怪的。

在前面的内容中，我承诺要提及一些追踪的更特殊用途。有很多例子表明，追踪技能能带来生死攸关的影响，其中一些是有法律依据的。美国边境巡逻队的官员在努力阻止“非法移民”进入美国的过程中广泛使用了追踪技术。他们经常在夜间追踪人们，有时甚至穿越城市。有一次，他们的技能被用来辅助破获一起谋杀案。

人们发现一名漂亮的女子被刺死在离她的车不远的一条偏僻的土路上。埃尔卡洪边境巡逻队的追踪者被召到犯罪现场。这起案件的不寻常之处在于，凶手很快被抓获归案，追踪者发现的线索并没有用在追捕凶手的过程中，而是在随后的法庭审理中派上了用场。被告并不否认杀害了这名女子，但他声称这次谋杀是一场悲剧，是意外，而不是他蓄意谋划的。在法律上，蓄意谋杀是比意外致死更严重的罪行，可能会被判处死刑。

---

①卡拉哈里沙漠，位于非洲南部内地高原。

②布须曼人，也称桑人，是生活在南非、博茨瓦纳、纳米比亚与安哥拉的原住民。

追踪者能够证明，这名女子一直在开车。她下了车，跟着那个男人上了山，他们之间的距离表明她没有被强迫。在下山的路上，从他们的足迹中可以清楚地看到，他们曾两次停车，发生了争执，该女子被害的地点距离他们第二次停车的地方不远。被告对案发过程的解释是，他在激烈的争吵中被嘲弄，于是勃然大怒，而泥土上的指纹证明了这一点。

在世界的某些地方，基本的追踪技能可以让生活更加舒适。不幸的是，除非你向聪明的当地人学习，否则你往往要通过艰苦的方式来学习这些。我在阿曼的沙漠中为教员们开设了一个自然导航课程，在研究了几个小时的星空后，我们离开了，在沙地上睡了一晚。我们刚爬进睡袋，离我最近的人就痛苦地叫了起来。他被一只蝎子蜇了。在确认他没事之后，我们用头灯进行了一次小小的调查。蝎子的足迹很清晰，我们可以把睡袋从它们喜欢的路线上移开，这让我们睡得更安稳。

***

尽管在远离家乡的地方追踪于我而言很实用或很有趣，但我最喜欢的经历发生在离家比较近的地方。其中最喜欢的莫过于我的两个年幼的儿子在我家当地的树林里沿着足迹走到一簇悬钩子（*Rubus* spp.）灌木丛，找到了他们的第一个兔子洞。当他们看到被雪覆盖的黑洞时，他们的兴奋之情溢于言表，他们自豪地宣布他们要等待兔子先生的出现。我们并没有等待太久，但我们在谈论兔子先生万一失去耐心、出洞后掉入我们精心设计的埋伏中时，获得了很多乐趣。

当我们在兔子洞的大门外捣乱，试图在雪中取暖时，它让我想起了我最喜欢的关于追踪的一句话。19 世纪早期生活在加拿大的一位探险家托马斯·麦格拉思在 1832 年的一封信中写下了这句话。这位探险家看着当地人在追踪鹿大获成功时，突然意识到自己一直在犯的简单错误：

我们从同伴的行动方式中立刻看出了前一天我们自己失败的真正原因。他很安静。而我们则是一直吵吵闹闹。

如果你花一点必要的时间去寻找这些故事，你会得到很大的回报。海豹的前鳍在海滩上留下的足迹特别令人愉快，但这是一个丰富多样的图书馆，你会发现自己的追踪故事。

边 缘

田野、树林、道路和小路的边缘都有丰富的线索，用来标记它们的栅栏、树篱或墙壁也是如此。

咱们来聊一聊我之前提出的关于角门中所包含的线索吧！角门在饲养牲畜的田地里比较常见——把牲畜赶向角落的天然狭小出口显然比赶到边界中间的门更容易。第二条线索是与之相关的。这些门本身是指向进入或离开农场的方向的路标。农民们大多需要把他们的牲畜带往或带离农场的中心地带，也就是建筑物所在的地方，因此，这些大门以这种方式从中心地带向外辐射。如果你还没有经过前面提到的农舍，但发现自己经过了一系列的田野角门，那么你就知道要留意寻找它了。

最近有一次，我正沿着威尔士一条安静的长满草的路边步行，从路缘寻找感兴趣的东西，这时我突然发现了常见的粉红色野花——纤细老鹳草（*Geranium robertianum*）。这是我家附近常见的花，但在威尔士几天都没有见过它。它是一种喜欢中性或碱性土壤而不喜欢强酸性土壤的花，而我一直在一个大部分是酸性土壤的地区徒步。往高处看，我注意到一堵淡色石块砌成的石墙，于是谜底就揭开了。

石墙是了解潜在地质的一个线索，因为理智的人不喜欢把石头运得很远。有一个粗略的经验法则能帮你了解地质情况，而不需要使用像“博罗代尔火山群”这样充实的表述。如果墙的颜色很深，它们可能是酸性石头；如果它们的颜色很浅，那么它们很可能是石灰石，是碱性的。如果你看到的石墙的颜色发生了变化，那么植物、动物和景观特征可能也会发生变化。

从许多由表面不平整的石头（如燧石）砌成的墙壁上，你常常可以看出建造者是惯用右手还是左手，有时还可以看出一个人在哪里停止工作，另一个人在哪里开始工作。每一面墙都显示出砌墙人的标志性图案。时至今日，当地有少数专家可以在查看最古老的砖墙后，说出制作砖块的人的名字。

留意石墙围栏，特别是那些一侧开放的围栏。这些围墙通常是为了给动物提供庇护而建造的。敞开的一面将指向远离盛行的风向。在加那利群岛，农民使用半圆形的石墙来保护农作物不受海上吹来的强风的影响，我以前穿越兰萨罗特岛黑暗的荒野时，就借助了这些石墙提供的线索。

即使是丑陋的、带倒钩的铁丝围栏也隐藏着线索。铁丝通常位于饲养牲畜的柱子的一侧。这是因为动物偶尔会撞到铁丝上，这种安装方式意味着铁丝被压到栅栏杆上，而不是被拉下来。这条规则有一个例外。对于马场的围栏，如果用带倒钩的铁丝制作，那么铁丝通常围在马场栅栏杆的外侧。这说明，马匹的价值往往高于围栏，但其他动物就没有这么好的待遇了。

阳光和风以不同的方式影响树林、树篱、墙壁、道路和小路的两侧。在我的第一本书《自然导航》中，我向读者介绍了这样一个观点：在一条自西向东的小路上，你会在南侧看到更多的水坑，因为太阳很难到达南侧的阴凉处。同样的原则也适用于树篱，植物在北侧（田地的南边）生长得不茁壮。它甚至还适用于树林的北侧，在那里你经常会发现一条很宽的田地处于休耕状态，因为这块地方无法承受南边的树林投下的浓荫。

许多农民利用环境补贴来创造所谓的“缓冲带”。这需要留出一条狭长的土地，而不是耕种到林地的边缘，以保护林地环境免受田地本身使用的机械和化学品的影响。农民对他们预留的“缓冲带”的宽度有一定的裁量权。聪明的人倾向于在树林的北侧留下较宽的缓冲带，但在树林的南侧只留下较窄的缓冲带。近年来，乙醇生产鼓励农民最大限度地扩大玉米田，所以这些缓冲带已变得不那么普遍，但你看到它们时就会知道，因为它们很容易被发现，因为它们的颜色总是与田地中种植的作物不同。

墙壁、树篱和道路经常阻隔风的流动，你会发现，树叶和树枝的碎片在地面上的一侧聚集得比另一侧多。这些模式在大量地区是一致的。

树篱像所有的植物一样，能够反映环境情况，这个问题我们以后会更深入地讨论，但在这个阶段，我们要注意的是树篱的特点如何随海拔高度变化。如果你在上坡路上经过的树篱从叶片宽大的植物变成了叶片比较瘦的荆豆（*Ulex europaeus*）或山楂，那么很快就需要再添上一层衣服了。你还可能注意到，在荆豆的迎风一侧，无论是在树篱中还是在独立的树丛中，都有风吹过的松散的草。

细　节

一旦你养成了正确观察土地的习惯，把它与你在地图上看到的东西联系起来是个好主意。地图上可以找到一些仅通过研究景观本身无法获得的线索，特别是有名称和文化线索的地图。

地图和标志上的名称可以为你周围的土地增添色彩。在我的徒步旅行中，发现了一些历史上的命名习惯，随着时间的推移，我已经熟悉了：以

“-ness”结尾的名字指的是岬角，“pen”指的是山顶，而“-hurst”则是附近有树林的山丘的线索。我曾经在 3 月到湖区来了一场狂野而崎岖的徒步，在 4 个小时内享受了四季的美景。在这次徒步中，考虑到地形崎岖，我沿着一条名字非常奇怪的路线行走——“高街”。这里的“高”在地理意义上是指高海拔，但“街”字却源于罗马时代。

在美国，你找不到有罗马特色的道路，但你会发现大量反映殖民者或美国本土特色的地名。例如，荷兰人给溪流起名字时通常以“-kill”结尾；美国原住民用后缀“-amack”表示适合钓鱼的地方，这在新英格兰和长岛很常见；“-suck”表示小溪或小河，“-pauk”表示有水的地方，“kuppi”表示有荫蔽的地方，等等。如果你想在徒步时寻找一些神秘地点，你可能想找一找名字中带有“-manito”和“-waken”的地方，某些美国原住民用这些名字来指代他们认为有鬼魂存在的地方。

也不要忽视那些明显的线索。在加利福尼亚州的千橡树市，你会发现这里长着一千多棵橡树。有一条颇为隐蔽却又显而易见的线索，那就是“portage”这个词，它是美国许多城镇的名称，指的是一个地区有大量的水道，独木舟可以很容易地在这些水道之间运输。一个城镇的名字也可以提示你地下有什么东西。内华达州米纳勒尔县的拉基博伊（Lucky Boy）因其银矿开采而得名，而加利福尼亚州的尤里卡则是指在淘金热中希望找到黄金的矿工。

陆地导航专家能利用一些观察技术，结合地图的细节，对陆地的布局有更精确的了解。下一次当你看到一连串的电缆塔大幅横跨在一片风景中时，请仔细观察每一个塔。这些电线并不是永远朝着一个方向延伸，每当它们需要改变方向时，所使用的塔架类型就会改变，因为它必须把电缆拉直，而不能让它们耷拉下来。关键是这种“急转弯”铁塔从远处看是不同的。

如果你看一下你的地图，你能确定这条直线转折和改变方向的地方。这个确切的位置就是你看到不同塔架的地方。这就是一个利用能抓住细节的眼睛将模糊的景观特征变成精确特征的技巧。

在寻找细节和“分门别类”的最后、最重要的阶段也是最有趣的。这最后一个阶段是通过寻找本书其余部分所涉及的数百条线索，给自己带来惊喜。一旦你把所有的碎片拼凑起来，从头顶上的云的形状到你身边的叶子的颜色，你就形成了专属于自己的丰富而实用的线索集。

第三章

树 木

——如何让树叶为你指引方向?

几年前的1月，我和一个朋友离开我们的车，踏上了穿越部分达特穆尔高地的旅程。不久之后，一阵薄雾笼罩着我们，然后我们走进了一片与众不同的森林。我们四周环绕着矮小的、看上去相当古老的树木，它们的表面披满了苔藓和地衣。这就是威斯特曼森林，据说是魔鬼和他的可怕的[①]猎犬的巢穴。威斯特曼森林是一片由生长不良的橡树组成的阴森小树林，人们对这片树林的不安情绪至少存在了400年。

许多徒步者面对树林会感到不知所措，但在这一章中，我想示范如何通过分析的方法走近每一片树林，然后走近每一棵树，以及这将如何帮助我们创造属于自己的、更实用的故事。要是魔鬼的猎犬真的来追我们，懂得如何利用树的根部找到回家的路是没有坏处的……

林 地

如果你的徒步路线会穿过一个四面都是林地的大空地，请暂停一下，

①原文为 Wisht，是英国西南地区方言词汇。

观察四周的树林边缘。你看到的每一棵树都会对所需的光照有自己的偏好。松树、橡树、桦树、柳树、刺柏（*Juniperus* spp.）、落叶松（*Larix* spp.）和云杉（*Picea* spp.）都喜欢生长在光线充足的地方。红豆杉（*Taxus* spp.）、水青冈（*Fagus* spp.）、榛树（*Corylus* spp.）、欧洲甜樱桃（*Cerasus avium*）和桐叶槭（*Acer pseudoplatanus*）喜欢稍微阴暗的环境。环顾四周，你常常会发现随着自己观察方向的变化，林地的边缘也会变化。

如果你向北看，你将看到林地南缘，这是光照最充足的一面。你很可能会看到上面列出的那些喜光的树木，具体的树种随土壤的不同而变化。转过身来，你更有可能看到第二组中的一些树木。人们有时会将落叶松种在林地的边缘，作为防火带。它们在阳光下会枝繁叶茂，但会减缓森林大火的进程。

大多数人在第一眼看到树林时都会做出一些判断，往往是下意识的。我们看到深色同种树的等距排列和规则线条，便能认出是人类种植的树林：针叶树的种植园看起来与原始林地完全不同，你很难将两者混淆。即便人们非常努力，也很少能够将林地种植得看起来“浑然天成”，所以当我们发现一丛树木或一小片林地看起来与周围环境不协调时，通常值得问一问：为什么它会出现在那里？这是理事会和企业做出相当可怜的努力，试图掩盖一些事情。你会发现一些并不协调的小树林笨拙地遮挡着污水处理厂，就像在伤口上贴着的创可贴。

倘若一片小树林看上去古老而自然，那么它的存在可能是出于非常现实的原因：几千年来，农民总会把最无望耕种的地方留给树木。这些树林经常出现在贫瘠的土地和陡峭的山坡上，特别是不太理想的朝北的山坡。如果你不确定一块林地生长了多少年，请好好看看它的边缘。边缘笔直的树林往往比边缘弯曲的树林年头要短。

从树林中解读线索的最佳方法是观察特定的线条和形状。如果你身处山地，那么到了一定海拔以上，树木就会向环境“屈服”，风和温度条件过于恶劣，导致树木无法生长，这条高度线被称为“树线”（tree line）。它通常界线分明，在视野开阔之处甚至在地图上都能很容易看到。

通过观察树线可以形成对海拔高度的基本判断，如果你注意到低海拔地区的落叶树如何逐步让位于针叶树，针叶树在树线以下占据主导地位，你的判断就会更加准确。如果你留心观察，你还会注意到，随着海拔增加，同一物种的树木都会越来越矮。

树线一带徒步环境的骤然变化是一个很好的例子，能说明为什么很多经验丰富的徒步者建议人们穿多层衣服。如果你走在一座陡峭的小山上，你很可能会经过一片落叶树区域，这通常会是徒步逐步爬升的部分，特别是如果你从冰川谷沿山坡向上爬的时候。在这样的低海拔地区，树木会阻隔风力，让人觉得即便一整天都没好天气也无伤大雅。随着你的继续攀登，之后会经过针叶树区域。空气会变得凉爽，尽管爬坡让你很辛苦，但是你可能感觉不到。最后你将抵达树线以上。此时，每个人都被美景所吸引，因为攀登而感到疲累，并迅速四处寻找平坦的岩石或其他简易的座位。

不幸的是，视野之所以能突然开阔，是因为树木断定这一高度并不适合生长。除了仲夏时节，这地方实在是太冷了，而且风很大。当你穿过针叶树区域的时候，穿单衣就刚刚好，但到了告别松树的裸露的山坡上，这种衣物就不合适了。继续徒步就得增加衣物。如果你决定在不太好的天气继续认真在山里徒步，树木一路都会给你提供衣着建议。如果你在落叶树区域中能感觉到风，那就要小心了；如果在针叶树区域感觉风比较大，那么到树线以上天气就会折磨人了。

一旦你到达了一定的高度，就该考察周围的景观和树林了。如果你仔细观察，你应该会开始注意一条线索。一棵树不得不忍受的风越大，它就会长得越矮，树干也越粗壮。这是所有树木身上都会出现的一种非常合理的生长反应。所以，最高的树木往往生长在内陆地区。出于同样的原因，园丁愿意让小树苗的树桩养得相对矮一些：树木的生长必须适应当地的风况；如果在它生长早期给的条件太优越，那么它们就会长得太高，到了生长地面对风时就会变得弱不禁风。

根据我的经验，大多数人发现自然界中的这些符合逻辑的反应很容易记住。用来描述这种效应的科学术语很有趣，比如“接触形态建成”（thigmomorphogenesis）[①]，但并不实用；反倒不如思考一下如果自己是生长在多风地区的橡树，你是想长成矮壮的还是高挑的，然后把结果记下来。每棵树都分别以这种方式适应风，但这导致了一种集体效应，只要你知道要注意这种效应时，它不仅容易被发现而且很实用。

由于迎风的树，也就是长在风吹来的那一边的树，要直面风的冲击，所以在一片由同种树形成的树林中，迎风的树长得最矮。位于这些最矮树木下风处的树，能获得这些“防风”最前线的一点庇护，这使它们能够长得高一些。接下来位于下风向的树得到的庇护更多，还能长得再高一些。你可能不会注意到树木个体上的这种细微差别，但这些影响综合起来，就形成了我所说的“楔形效应”（wedge effect）。如果你以前从未发现这一点，最好的办法是主动去寻找这种现象。一旦获得了寻找它的实践经验，以后就很容易发现该现象了，不过最初几次寻找时，了解如何找到它能让你更轻松些。

当你身处四面视野都很开阔的地方时，你朝与该地区盛行风风向垂直的方向看，找一片树林凝神观察。你会看到风刮过的路径全貌，而不是直接迎着风或背风的景色，因此你可以更容易地看到风对树木的影响。如果可能的话，观察一些位于山脊上的林地，因为有天空作为背景，“楔形效应”

①接触形态建成，指风、触碰等机械外力作用导致植物的生长发育产生变化。

会更夸张。接下来，观察林地两头的树木，将它们的高度与林地中间的部分进行比较。树木稍矮一侧的方向就是盛行风的风向。例如，如果一个地区大部分时间是刮西南风（从西南方向吹来的风），那么林地中的西南边缘的树木会比较矮。每次你徒步到视野开阔的地方时，都值得去留心观察这种效应。很快，它几乎就会自动从你眼前冒出来，你会开始注意到这种现象如此常见，而且会在意想不到的地方发现它。

“楔形效应”。所有林地中，迎风一侧的树木往往比藏在后面的树长得更矮。

指示信号

树木可以揭示出我们所经之地的许多信息。和其他植物一样，每棵树都只能在一定的环境条件下生存，偶尔还能茁壮成长。树木对水位、土壤类型、风、光照、空气质量和动物——尤其是人类这种动物——特别敏感。

即使一棵树对其中一个因素相当耐受，它也可能对其他一些因素的变化无比敏感。在白垩土之上的薄薄的土壤中，橡树生长艰难，但它们可以忍受相当潮湿或相当干燥的土壤。它们有弱点，但也有强大的优点。

正是这种优势和劣势的平衡，将决定能够在一片地区生长的树木是什么，反过来也让我们能够像看地图一样阅读森林。例如，如果我们正在向下走进一片河谷，并突然经过大量的桐叶槭和梣树（*Fraxinus* spp.），我们可以相当有把握地认为已经到达了河漫滩。桐叶槭和梣树需要非常肥沃的土壤，但却能耐受潮湿环境，因此能以谷底为家，水和营养物质被冲刷汇集到这里，它们便在此茁壮成长。

如果在这个山谷的底部我们发现了河流，然后顺着河流一直走向大海，我们将到达梣树和桐叶槭都无法生长的地方。沿海地区的盐分会让植物难以吸收水分，所以很多树木对这种环境几乎没有耐受力。同样，柳树和落叶松对二氧化硫的耐受性也很差，因此，如果我们遇到了此类生长健康的树林，那么可以确定，我们正在呼吸着未被重工业污染的空气。

水青冈喜欢生长在白垩土之上，如果生长在经常积水的土壤中就很容易死掉。如果你在生长着水青冈的乡间徒步，你的双脚不大可能会被弄得非常湿。相反，桤木（*Alnus* spp.）和柳树在潮湿的土壤中能茁壮成长，你能在溪流、河流和泉水边找到它们的身影。

有一些种类的树喜欢与其他树种聚集在一起，共同组成一片林地：梣树、榛树和栓皮槭（*Acer campestre*）经常出现在同一片林地。然而，它们并不是同一种树。虽然它们喜好的环境类似，但并不完全相同。梣树对潮湿土壤的耐受力比榛树更强，而榛树在潮湿环境中的生存能力则要优于栓皮槭。

如果我们把这些信息碎片中的一些拼凑起来，就可以看到树木是如何为我们描绘出地形的。站在一片区域的高点上，我们可能会看到两条可行的路线，然后选择水青冈生长更多的路线，以便能在更干燥的山地中徒步。

一天的行程结束，我们可能会选择在一条河边扎营，然后我们的徒步路线就会远离水青冈林，穿过栓皮槭树林，然后是榛树林，再是梣树林，直到我们的眼前出现了一些桤木和柳树，标记着远处有河流。

冬青（*Ilex* spp.）是一种你在林地散步时经常会遇到的灌木。所有人都知道冬青会长刺，但很少有人意识到这是一条线索。冬青长出刺是对食草动物的一种防御性反应。由于我们看到的或认为的冬青往往是靠近地面生长的，因此许多人从来没有抬头观察过，到达一定高度之后，通常是两米以上，冬青一般就不再长刺了，并且它们的叶子也会更平滑。冬青的多刺能够体现出动物和人的活动迹象。道路和小路旁边的冬青灌木经常遭到砍伐和破坏，因此重新长出许许多多刺，但在这些路线之外，远离鹿等食草动物的地方，它的脾气往往比较温和。有时，鹿会战胜带有防御性的刺，这可以从独特的啃食线中看出来，线以下的冬青看上去像是被修剪过，低处的枝条更少了。

叶子上刺的多少和冬青植株的形状结合在一起，可以揭示出该地区的活动情况。冬青是一条长期的追踪线索：它可能不会告诉你过去几天发生了什么，但它可以告诉你动物和人经常从哪里经过。在我家附近的树林里，有一条偏离主路的捷径，路旁边有一片冬青树丛。这片冬青明显比主路另一侧的灌木丛更刺人。

树木对土壤的酸度很敏感。水青冈、红豆杉和梣树喜欢碱性土壤，而橡树、桐叶槭、桦树和椴树（*Tilia* spp.）则更耐酸。欧洲赤松（*Pinus sylvestris*）和杜鹃花（*Rhododendron* spp.）是酸性土壤的绝佳指示植物。起初这些可能看起来有点学术性，但你所经之地土壤的 pH 值是你在大自然中其他一切发现的主要指示信号之一。它决定了当地陆生和水生动植物的生活，这意味着任何能给我们提供当地土壤 pH 值线索的东西都是有价值的，有助于我们进行预测。比如，若是你走过一片生长着欧洲赤松的地区，你可以快速推断出土壤是酸性的，你很快就能想到可能会发现哪些其他类型的植物，进而推测你当天可能看到哪些种类的动物。但我们讲得有点快了。

我们看到的每一棵树都是我们可能发现其他树木的线索。如果环境条件适合某种树中的一棵生长，它们通常也会适合许多树生长。所以林地当中会有优势物种，但真实情况可能比这更复杂，因为并非所有树都爱抱团生长。有些树木被森林学家称为丛生植物，有些则是非丛生植物：水青冈和鹅耳枥（*Carpinus* spp.）不喜欢形单影只，喜欢和其他同伴一起生长，而海棠树则无法忍受其他海棠树的陪伴，喜欢远离自己的同类生长。

树木也可以指示土壤肥力。只要你在一个地方发现了榆树、梣树或桐叶槭，你就可以肯定这里土壤肥沃，因此你肯定也能找到其他各种各样的植物。松树和桦树可以在贫瘠的土壤中生存，在植物种类很少的地区你也能发现它们的身影。落叶松是一种有趣的树，它能在树木可忍受的最贫瘠的土壤中生长，但也许正是为了弥补土壤的贫瘠，它对阳光有很大的需求，所以喜欢在不会出现太多荫蔽的地方生长。

在北温带气候下，常绿树通过忍受贫瘠的沙质土壤而占据了自己的位置。在世界的不同地区，常绿树的含义略有不同。在炎热的地中海地区，能在大多数落叶树无法适应的更干燥的地区茁壮成长的就是常绿树，但在热带地区则完全适用不同的规则。

树的形状

现在是时候把注意力集中在离自己更近的地方了，让我们开始从个体的角度观察树木吧。每棵树的形状都能反映出它的生命是如何被风、太阳、土壤、水、动物和人塑造的。

我们已经看到，风是如何通过奇妙的“接触形态建成”让一棵树长得比原本能长到的高度更矮，但影响树木高度的另一个重要因素是水。获取水的难易度与树的生长高度之间有很强的关联。干燥的土壤孕育出低矮的树木；多风、土壤又干燥的地区孕育出特别矮小的树木。

太阳塑造树木的方式主要有三种。首先，它决定了一个地区有哪些树木能够生长。在高纬度地区，太阳高度从来不会很高，大部分光线会斜照在树上，这就是我们在高纬度地区发现的树木高大而瘦弱的原因之一。在低纬度地区，阳光从侧面和接近头顶的地方照射过来，因此我们发现树的形状更加圆润。比如，橡树和云杉的形状就是这样。

一棵树的形状也会受到其生存策略的很大影响。和所有生物一样，树需要繁殖，它们可以采取两种广泛使用的策略。它们要么生产数量较少但寿命长的可靠后代，每个后代都生长缓慢但很健壮，有很大机会存活足够长的时间来繁殖。或者它们在数量上做文章，生产大量生长快却脆弱的后代，这些后代的个体繁衍机会并不乐观，但从整体上讲繁殖的希望很大。快速生长的那一类看上去就更瘦更弱。将结实的红豆杉与孱弱的桦树进行比较就可见一二：前者可以做成长弓；后者则被制成三合板。

这些环境和策略的组合数量庞大，其中还有更多耐人寻味的事情发生。

地球上没有任何一棵树是对称的，而太阳对这种现象的形成发挥了不少作用。在北温带地区，如欧洲和美国，太阳在正午时分释放出它所提供的大部分光和热，这时它在天空的正南方。由于所有植物的能量需求都仰赖阳光来满足，许多树木南面的一侧长得更茂盛。这是有道理的。当叶子得不到足够的光照时，树开始放弃这些叶子，然后是整条树枝，树枝随后便枯萎死亡。同时，树木南侧的叶片很茂密，它将更多资源分配给这些树枝，结果就产生了不对称的树形——树木南侧显得更加枝繁叶茂。

这里值得注意的是，并非一切影响树木的因素都能协调一致地发挥作用，也可能出现反例。在炎热的美国中西部，水是限制因素，而不是光，因此，树木的南侧更为干燥，因而枝叶零落，而树的北面则会显得稍大。我曾经收到一封上过我的课的人发来的电子邮件，说他在马略卡岛度假时，发现一条街道上的一棵树坚定地朝北生长，对此他大惑不解。假期结束后，他发现了其中的奥秘：街道北侧办公楼的镜面玻璃反射阳光。如果我们对自己的发现感到惊讶，通常可以找到一个很好的解释。随意生长并非优秀的生存策略，所以它在自然界中是很罕见的。

如果你在温室中种一粒种子并观察它的生长，你可能会注意到它不会笔直向上生长，而是会向南弯曲。这是因为一种叫作“趋光性”（phototropism）的机制在起作用，这意味着植物的生长受到光的调节。绿色植物中有一种称为“植物生长素”的激素，这种化学物质会向背光的地方迁移，因此在北半球，植物生长素会集中在植物的北侧。这种激素的作用是让细胞变长，这导致植物的北侧比南侧生长得稍快，从而让植物向光照方向弯曲。

在树枝的生长部分也存在一模一样的机制。为了理解它对树木的影响，你可以把一棵树想象成一根垂直的柱子，在南北两边生长着许多幼苗。由于植物生长素的作用，两边的树苗都会向光照方向弯曲，但如果你看一眼下面的图片，你会发现光对两侧树苗的影响是不同的。在北侧，枝条倾向于垂直生长，但在南侧，它们倾向于水平。我把它称为“对钩效应”（tick effect）。

风会影响树木个体的形状，正如它会影响整个树林的形状一样。首先要看的是顶部的树枝，因为这些树枝最容易被风吹到。注意这些树枝是如何顺着盛行风的方向被扫过的。树木越是暴露在风中，对钩效应就越明显，但只要多加练习，除了最避风的地方，否则其他任何地方都能发现这种效

树木的南侧长出更多树枝。南侧的树枝倾向于向水平方向生长，北侧的树枝更多地倾向于垂直生长。这导致了“对钩效应”。

应。我甚至在伦敦的海德公园也发现了对钩效应。

一些被风吹到的树木，特别是红豆杉和山楂树，它们的形状也能反映出不同的风的影响。树木会被风吹成流线型，产生我所说的“风洞效应”（wind-tunnel effect）。当树的迎风面在风的吹拂下，开始呈现出流线型，有点像汽车的引擎盖时，就会出现这种情况，但背风面的边缘仍然比较杂乱，形状更垂直。像所有风产生的效应一样，这种效应也可以在垂直于风向的方向上观察到。

当你在一棵树上发现这种形状时，也可以留意一下树枝的密度差异。这种树迎风面的树枝排列紧密，很少有杂乱的树枝伸出来；对于茂密的树，比如红豆杉，能从这一侧照过来的光线很少。顺风的一面有许多松散的树

“风洞效应”。盛行的风从图片的右边吹来。留意树的形状，也注意观察顺风的一面和“寂寞的独枝”间能透过更多光线。

枝伸出来，大量光线能从枝叶间的众多空隙透过来。

有时你会看到一些夸张的例子，单根树枝从树的边缘探出，特别是在会被风吹到的地面上生长的高大常绿树。这些树枝几乎总是指向顺风方向，因为它们在许多次狂风摧残的过程中被拉扯成了这个样子。像这样的“寂寞的独枝”在迎风一侧长不了多久。

如果风足够猛烈，那么有时风能把树一侧的树枝完全吹死，离海岸越近、海拔越高的地方，这种现象就越常见。出现这种现象有两个原因：第一，树的枝条只能承受有限的磨蚀性盐分或掺着冰粒的风，迎风的一面总是首当其冲。第二，力学原理决定，树枝承受向下的压力的能力远强于向上的压力。用同样的力气，向上抬比向下压更容易让树枝折断，因为木材在生长过程中已经足以对抗重力的作用了。因此，强风对迎风侧树枝的影响要比顺风侧的大得多，因为风会将迎风侧的树枝向上抬，把顺风侧的树枝向下压。这两种影响叠加在一起时，你就可能会在恶劣的环境中见到已经“旗化”（flagged，也就是迎风一侧树枝一根不剩）的树木，不过它的顺风一侧还有许多树枝。在所有国家，旗帜都会指向盛行风的相反方向。

旗状树枝。在这张照片中，保留下来的树枝指向与盛行风相反的方向。

***

如果风势不够猛烈，无法彻底吹光树木一侧的树枝，它们仍然可能造成很大的损害，让树木迎风一侧挂着许多枯叶，看上去也不健康。这种现象通常被称为“过火”（burning），在沿海地区特别常见。在爱尔兰西北部，我亲眼见过数百棵树上都有这样的痕迹。

我最常被问到的一个问题是：通过研究树的形状来确定方向时，我们如何区分阳光和风的影响效应？我并没有完美的方法，经验会让这一切变得容易很多，但我的建议是：如果你认为你能发现很强烈的风的影响，那么就按照风给你的指示去判断，而不要理会阳光的效应，因为强烈的风效应会彻底盖住阳光的影响，但反过来则不成立。如果风的效应不够明确，那么请记住，太阳的影响在树木中央主干上的体现往往比外部树枝更明显。而风的影响则在最外面的、会被风吹到的树枝上体现得最明显，特别是在树的顶端。

在你对这些效应还不熟悉时，我建议你从孤立的落叶树上寻找端倪，因为这些树木既不会与相邻的树木争夺阳光，也没有可以避风的地方。落叶树往往叶片宽大，会更倾向于从单一方向采光，而许多针叶树已经能够利用四面八方的阳光，而且允许这种比较暗的漫射光从树枝间穿过。这些孤立的落叶树的不对称效应往往更加明显。迄今为止，我还没有见过田野间矗立的橡树可以孤傲得丝毫不体现阳光和风对它的影响。在针叶树中，我发现欧洲赤松是最可靠的，但其他树木也值得查看，特别是那种独自生长的，因为大自然并不青睐太狂妄的人。

如果我们遇到一棵似乎生长得不一般的树，那么背后一定存在原因。一棵树若是树干弯弯曲曲，这可能表明土地在不断地往山下滑落。更普遍的是，我们遇到的异常形状是人类干预造成的，而这远不是什么坏事。

许多树木，包括大多数针叶树，如果被砍伐就无法存活，但其他树木有应对这种损害的方法。榆树的根蘖会给树木带来新生，但新蘖和老枝的位置并不相同。相反，它们从旧树桩旁边的根部生长起来。

如果你看到一棵树从同一个点长出多个树干，或者很多树都这样就更好了，这是人类和林地之间最成功的、可持续的协同作用之一的有力证明。平茬是有计划地、定期地从榛树和梣树等树木上砍去枝条，这些树木被砍伐后还会再生。如果树木的平茬仍未结束，那么你会发现很多看起来很年轻的树木，它们长着许多细长的茎，但在许多地方，人们不再对树木进行平茬，在这些地方你会发现长有多根树干的大型成熟树木。平茬这种做法听上去对树木很残忍，但实际上能让它们活得更久。

截头跟平茬的做法类似，但砍伐的枝条通常生长在离地面约两米以上之处。在食草动物会让新生的嫩枝难以存活的地方，人们更喜欢使用这种方法。这样修剪出的树木，从树干到人类头顶的高度看上去都是正常的，但往上的部分会爆发出许多茎。

暴风雨

暴风雨与树木和林地之间存在一种联系，这种联系与平常的风有很大不同。暴风雨所经之处，树木会倒下，但在风平息后，其后果可能对步行者很有帮助。

树木倒下的方向往往和暴风雨的风向一致，所以看看林地里的树木倒下的方向就能得到第一条线索。你应该能够发现一种趋势，它在很大范围内都适用。山坡的角度和当地的土壤因素会对个别树木产生影响，因此不应该过于重视任何个体的情况，但总体上你应该可以看出一个规律。美国中西部的直线风尤其可以说明问题。直线风属于雷暴风,时速超过 58 英里，顾名思义，其行进路线为直线，留下一条可以指示风向的笔直的残骸路径。美国南部的飓风与之类似，留下的毁灭之径能在一个方向上绵延数英里。包括美国在内的一些地方，会出现明显因风暴倒下但倒下的方向并不十分一致的树木，它们是某些其他类型极端风暴的线索——龙卷风或暴风雪。

树木在暴风雨中倒下后，会出现一些值得注意的情况。大多数树木会在这样的事件中幸存下来，即使它们一直倾倒到地面上。你会注意到，针叶树通常会从其顶端重新生长，但落叶树则从其最低的活枝处开始生长。

一些被暴风雨吹倒的树木会被锯开并运走，留下树桩和树根。这个树桩仍然可以用来辨别方向，因为它通常仍然指向下风向。许多年后，树桩会腐烂，但这棵树仍会在地上留下它的痕迹。当一棵树因为在基部扭曲而倒下时（而不是被砍倒或在树干靠上的位置折断），根球会猛烈地向上翻起。这种转动会留下两个明显的痕迹：树桩 / 树根和树根以前所在的空坑洞的痕迹。当树桩完全腐烂后（这需要几十年的时间），在地面上仍然可以看到坑洞的形状。

在林地中，每个人都会遇到土壤上的这种巨大起伏，但没有多少人停下来思考它们可能意味着什么。如果你发现一个坑旁边紧挨着一个土包，或更理想的情况是，发现了一片到处都是这种土坑和土包的区域，你就找到了一片许久前遭受过暴风雨蹂躏的地方，以及两条宝贵的线索。第一条是关于方向的：站在土丘上，面向地面的洼陷或坑洞，你面前的方向就是暴风雨的风向。第二条线索是关于土地用途的。只有这片土地上没有牲畜出没，而且土地也没有被耕种过的时候，这些土包和坑洞才能保留下来，因为牲畜的蹄子会搅动地面。因此，这些形状是暴风雨后未经开垦的林地的良好指示，由于它们可以保留很长时间，可以算是书写土地漫长历史的文字了。美国的一位护林人声称在新英格兰发现了这些形状的痕迹，而留下这些形状的暴风雨则可以追溯到一千多年以前。

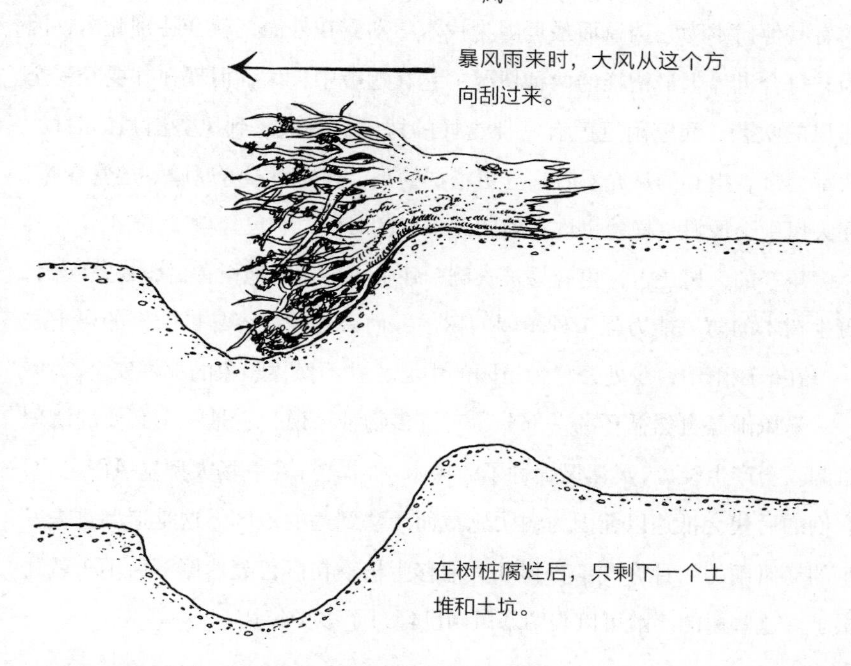

一旦暴风雨的风向确定了，就可以用树桩以及随后形成的土堆和坑来识别方向。

在一些情况下，我们可能更希望预测将来暴风雨的影响，而不是根据已经发生过的暴风雨去推断线索。我们可以有根据地猜测最容易受到下一次大型暴风雨影响的树木，也会发现一些意外情况。大多数人认为，暴露在外的树木最容易被吹倒，但事实通常恰恰相反。独自生长的树木和林地边缘的树木已经成长得很结实，对风的抵抗力很强，每天都在应对风吹的压力。当强风真的到来时，它们的自身结构已经具备了相当好的抵御能力。平常，大部分风是吹不到位于林地中央的树木的，所以，能吹到这些树木的为数不多的强风会对它们产生相当大的影响。

也有一些例外的情况。位于林地下风向的树木很容易被来自下风向的强风吹坏，因为这种风很少，因此它们的防风能力也不强。如果一棵树以前有其他树木为它挡风而最近因为伐木活动露在外面，就会特别脆弱，因为它符合世界上最糟糕的两种情况：它在遮蔽中长大，但现在却要经受全速风的吹袭。我家附近就有一棵这样的梣树，每次感到风势渐强的时候，我都会带着担心的目光看着它。更糟糕的是，它外面罩着厚厚一层常春藤，在大风中会像帆一样。也许在你阅读本书的时候，它已经倒下了。

年轻的大树比古树更容易被吹倒，外来树种比本地树种更容易被吹倒。野生树木的防风能力强于种植园的树木，而云杉是最容易被吹倒的树木之一。在暴风雨中，身处云杉种植园的中心，并不像你想象的那样安全。

暴风雨是自然循环的一部分，对许多物种来说，它是一个必要的清理机制。会产生轻盈、灵活风媒种子的树木，如桦树，在一场大型暴风雨之后，它们的后代会抵达以前因为树阴遮蔽而无法到达的地区。这是追溯过去发生的暴风雨的一种方式：桦树和其他移生植物在巨兽轰然倒下后不久就扎根了。这些树的年龄可以表明暴风雨已经过了多少年。

根

现在是时候考虑一下树木世界里的“冰山”了，即根部。想象一下一棵高大的成年树，在脑海里描绘一下地面以下的根部。

在你脑海里的这一整棵树的画面中，根部的形状是不是宛如地上树冠的倒影一般，又深又丰满？这当然是主流的看法，但这并不正确。对一棵树地上和地下部分的轮廓更好的描述应该是像一只杯脚被埋在土里的酒杯。大而饱满的树冠通过一根较细的树干向下延伸，而地下的基础部分则是又宽又浅。根系覆盖范围的直径是树冠的两到三倍，或者换一种说法，是树冠高度的一倍到一倍半。桦树的根系长一点，水青冈的短一点，但其他树都在这个区间。然而，它们很少达到大多数人想象的深度的四分之一，就水青冈而言，根系的深度一般是两米。

人们对树木最普遍、最古老的误会之一是，它们都长着直根：一个粗壮的主根，垂直向下伸入大地，支撑着地上的一切结构。松树、橡树、胡桃树（*Juglans* spp.）和山核桃树（*Carya* spp.）在幼苗期确实有直根，但它从来不是人们普遍认为的根系结构的关键部分，很快它就被摊开的根系所取代。下次当你见到被狂风吹倒的成年树，它强大的直根在哪儿呢？哪里都没有，但这种观念依然存在。

树木需要根的原因有三：汲取水、矿物质并让植株稳定。正是从这最后一个要求中，我们发现了最有趣的线索，因为虽然水和矿物质是否容易获取对树根的形状有重要影响，但这并不是步行者容易发现或利用的信息。

树木对稳定性的需求对自然导航来说更有价值，因为作用在树木上的力量是不对称的。科学家对树根和风之间的关系进行了一些详细的研究。他们甚至不惜动用大型机械，进行西班牙宗教裁判所①会表示赞同的实验。他们给 84 棵成年欧洲云杉（*Picea abies*）、欧洲冷杉（*Abies alba*）和欧洲赤松套上绳子，然后通过绞盘对树木进行长时间、渐进而稳定的牵引。随后科学家详细研究了这对树木根部生长的影响。

他们发现的一个现象特别符合逻辑，也很有帮助。树木把它们的根作为锚，迎风一侧的根生长得更粗更长。顺风一侧的根部也会长得比较长，尽管没有迎风侧的结实。综合起来，我们发现与风向平行的轴上，根系生长得更发达，迎风侧根系长得最发达。

人们很少能看到活树的根部，因此你好奇这样的结构有何用处也情有

---

①西班牙宗教裁判所，1478 年由西班牙天主教双王费尔南多和伊莎贝尔成立的异端裁判所，以惩罚手段残酷闻名于世。

可原。答案是根的用处很多。如果我们认为一棵树由三个主要部分组成，即树根、树干和树冠，然后仔细观察其中较低的两个部分的连接处所发生的事情，我们就能找到其中的有趣之处了。一棵树并不会在靠近地面的位置泾渭分明地分成树干和树根两部分。这两个部分会在地面以下和我们更容易看到的地面稍微靠上的地方相互融合。这个区域叫作“根颈”。你肯定见到它很多次了，甚至可能在光线不佳的时候被它绊倒过。这时候，不妨想一想在黑暗中能绊倒我们的其他东西……

想一想把帐篷的绳索钉在地上的过程。在坚实的土地上，你可能很难把钉子钉进去，要把它们取出来就更难了。因而，我们能够利用可以承受巨大拉力的绳索，制造一个非常稳定的结构。（我曾经在时速超过 70 英里的大风中让一个大帐篷屹立不倒，帐篷完好无损，只是我妻子对家庭露营的热情受到了一些打击。）大多数树木也利用了同样的原理：利用拉力将树木固定在地面上，抵御风的吹袭。当你看了足够多树木的根颈，你会开始注意到这些“绳索”的分布并不对称：在上风向，根颈长得更长、更粗。

然而，如果地面非常柔软和潮湿，或者更糟糕的是，由干燥的沙土组成——我深刻地领悟了在撒哈拉沙漠中帐篷地钉没什么用的原因——那么根部就没有办法抓紧土地，树木就容易被风吹倒。在这些情况下，树木依靠的是不同的策略。在沙质土壤中，树木会长出更多的根系，它们在地下延伸的范围比正常情况下要大得多。在潮湿的土地上，树木长出“板状根”来支撑它们，而不是依靠普通根系提供的拉力。在热带地区的水分饱和的土壤中，你能找到夸张的板状根，这些热带植物的板状根有的大到可以用来建造大型独木舟。然而，我们无须亲自前往热带地区也能发现这些根系。橡树、榆树和椴树的板状根虽然没有这么夸张，但也不难发现。在地下水位较高的地区的钻天杨也会长出板状根。

拉绳一样的树根让树木在更猛烈的盛行风中保持稳定，并可用于确定方向。

***

当你开始观察这些根颈时，如果可能的话，最好挑选一些生长在平坦空地上、会被风吹到的树木。在斜坡上，树根会使用其他奇妙的伎俩，坡上侧的树根会形成绳索一样的结构，坡下侧形成撑条一样的结构，这可能会干扰你的判断。

树 皮

18 世纪的传教士约瑟夫·弗朗索瓦·拉菲托神父在北美易洛魁人部落

生活了 5 年，并在 1724 年写道：

> 这些野蛮人在美洲大陆的森林和广阔的草原上，以及在他们熟知流向的河流上，会密切观察他们的“星星”指南针。但当看不到太阳或星星时，他们还有一个长在森林树木上的天然指南针，他们通过几乎不会出错的迹象找到北方。
>
> 第一是它们的顶端，总是在阳光的吸引下向南倾斜。第二是它们的树皮，北面的树皮更暗淡，颜色更深。第三是它们的年轮，如果他们想确定方向，他们只需用斧头在树上砍几下：树干里形成的一圈圈年轮，朝北的一面比较密集，而朝南的一面比较稀疏。

传教士的陈述中提及的许多线索，在本章或本书的其他地方都有涉及，但还是先让我们把注意力转向树皮。一棵树北面的树皮往往比南面的看上去颜色明显更深。关于这种颜色差异最有趣的案例是生长在北美凉爽地区的颤杨（*Populus tremuloides*）。它南面的树皮是白色的,而北面的是灰色的。之所以会产生这样明显的差异，是因为树木中处于阳光较强的南面部分会自己分泌“防晒霜”。人们也可以把它刮下来,作为天然防晒霜使用。然而，一般情况下，北面和南面的树皮之间最明显的区别在于生长在上面的藻类和地衣。

每棵树的树皮都有自己的 pH 值，有些树皮比其他树皮更酸。落叶松和松树树皮的酸性是出了名的；桦树、山楂树和橡树也是酸性的，但酸性略低。花楸、桤木、水青冈、椴树和栲树的树皮酸性更低一些，柳树、冬青和榆树的树皮更接近中性。桐叶槭、胡桃和接骨木（*Sambucus* spp.）的树皮是碱性的。树皮的酸性越低，你从上面看到的移生植物和地衣可能就越多。松树的树皮通常是光秃秃的，而桐叶槭的树皮上可能会挂着一些了不起的“客人”。可能会被你发现的生长在树皮上的物种的确切含义，我们将在以后的章节中作为一个主题另行讨论。

树皮的整体外观能提供有关树木生存策略的线索。快速生长的树木树皮容易伸展，因而外观光滑。沟壑纵横、呈鳞片状的、粗糙的树皮是树木慢慢长成的标志。

下次看到一棵树被整齐砍断后留下的树干时，你可以观察树的横截面和被锯开的一圈完整的树皮，你可能会注意到北面的树皮稍微厚一些。再看一下这棵树的年轮和心材。大多数人认为心材总是在树干的中心，但这种情况其实很少。心材很少位于树干中心，因为它受到风的不对称影响，风会把心材拉向盛行风风向的那一边。而阳光也影响树木的生长，会把心材拉向南方。

如果你花足够的时间去观察树皮，很快你就会发现有的树似乎是以螺旋方式生长，因为其树皮呈现出歪歪扭扭的形状。我经常从一棵水青冈身旁路过，它的树皮呈波纹状扭曲，给人一种独特的感觉，就像人的躯干上布满了弯曲的肌肉一样。树木以螺旋状方式生长有两个原因。一些树木有这样的遗传倾向，美洲栗就是一个很好的例子。但许多树木，如水青冈，这样生长是因为它们的树冠经常会扭转。如果树木只有一边会被风吹到，每次风吹过都会对树木产生扭转作用。如果为另一棵树挡风的树木被清除，但只有一边的挡风树被清除了，让一边暴露在风中，另一边处于避风的状态，这种情况就特别常见。树冠明显歪向一边的树木也会出现这种情况，无论树冠的不对称是自然还是人工修剪的结果。

在这些扭曲的树木中，你经常能发现类似于扭曲的“肋条”的东西，也就是一处坚硬的细小突起，绕着树干向上螺旋延伸。这是树木承受压力过大，造成内部断裂的痕迹。如果肋条光滑圆润，这意味着树木已经成功愈合；如果肋条比较尖锐，那么它意味着折断处尚未愈合，树木还没有解决这个问题，可能容易被吹倒。

树木承受压力的另一个线索是树皮上的树瘤。这些疣状生长的疖子在橡树上十分常见，且分布较密集。它们是树木抵御昆虫攻击的一种机制：胡蜂、蝇和螨虫的幼虫会导致这种防御性增生物的出现。

在靠近树根离地面约三英尺的地方，你可能会看到獾磨爪子时留下的刮痕。你还可能注意到三角形的疤痕，即树皮被剥落的地方。路边的树木之所以出现这些伤口，原因显而易见（你走过时应该格外小心，因为它们意味着以前有汽车在这里失去了控制），但在林地当中原因就不那么明确了。在这里，如果对面的树木上树底也能发现三角形疤痕，那么可能的原因是这里进行了伐木作业。原木需要拖到可以切割或装载的地方，而这种拖动往往会损坏附近树木的根部。留意找一下附近是否有切口整齐的树桩，但与其相连的树干却消失了，这样你就能确认这一推断。

树 叶

就像自然界中的许多东西一样，叶子可以融入杂乱无章的背景中，逃过我们的注意。然而，它们非常值得我们停下来好好看一看。

首先要注意的是，我们在树叶中看到的颜色会有很大的不同，这取决于光线和我们视线方向的相对位置。如果把叶子照亮的光线和我们的视线是同一方向，那么叶子就会显得更浅、更灰，绿色中还会现出一丝蓝色。但是，如果照亮树叶的光线与我们的视线相对，那么它就会显得更暗，绿色中还会增添一丝黄色。在其他树木的映衬下，树叶可能会呈现出鲜艳的绿色，但在明亮的天空下，它们会变成黑暗的剪影。当我们在其他树木的黑暗背景下看到一棵树，而且光线几乎都来自我们身后的天空，就像我们在晴朗的黄昏向东看一片林地一样，树叶的颜色最夸张。在这种情况下，树叶仿佛登台演出一般，似乎发出绿色的光芒。

一旦我们习惯了这些光线效果，我们就可以进一步观察并开始理解，无论某一天的光线条件如何，树叶本身都不会是一成不变的。树木主要有两种树叶：向阳叶和背阴叶。阴凉处的叶子往往比向阳处的叶子更大，更薄，更偏深绿，更少叶裂。它们更常见于树北面的阴影处和树冠的内部。当一棵树非常年轻时，所有的叶子都可能是背阴叶；而向阳叶能够被看到，只有当树龄足够大，大到能够长出它们的时候。如果一片向阳叶突然陷入深深的阴暗中，那么它将逐渐枯萎死亡。如果一片向阳叶逐渐被遮蔽，它会做出反应，随着时间的推移变得更宽更薄。

在春天和秋天，大多数户外爱好者发现自己对树叶出现和落下的时机感到好奇。不同物种的树叶生长和落下的时间不同，但有几条实用的一般原则。树越高，落叶就越晚。虽然也有例外，如花楸，但落叶树往往要么是长季树，要么是短季树。也就是说，如果它们长叶早，可能落叶就会晚，反之亦然。梣树的叶子是最后出来的，也是秋天最先落下的。橡树和梣树的叶子之间存在长期的竞争，看谁的叶子会率先出来，于是就产生了一条天气方面的谚语：

> 橡树叶先出，夏天雨难见。
> 梣树先发芽，夏天雨不停。

这则谚语并没有太多的真实性，但的确温度每上升一度，橡树发芽的时间就会提前 8 天，而梣树只会提前 4 天。因此，你会发现不同朝向、不同海拔的树木发芽时间会错开。朝南的低坡上的树木，发芽时间会比朝北的高坡上的同一树种更早。

影响每棵树何时发芽和落叶的主要因素有昼长、温度和土壤湿度。这些都是会触发秋季落叶过程的变量，但落叶的确切时间会受到风的影响。风会给每片叶子带来最后的提醒，告诉它们秋天已经到来，而树的迎风面通常首先得到这个信息。在许多情况下，我发现秋天里树木迎风面变得光秃秃时，背风面枝头还挂着大量叶子。

有些树木因为能够预测以及反映风的出现而出名。桐叶槭和杨树属于树叶能够快速对环境变化做出调整的植物。在狂风中，叶片会更有弹性，在大风的吹拂下向后折叠，让树尽量少兜风。因而民间有这样一条谚语：如果你看到了这些叶子的背面，那么雨天就要来了。

在针叶树身上，你可能会发现这样一条线索，在你熟悉之前，它可能会令人困惑。松树会受到松针褐斑病和油松落针病的袭击。这些真菌感染导致的疾病会让大量松针死亡，有时一棵树的大片区域会看起来不健康。这种疾病向高处蔓延，树木北侧的病害更严重。内部的针叶比外部的针叶情况更糟，在严重的情况下，除了当季外面新长出的松针，松树整个北面的针叶都会脱落。

在寻找树木叶子的差异时，你可能会遇到我经常看到的另一个有趣的现象：一棵树的果实很少对称分布。我注意到发生这种现象最普遍的是山楂树：有很多时候，红色的山楂挂满了树的一边，另一边却没有挂满。一天下午，我注意到所有的山楂树的西南面和南面完全没有果实，但在另一面却结了成百上千的果实。我发现有许多理论可以用来解释这一现象，从鸟类和昆虫的习性到风的升温和降温效应，但到目前为止没有发现任何共识或占上风的解释。不过，如果你发现了这种趋势，在你尝试确定方向时，这可能是一个有用的提示。

时间与树木

人们熟知的户外线索并不多，其中之一就是可以通过数树的年轮来计算出一棵树活了多长时间。但是你知道找出单独的年份也很容易吗？只要牢记存在着值得寻找的特别的一段，你就能找出单独的年份了。

树干上的每一圈年轮都对应着一个单独的年份，也提供了树木在那一年所经历的条件的线索。每一年年轮之间的空间会逐渐变窄一些。然而，确切的宽度是由当年的条件决定的，我们可以利用这一点来进行倒推。

每个人都知道，通过树木的大小可以粗略推断树龄。生长在露天的阔叶树，如橡树、梣树和水青冈，其周长的厘米数是树龄的 2.5 倍，这样你就可以推断出更精确的树龄了。所以，如果两个成年人的双臂能勉强围住树干，那么这棵树一定接近 150 岁了。而到了林地里，周长的增长速度差不多是这个速度的一半，如果在林地中遇到上述的树，将是更罕见的差不多有 300 岁的树。

衡量树木年龄的最简单的方法之一是数枝条的圈数，这种方法适用于年轻的针叶树。针叶树每年都会增加一圈枝条。乍看之下，针叶树枝条的排列方式杂乱无章，但仔细观察年轻的云杉或松树，你会发现明显的枝条层次，每个层次或每一轮都对应着一年树龄。我记得小时候自己顺着这些层次上爬，它们对爬树的人来说就像地板一样，但我当时并没有意识到我是在穿越时间。

一些常绿树，如智利南洋杉（*Araucaria araucana*）和狐尾松（*Pinus longaeva*），叶子的寿命长达 15 年。通常你可以从每片叶子上看出每年的生长情况，并计算出年龄。如果你经常这样做，你可能会开始注意到，你所到之处海拔越高或土壤越贫瘠，常绿树的叶子寿命就越长。

小树枝的四周通常会有圆形的凹槽。这些一年出现一次的“芽鳞痕”

记录了植物一年的生长，可以用来观察活树近几年来的生长情况。

***

树木可以给我们提供关于土地自身历史的线索。生长在开阔地带的树木，它们的树冠比林地里的树木更容易伸展开来。我们可以利用这一点来

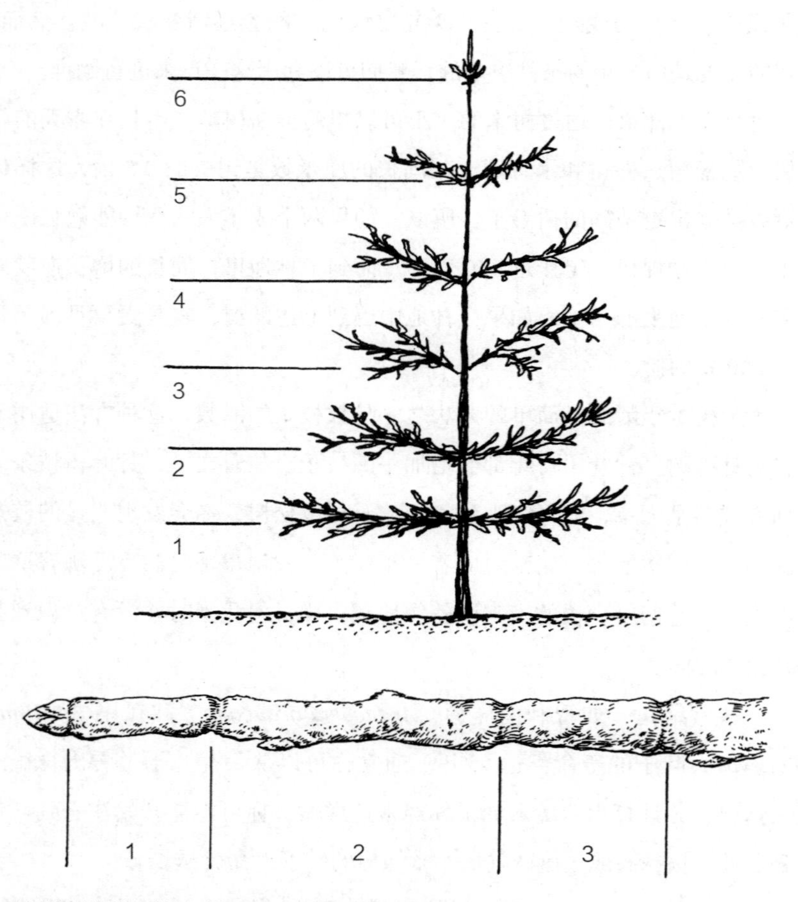

针叶树的树枝轮和芽鳞痕揭示了树木的年度生长情况。

推测，在林地中伸展开来的大树是最先扎根在那里的，在附近变得受欢迎、拥挤之前，它曾经愉快而孤独地生长。这样的树往往是林地中最能体现阳光对其形态影响的个体，能够提供判断方向的最佳线索。

在林地中行走时，如果我们遇到树丛中的旧沟渠、栅栏或石墙，停下来研究一下两边的树木总是值得的。存在某种障碍物意味着在过去的某个时候，这个古老分界线的一侧可能是原野。通过观察两边的树木，通常可以很简单地找出哪一边的林地更古老。有些树木，特别是桦树、梣树和山楂树，能够快速移生在新的地方：它们在空中播撒的种子——山楂树的种子则会搭上鸟儿的顺风车——能迅速利用任何空旷和未放牧的土地。其他树木需要更长的时间形成新的群落，其中心叶椴（*Tilia cordata*）是最可靠的古代林地的线索。在我家附近的树林里有一条沟，沟的一侧是水青冈，另一侧是桦树。跨过这条沟时，我便知道自己步入了一片不同的树林。

火

英国的不寻常之处在于，由于土地通常太潮湿，很难燃起森林大火，但在世界大部分地区，火是林地生态中一个必不可少的部分，值得我们去讨论。在美国西部，过去几十年来，森林大火的规模越来越大，发生也越来越频繁，美国通常一年会发生四万多场森林大火。

如果你身处丘陵地带，发现树木靠近上坡一侧的基部有树皮被刮掉的三角形疤痕，那么这可能是此前发生过森林大火的证据。树叶、树枝和其他干枯的植物材料铺在森林地面上，然后顺着山坡滚下来，堆积在树干靠近上坡的一侧。当火烧过林地时，这些聚集物成了大火的燃料，于是这些树木靠近上坡的一侧就烧起了小篝火。

能表明一个地方发生过森林火灾的另一个线索，是中年树木的匮乏。一场森林大火会烧死年轻的和许多中年的树木，只留下成年的大树。很快，移生于此的树木给林地带来了新的生命，形成了老树和幼树的奇怪混合林，但是几乎没有介于二者之间的树木。

在英格兰南部的新森林国家公园徒步时，我曾经遇到过一片焦土，我猜想这是故意放火烧成的。在许多地方，这些有意为之的火是有计划的再生和管理策略的一部分。欧洲蕨几乎没有留下什么痕迹，只剩下灰烬，但许多根深蒂固的植物却留下了线索。我非常清楚地注意到一件事，那就是植物烧过的枝干上烧焦的痕迹不是对称的。南边的叶子还在，而且烧得不重，而北边的叶子已经完全被烧光了。我的推测是，一股南风把所有枝干上南边叶子上的火焰带到了北边，这意味着北边不仅要被南边的火焰灼烧，而且还要被自己这边的火焰烧。

在我们离开树木之前，先抬头看看，然后再低头看看。如果你注意到树上的槲寄生，请停留一下，试着判断它是哪种树。槲寄生的出现意味着它是外来树木或至少是稍微不寻常的树木——栽培苹果、杂交花椴或杂交杨树。

观察独生树下的地面，你能发现一个微环境。每棵树都会投下一片雨淋不到的影子，或者从雾气中获取水分，创造一个比周围环境更潮湿或更干燥的环境。我记得有一次在树林里徒步时突然停了下来。我一动不动，避免外套沙沙作响，并侧耳倾听。我以为自己听到了一百个小动物在我周围爬行的声音。那是雾气在树上凝结的声音，以及滴落在下面干燥的水青冈树叶铺成的地毯上的声音。

一些动物，如羊，喜欢树下的阴凉或遮蔽所，因而可能树冠下有一块满是粪便、天然肥沃的土地。桤木的树下总是值得一看的，它们与一种真菌合作固着氮气，它们的叶子将氮气返还给下面的土地，使土壤更加肥沃。树木还可以保护周围的草皮免受霜冻，保留白天吸收的热量。这些微小的差异加在一起，可能会让你有机会在树下看到和听到你在其他地方徒步时遇不到的东西。

第四章

植 物

——看到香蒲时我们为何要小心脚下?

我们在徒步中发现的所有植物都是进化中的胜者。要想成功，它们都需要某些事物符合它们的习惯。如果它上下左右周遭环境的条件超过了一定临界值，那么植物就无法活下来。最可行的推测可以从注意到一株植物没有死亡开始。

根据一类极端的植物进行推断，你只能获得非常粗略的信息。如果一种植物对各种各样的条件都可以耐受，那么它就不会揭示出什么；但如果它是一种神经质的、过度敏感的个体，那么根据它所得出的结论就可能有点可怕。如果你打电话给我，告诉我你在看一个健康的小眼子菜群落，我只能告诉你，你正在看一个池塘或一条非常缓慢流动的小溪。小眼子菜也叫水板凳，正如其名称所示，它的生长需要水，但除此之外，它真的非常随和。你可以在北半球的各个地方发现它的身影。

然而，如果你告诉我，你曾经见过一种叫作顶冰花（*Gagea bohemica*）的黄色野花（在英国极为罕见，虽然在其他地方是一种常见的杂草），然后问我的想法，我可能会回答："我知道那附近有一家可爱的咖啡馆。你2月到那里的时候，一定挺冷的。不过你是在一个温暖、干燥的南坡上，当天是个晴天。"

你几乎可以用珍稀植物绘制一张美国地图，仅加利福尼亚州就有1400多种世界上其他地方找不到的植物。例如，加州雪棠（*Neviusia cliftonii*）有不寻常的白色、刺状、无花瓣的花朵，生长在芒特沙斯塔城外相当少见的石灰岩土壤中，而萨金特柏木（*Cupressus sargentii*）和一些种类的宝瓶芥只生长在蛇纹岩沉积土壤中。只有在萨克拉门托以南的艾奥尼地层的高酸性土壤中，你才能找到艾奥尼熊果（*Arctostaphylos myrtifolia*）和艾奥尼苞蓼（*Eriogonum apricum*）。佛罗里达州有175种特有植物，包括仅在佛罗里达州中部几个县发现的罕见的侏儒流苏树（*Chionanthus pygmaeus*），以及生长在阿巴拉契科拉河峡谷两侧三个县的臭榧（*Torreya taxifolia*）。在阿巴拉契亚，圆齿落新妇（*Astilbe crenatiloba*）生长在北卡罗来纳州和田纳西州交界附近的罗恩山上，圆叶桦（*Betula uber*）生长在弗吉尼亚州的史密斯县，而膝状路边青（*Geum geniculatum*）和蒙大拿金石玫（*Hudsonia montana*）只生长在北卡罗来纳州的少数几个县里。捕蝇草（*Dionaea muscipula*）仅分布于北卡罗来纳州和南卡罗来纳州沿海的几个地区，以及佛罗里达州的一个狭长地带的一小片区域。

就我们的目的而言，我们很可能对这两类极端植物只有三分钟热度，因为最挑剔和最不挑剔的植物都不可能给我们的徒步带来很多益处：一类植物太稀少，另一类植物能给出的信息太少。有大量植物能描绘出更有趣的画面，而且它们也是我们有可能发现和认识的植物。在这些植物中，那些透露出一些秘密的植物是最棒的。

人 迹

异株荨麻（*Urtica dioica*）很容易被发现，也很容易被认出来。它们非常常见，但这并不意味着它们会随随便便生长在任何地方。异株荨麻只在富含磷酸盐的地方生长，而人类恰好有让某个地方富含磷酸盐的习惯。人类的生活和死亡方式将导致这类矿物质在某个地区的含量变得更加丰富，因此，异株荨麻是人类活动或居住的有力线索。它们在被施过肥的农田旁特别常见，但在远离这些田地的地方，它们会提供更有趣的线索。

如果你已经走了一段时间都没有看到任何异株荨麻的影子，却突然遇到了一大片这种茂盛的杂草，那就值得停下来调查一番。靠近一点，能让你看清地面，但不要太近，以免蜇到你的鼻子，你很有可能发现荨麻得以生存的原因：一座建筑的废墟，一个古老的坟地，一个尚未出现的、坐落于山顶的村庄的最初迹象。它可能像旧灰浆一样不起眼，但绿色的蜇人刺毛背后一定有一个原因。

我记得在我住处附近的树林里发现了两片非常不寻常的荨麻，无论我如何思索，都无法解释它们的存在。一块长在树林深处，另一块长在田野边缘。我知道每一种情况都有其原因，最终，询问了当地的一位护林员后，我解决了这个难题。原来一个地方是以前喂养野鸡的鸡圈，另一处是农民施肥前存放化肥袋的地方。

接骨木和欧活血丹（*Glechoma hederacea*，唇形科的一种野花）与常见的荨麻一样喜欢磷酸盐，但我们可能首先发现的是刺荨麻。我有时会经过一个叫霍顿布里奇的小村庄，和许多古老的村庄一样，它的一处边缘已经有点倾颓了。你可以朝这个村子走半英里，却看不到任何荨麻的踪影，然后突然间，一条路的边缘升高了一点，突然冒出来许多荨麻和接骨木花。这两种植物很高兴地挺进到村民们抛下的土地上，而且你会发现它们在昔日外墙的瓦砾中庆祝自己的小胜利。

如果在徒步时，你的鼻子捕捉到了微弱的菠萝气味，请停下来看看你脚边的植物。同花母菊（*Matricaria matricarioides*）非常好认，它开黄绿色的小花，小花组成一个小圆锥形的花序。当用靴子或手指压碎这些小花时，它们会释放出强烈的菠萝味，而发现它们能可靠地表明这里有人类活动的痕迹。同花母菊是为数不多的能在常有人行走的道路边缘生长良好的植物之一。大车前草（*Plantago major*）被美国原住民称为“白人的脚印”，因为它是欧洲殖民者带来的一种入侵杂草，它在小路边也长得不错，你经常可以在其他植物很少生长的地方发现它们宽大平坦的叶片。

同花母菊

车轴草（*Trifolium* spp.）这种植物能在人或动物经常经过和踩踏的草地上生长。如果你仔细观察草坪，你通常可以通过那里生长的车轴草的数量来找到经常被踩踏的部分。你绝不会搞错我们在自家花园的哪个区域踢足球：两头都是被磨成了泥巴的草地，但在球门之间有一个车轴草地毯。还有一条车轴草线，标志着通往鸡笼的路线。

毛地黄（*Digitalis purpurea*）、蓟草和罂粟花是周围有人类忙碌的另一个标志，它们表明地面受过扰动，往往是土壤被翻动过。这些植物的种子会耐心地待在土壤中，等待着有人以某种方式把它们翻起来。这就是将罂粟花与战时阵亡将士纪念联系起来的原因：炮弹猛烈地翻动战壕中的泥土，然后这块伤痕累累的土地上就长满了罂粟花。[①]

在许多林地中，不论何时只要某块区域的植被被清理干净，或者在湿润的小径边缘，经过的车轮或脚步将泥土翻开，毛地黄就会冒出来。你会注意到它们的花会开向光线最强的地方。

植物正试图书写我们与土地关系的历史，而有些植物的记忆比其他植物更长久。香猪殃殃（*Galium odoratum*）是一种白色的小野花，它开在四棱形的茎上，上面有大约 8 片薄而尖的叶子组成的莲座，形成一颗绿色的星星。它有干草的味道。如果你在一片林地中遇到一片香猪殃殃，你可以确信自己位于一片古老的林地中，因为香猪殃殃是一种可怜的移生植物。蓟草的种子会乘风而起，从一个地方飞到另一个地方，香猪殃殃则不一样，它们传播到新的地区非常缓慢。相反，如果看到了大量的常春藤、峨参（*Anthriscus sylvestris*）、野蔷薇（*Rosa multiflora*）、悬钩子、野黑樱（*Prunus Serotina*）、刺槐（*Robinia pseudoacacia*）或毒漆藤（*Toxicodendron radicans*），则说明你在比较新的林地中。我家附近的树林被植物清楚地标示出来。有新的区域，也有古老的区域，有时一条古老的沟渠标志着古老和现代、香猪殃殃和峨参之间的界限。

如果你在深入内陆的地方遇到名字中带有航海色彩的植物，这就是一条线索，说明人们已经把海洋的一部分——盐——带到了一个地区。沿海车前草（*Plantago maritima*）和牛漆姑草（*Spergularia marina*，英文俗名

---

①自第一次世界大战及诗歌《在佛兰德斯战争》发表后，欧美诸国沿用了罂粟花来纪念战争阵亡将士的习惯。——编者注

为 sea-spurrey）是沿海植物，它们跟随运盐车里漏下来的盐扎根在内陆的路边。在确保安全的前提下，如果你能沿着路边仔细地观察，就可能发现关于盐对其他植物影响的更全面的故事。在乔木和灌木中，你可能会发现枯萎的叶子或棕色的针叶，不过它们通常只长在面向道路的一侧。

其他植物，如毛蕊花（*Verbascum thapsus*），似乎偏好人类文明。长期以来，毛蕊花以其药用价值而闻名，它有高大的茎，上面长着黄色的花，喜欢生长在各种边界，从路边到火车轨道到林地边缘。毛泡桐（*Paulownia tomentosa*）也能在边界上茁壮成长，它更喜欢路边和森林边缘。

臭椿（*Ailanthus altissima*）的树皮呈浅灰色，树枝毛茸茸的，呈红褐色，散发着恶臭，是另一种在我们的工业化进程中成功殖民的植物。它是一种聪明的植物，因为它已经找到了排挤邻近植物的方法，就像所有优秀的实业家一样，它已经深谙此道了。臭椿树生长迅速，是一种能结出许多种子的植物。它可以凭借发达的根系，在路边的不利条件下茁壮成长，它的根系会延伸到人行道、建筑地基，甚至下水道，并对其进行破坏。

现在是时候提供一些不太诱人的线索了。如果你发现一块田地里有大量的亮黄色的花，比周围的草高得多，也高傲得多，那么千万不要吃这些花。我们生活在一个欲望不断增长的时代，但无论你想尝一尝的欲望有多强烈，这些花都不应该成为我们的午餐。它们傲然挺立的样子本身就是一种暗示。草已经被羊或其他吃草的动物啃得很低了，但这些高大多汁的植物却被冷落在一边。原因再清楚不过了：它们有毒。即使没有毒，至少这些植物对羊来说吃起来也太苦了。羊吃起来都觉得太苦的植物会让人立刻吐出来。

如果你看到植物以一些明显的奇怪方式生长，那么这可能是一条线索。看到一株四叶车轴草是幸运的，但看到大量的四叶车轴草则表明这里使用过除草剂。除草剂会导致植物的生长异常，如中心呈方形的雏菊或长得歪歪扭扭的蓟草。

这些植物不仅揭示了人类这种动物的习性，而且也揭示了所有其他动物的习性。我们将在后面的章节中研究个别动物，但有一条一般性原则，在我们徒步的任何地方都适用。一块土地如果出现了种类异常丰富的植物，说明土壤非常肥沃；如果这种丰富性仅限于局部，那么几乎可以肯定是人类或动物以某种方式造成了这种结果。这一原则适用于我们探索的任何地方，无论是自家后院还是远方。动物的生活、排泄和死亡会影响到植物的生活，我们可以从植物中推断出动物（包括智人）生活的地方。

风和温度的线索

植物可以给我们提供关于风和它们被风吹拂的线索，就像树木一样。我们可以想到，海拔非常高的地方是光秃秃的。我永远不会忘记乞力马扎罗的平原，一英里一英里的平地，贫瘠得就像月球表面。但在植物彻底销声匿迹之前，随着海拔的升高，植物物种的多样性会逐渐降低，有时甚至会急剧下降，在不到 1000 英尺的范围内，开花植物的种类可能从 30 种降至 0。我们还发现海拔高度影响着植物的生命周期。花期往往会随着海拔的升高而推迟，如果我试着按照花朵盛开的速度爬上山，一定会被沿途的蜗牛追上，这种想法常常把我逗笑。

欧洲蕨（*Pteridium aquilinum*）是所有徒步者都熟悉的植物之一，但很少有人仅把它看作背景和偶尔的阻碍物而忽略。欧洲蕨对风和温度有很多自己的想法，如果我们虚心求教，它会很乐意分享这些想法。对一些人来说，它的存在意味着此地不太可能发生霜冻，因此它是露营的好地点的线索；但其他人则把它作为警告，说明该地区会有很多摇蚊和蜱虫，因此是露营的坏地点。你可以自己决定霜冻、摇蚊和蜱虫哪一个更有可能让你感到不舒服，然后利用欧洲蕨来避开它。

欧洲蕨提供的最有用的线索是，它对水位和风力很敏感，因此它会为你描绘出一个地区的湿度和风力图。自然学家克里斯托弗·米切尔甚至还绘制了他自己的“欧洲蕨风力表”，并向弗朗西斯·蒲福爵士[1]致敬。这张风力表如下：

无风 小于0.45m/s	欧洲蕨生长密集，2米高
软风 0.45m/s—1.34m/s	欧洲蕨生长密集，1米高
轻风 1.79m/s—3.13m/s	欧洲蕨低矮，大约只有0.5米高
微风 3.58m/s—5.36m/s	欧洲蕨消失，取而代之的是帚石楠和草

你见过那种花里胡哨的温度计吗？它们用玻璃柱制成，里面装满透明液体，漂浮着五颜六色的玻璃小球。随着温度的升高，不同颜色的小球漂浮在上面，从而指示温度。令人惊讶的是，我们经过的花朵也在为我们做同样的事情。如果你在一个凉爽的早晨开始徒步，你会发现很少有花完全绽放，但在你徒步的过程中，温度慢慢上升，你会发现气温每升高一度都伴随着不同花的开放。许多花，如锦葵，需要温度上升幅度超过约 5 ℃才能触发它们的开放，但郁金香只需要上升 1 ℃，番红花（*Crocus* spp.）只需要约 0.2 ℃的变化就会有反应。这种现象在最大和最好的公共花园中最容易注意到，所以如果你清晨时身处这些花园中，一定要在大自然的温度计中漫步一番。

杜鹃花的叶子对温度有反应，随着温度的降低，叶子会越来越低垂。对于生长在欧洲的杜鹃来说，这一效果并不明显，但在美国或亚洲的同类

①弗朗西斯·蒲福是爱尔兰水文地理学家、英国皇家海军少将，以提出风力等级指标蒲福风级而闻名。

物种中，这种效果可能非常明显，随着冬季的到来，叶子会从与地面接近平行的状态耷拉到垂直状态。

自然导航

几年前，我与一位公园护林员和BBC制作人在爱尔兰梅奥郡的巴利克罗伊国家公园徒步。我们正走在上坡路上,走出了针叶林,进入一片草地。我们的路线是沿着一条古老的林业排水沟走的。刚走出林地，我就注意到沟渠的左侧变了颜色。在我可以看到的远处，沟渠的这一侧长满了帚石楠(*Calluna vulgaris*)。帚石楠的生长需要充足的阳光，两边的差异如此明显，说明有一边一定是朝南的。这是一个明显的迹象，表明我们在向东走。我跟护林员讲了这种不对称性，护林员坦白说他以前从未注意到这一点。这位护林员在这片土地上工作了十多年，对自己的地盘比我了解得多，但我们总是能注意到新的东西，有时只有陌生人的眼睛才能发现。我毫不怀疑，他也可以在我家附近的林子里指出许多新东西来。

我们可能都知道，植物需要光，而且对光照强度的需求不同，但这个简单的道理却具有丰富的深度。

一旦我们学会阅读植物的密语，就会有大量的可用信息。

要阅读自然的密语，循序渐进非常重要，而且从离家近的地方开始比较明智。在春天或夏天，到花园或公园里走一走，留意一下雏菊。注意在空旷的地方，特别是在朝南缓坡的空地上，你可以找到很多。然后看看建筑物和树篱的北侧，注意那里的雏菊有多少。雏菊喜欢阳光，而我们的大部分阳光来自南方。

一旦你开始看出这种效应，你就能在任何地方发现它。最近我去当地一个叫丹曼花园的地方徒步。我不确定那天早上哪种植物会是最好的指南针，但在到达后的几分钟内，我就知道肯定是小巧的勿忘草（*Myosotis* spp.）。这些漂亮的蓝色和黄色小花在花圃的南侧形成了一个密集的群落。这些花圃中较高的植物向北侧投下阴影，那里根本找不到勿忘草。

欣赏野花对光照强度的敏感性的最美方法之一，就是在你通常会往下看的时候抬头看。下次你在林地中徒步的时候，如果偶然发现一片斑点老鹳草（*Geranium maculatum*，广泛生长在美国东部）形成的神奇紫色海洋时，请细细欣赏眼前的花朵，然后抬头看看。斑点老鹳草是众多不喜欢全阴或全阳环境的花之一。北美紫菀（*Eurybia* spp.）也标志着半遮阴的环境，接骨木也是如此，它往往生长在树林边缘半遮阴的凉爽处。延龄草（*Trillium* spp.）和血根草（*Sanguinaria canadensis*）像许多野花一样，有类似的特征，因为它们会在春天周围树木的叶片没有长全之前开花。很可能当你从花丛中抬起头来时，你会注意到树冠有一点破损，让阴影之中掺杂了一些斑驳的阳光。

接下来要注意的是，花的朝向和我们发现它们的地点一样，都不是随机的。花有一项使命，而且与视觉相关。它们需要有吸引力，不过吸引的对象并不是人类，虽然吸引人类也帮助了许多物种，它们要吸引的是蜜蜂和其他飞行昆虫，这些昆虫将为它们传播花粉。光线在这个过程中起着重要的作用，所以花越朝向太阳，它们就越显眼。每朵花都会有与阳光的错综复杂的关系。如果你返回去看雏菊，你会注意到它们第一眼看上去长得笔直，但如果你更仔细地观察高大的雏菊，你会发现它们的许多花茎会柔和地向南边天空弯曲。如果它们早晨沐浴了阳光，可能会朝向偏东南一点的方向，而到了下午会更接近西南方向。

通常来说，花的朝向在东南和正南之间，但我们必须记住，光从哪里来它们就对着哪里，它们本身对东南西北没有任何兴趣。虽然在美国并不常见，但在林地边缘的毛地黄，无论自己长在哪个方位，它们的花朵往往都朝着远离树木的方向，因为大部分光线都从这个方向照过来。有这种习惯的远不止它们。你可能很熟悉向日葵会随着阳光转，不过更鲜为人知的具有同样习性的植物是酸木（*Oxydendrum arboreum*），这种生长在美国东部的小树叶子会在秋天变成红色。

到目前为止还很简单，但要进一步理解花与光的关系，我们需要知道一些花对栖息地的偏好。到了这一步，可能就有一些难度了。毛茛属包括许许多多种野花，每一种都有自己的生态位。我记得我曾带领大家在英格兰南部西萨塞克斯郡的旷野丘陵博物馆周围徒步，我们发现了一个小树篱，上面缠绕着毛茛（*Ranunculus* spp.）。乍一看，这些毛茛似乎是随意冒出来的，但仔细观察后发现，我们眼前有两个不同物种的毛茛，即欧毛茛（*Ranunculus sardous*）和匍枝毛茛（*Ranunculus repens*）。欧毛茛对阳光的需求比匍枝毛茛更强烈，它在树篱的南侧占主导地位。我注意到堇菜科的植物也有类似的习性。

难度的增加是因为一些花，或者说有些科属内部的花，有令人困惑的偏好。这意味着我们不能只是假设一排野花的出现一定意味着此地向阳，因此是朝南的路边，相反，我们需要遵循一些简单的原则。

第一条大原则是，如果你遇到两个朝向相反方向的河岸，其中一边有大量不同的野花，而另一边相对较少，那么这条线索就比较可靠，即开花多的那一边是朝南的。一个有用的附带提示是，如果你发现一种植物，你能想到它会在某个时候出现在厨房里，那么它可能是一种喜光的植物，是朝南的可靠指标。野百里香（*Thymus polytrichus*）、甘牛至（*Origanum majorana*）、薰衣草（*Lavandula* spp.）、迷迭香（*Salvia rosmarinus*）、欧芹（*Petroselinum crispum*）、水田芥、芥菜和许多野生薄荷都非常喜欢充足的光照。许多野生水果也一样，比如草莓、露莓[1]、蓝莓、黑莓、花楸（*Sorbus* spp.）、柿子和美国东北部的云莓（*Rubus chamaemorus*）。这一原则还可以延伸到栽培水果上，你可以记住另一条简单的原则：甜果子产自南方。

水果的甜味来自糖分，糖分的产生需要大量的能量，这种能量只有一个来源——阳光。在朝北的山坡上，你不会发现很多葡萄树，但如果你发现了一个，这可能是一个线索：附近有一个口袋空空的葡萄园主。

我们种植的大多数作物都是为了给我们提供这样或那样的能量，因此，如果农民可以选择的话，我们可以在南部的山坡上找到能提供大量能量的禾本科植物，如大麦和小麦。许多产油作物也是如此，比如亮黄色的油菜籽田。去年，我组织了一场高强度的24小时自然导航课程，在六次练习徒步结束后，我对一队疲惫的小组提出了最后的挑战。他们需要在没有任何地图、指南针或GPS的情况下，找到位于他们南方几英里处的一个石拱门。这比听起来要难得多，尤其是在阴天的时候。大多数小组成员出发时信心满满，但在挑战进行到一半时，我看到这组人暂时迷失了方向。令我高兴的是，他们中的一个人记住了上面的简单原则，他面露喜色地说："我们在一个斜坡上。我们身边到处都有经济作物。下坡的方向肯定是南方！"然后他们找到了石拱门。

如果你站在一片耕地边缘，面朝这块耕地，看看你是否能发现任何杂草。为了应对荫蔽的环境，耕地里的杂草为了获得光线会长得更高，所以你有时可以注意到，它们是在指示光线最少的地方。从杂草较高的地方走到杂草较矮的地方，你的脚印就画出了一条南北方向的线。

我制定的另一条略显怪异的规则是，英文中任何以"wort"为结尾的

①露莓，悬钩子属当中的部分种类。

野花都极有可能是喜阳植物。狸藻（bladderwort，*Utricularia* spp.）、水茫草（mudwort，*Limosella* spp.）、漆姑草（pearlwort，*Sagina* spp.）、碱猪毛菜（saltwort，*Salsola* spp.）、盐角草（glasswort，*Salicornia* spp.）、千里光（ragwort，*Senecio* spp.）、水苏（woundwort，*Stachys* spp.）和随处可见的金丝桃（St. John's wort，*Hypericum* spp.）是实用的方向指示植物。这不是一个普遍适用的规则，其中也有一些例外，不过我觉得这条规则很有用。

另一个很好的一般规则是，大多数海滨野花都喜欢充足的光照，所以如果你遇到一种英文俗名中带有海滨特色的植物，如"sea"或"sand"，你可以打赌它既耐盐又喜欢朝向南方。

出于显而易见的原因，喜阴植物的名单比较短。除了苔藓和地衣（我们将在稍后详细介绍）之外，还有一些值得了解的大型植物。

所有欧洲蕨都需要水分，通常喜欢从潮湿、阴暗的地方长出来，往往是岩石缝隙，不过它们后来对光线表现出更强的兴趣，并且一旦长出来，就会确定无疑地向阳生长。香猪殃殃，我们之前提到过的古老林地指示植物，也比较耐阴。多年生山靛（*Mercurialis perennis*）和露珠草也是喜阴植物，我发现这些植物在我家附近的树林里成片地茂盛生长，但是一旦到了树冠遮不住天空、阳光可以照射进来的地方，它们就会像吸血鬼一样隐退了。美国的喜阴植物包括玉簪（*hosta* spp.）、东方铁筷子（*Helleborus orientalis*）、总序升麻（*Cimicifuga racemosa*）、岩穗（*Galax* spp.）、细辛（*Asarum* spp.）和北美蔓虎刺（*Mitchella repens*）。野花中还有很多能指示方向的植物，我在《附录II》中列出了一些我更喜欢的指示植物。

2010年2月，我为自己设定了一项挑战，即在不使用地图或任何导航仪器的情况下，穿越我在欧洲能找到的风景最荒凉的地区之一，即加那利群岛的拉帕尔马岛。这些研究挑战总是具有启发性，但我很难预知我会学到什么样的宝贵经验。这一次，当我在一个村庄的边缘停下来，喝着水壶里的水，眺望着长满了高大的橙色花朵的废弃田地时，我感到惊讶和高兴。

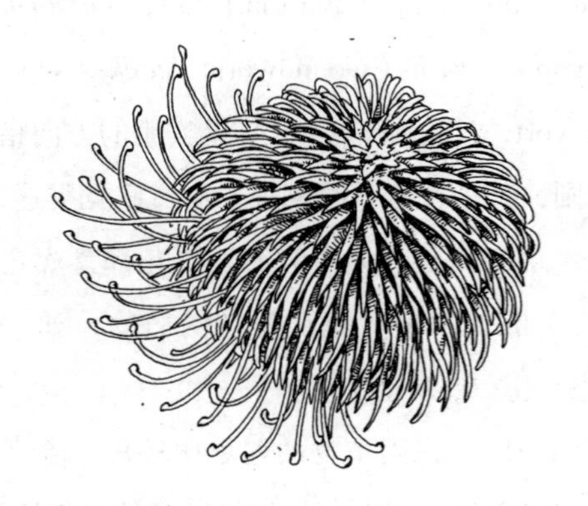

有时候，南边的花朵率先开放。像这样的帝王花（*Protea* spp.）在我穿越拉帕尔马岛的困难地形时给予了很大帮助。

我的眼前全是这一种植物，而我又口渴难耐，所以我发现自己盯着它看的时间比其他时候更长。这就带来了一个意外的、令人高兴的发现。数以百计的橙色帝王花中的每一朵都先在一边绽放：南边阳光充足的一面。环顾四周，我一下子发现自己周围有成千上万个这样的指南针。此后，我也注意到无数别的花都有这种习性。当我们花时间去注意不对称的现象时，它通常会用一条线索来回报我们，有时是一个颜色鲜艳但很容易忽略的指南针。

常春藤的六个秘密

藤本植物具有一些不寻常的、有趣的生长特征，一旦我们熟悉了这些特征，就可以将其视为一条线索。所有的攀缘植物在攀爬时都需要从宿主植物上借力，为了找到这个宿主，它们表现出一种叫作“反趋光性”（negative phototropism）的行为。正如我们在树木上看到的那样，趋光性是指植物的生长受光照水平的调节，而反趋光性是指一些植物的生长倾向于远离光照。虽然植物向光生长更为常见，但对于需要寻找宿主的植物来说，反趋光性是一个合乎逻辑的特征。攀缘植物需要一棵树，树会产生树阴，因此，如果攀缘植物远离光线生长，它们找到树的可能性就会增加。

你会在有光照也有荫蔽的环境中发现许多这样的攀缘植物，如分散的林地或树林的边缘，如果你遇到一个从树的南面——也就是被阳光直射的一面——开始生长的攀缘植物，你最容易发现这种效应。观察这些攀缘植物最早的生长情况，你应该能发现它们如何设法抵达北边更阴暗的树上，随后往往会围绕树干继续生长到北面更暗的部分。当你寻找这一特征时，你可能会碰巧注意到金银花以顺时针的方式绕着寄主生长。

***

在我最早的自然导航课程中，我确实注意到，学生们经常会问有关常春藤的信息，以及它是否可以用来确定方向。我不得不诚实地回答：“我深知常春藤试图为我揭示出一些东西，但迄今为止我所有的解读尝试都没有成功。”

现在我知道常春藤确实有六个秘密，我也意识到为什么我花了几年时间才解开它们。常春藤无疑是我如今徒步时发现的最有趣的植物之一，我喜欢寻找那些我花了很长时间才破译的线索。常春藤是有挑战性的植物，因为在它的生命历程中，生长方式发生了巨大变化。

常春藤的一生可以分为两个主要阶段，它在每个阶段的行为都非常不同。如果我们回想典型的常春藤叶子，它有尖尖的叶裂，我们想到的是幼年的常春藤。当常春藤年轻时，它需要找到它的宿主树，所以它展现出反趋光性，远离光线生长，从而让它抓住一棵树。一旦常春藤找到宿主，它就会在树上生长。到了特定的时间，通常在 10 岁左右，当它长到一个有大量光线的高度时，常春藤就开始了它生命的第二个阶段。它的叶子完全变了另一个样子，从有许多尖变成只有一个叶尖，关键的改变是它第一次出现了趋光性。

当你知道如何区分常春藤的这两个阶段后，分辨它们是非常容易的，只需找到一棵大小适中的树，它身上的常春藤一直长到树顶，同时在远离树干的地方常春藤生长茂密。观察低处和靠近树干的叶子，这里你会发现第一阶段的常春藤叶子，有叶裂和好几个叶尖。现在再看高一点的叶子，你很快就会注意到，这些叶子要简单得多，只有一个尖。事实上，它们看起来如此不同，以至于把其中之一单独拿出来之后，许多人很难认出它是常春藤。如果你看到任何一簇绿色的、然后是紫色或黑色的像干胡椒一样的花，那么你就可以肯定自己看到的是第二阶段的常春藤，因为常春藤在第一阶段不会开花。

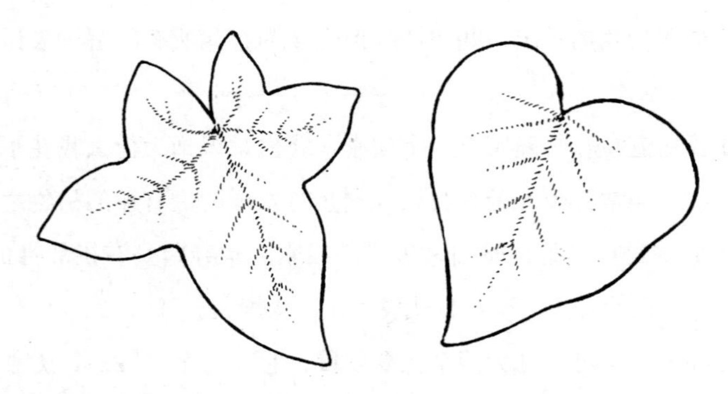

幼年常春藤叶有许多叶裂（左）。成熟的常春藤叶有一个叶尖（右）。

现在你已经准备好解读前两条线索了。你知道幼年常春藤会远离光线生长，这在光线充足的树根周围尤其明显。有时你会看到几根常春藤的茎伸到树干的底部周围，拼命地想从南边绕到北边，远离光线生长，这种现象通常不易察觉，但偶尔也相当夸张。

现在看看树上较高处成熟常春藤的生长情况。这是喜欢光线的常春藤，因此会表现得更像大多数其他植物；往往植物光照较多的一侧长得更茂盛，通常是在南侧。

在掌握了这两条线索几年后，我有幸发现了第三条线索。它已被隐藏多年，但我现在很喜欢它。常春藤可以爬到树上，但也可以依附在树上，它通过短而硬的根系来实现这一点。如果你曾经用力把常春藤从它的宿主树上拉下来，你就知道我说的是什么了。事实上，如果你看到一棵光滑的树干上有常春藤被拉下来，你会注意到常春藤在它曾经生活过的地方留下了一个标记。仔细观察这个痕迹，你会发现它类似于千足虫，这是常春藤茎部生长的主线。树干两侧有很多像腿一样的细线，这就是常春藤根系曾经紧贴在树上的地方。

这些根系的有趣之处在于，它们只会在远离光线的地方生长。相对于周围的环境，树永远是黑暗的，所以根系可以朝着树本身生长。这是一个巧妙且非常有效的机制，但它并不完美，我们可以从不完美中找到一条线索。

如果一棵树生长在有阳光照射的地方，那么这些常春藤的根既会向树本身的阴凉处生长，也会在很少或没有光照的树的两侧生长得更多。在树的北面，往往有很多朝北的阴凉处，这些根会有点混乱，你会发现它们会在这一侧远离树的地方生长。你也经常可以在常春藤茎的北侧找到这些根，它们沿着树的东西两侧生长，当然数量比南侧多。简单来说，你只需要记住这些根生长在远离光线的地方，而且来自南方的光照往往更多。

常春藤提供的第四和第五条线索是比较笼统的。在古老的成熟林地中，常春藤在树林的边缘比在中心附近更常见。这在实践中意味着，如果你正试图在一片茂密的老树林中找到出路，突然遇到大量的常春藤，那么你可能行走的方向没错，离树林的边缘应该不远了。常春藤在朝北的山坡上比朝南的山坡上生长得稍微多一些。

要寻找的第六条也是最后一条导航线索，实际上可以适用于许多植物，包括树木，但我首先在常春藤上注意到了这条线索，所以我把功劳归于常春藤。

叶子的主要作用是吸收阳光和进行气体交换。叶子的方向对交换气体来说并不重要，因此我们发现，光是影响叶子排列方式的主要因素。最后看一下灌木丛中常春藤植物的简单次生叶，你可能会注意到树的南侧和北侧之间存在一个有趣的区别。在树的南面，叶片朝向外侧——也就是叶尖朝下垂向地面——可以收集到大量阳光，因为大量的阳光会从这个方向射入。但在树的北面，这里没有水平方向的直射光，几乎所有的光线都来自上方。由于光线摄入角度差异，南边的叶子与北边的叶子相比，其叶尖更倾向于向下指向地面，而北边的叶子的叶尖则更接近于水平方向。这种效应比较不易察觉，但值得搜寻，照在树木及其身上的常春藤的光线越多，这种效应就越明显。一旦你发现了几次，你就会知道如何在所有长着宽大叶片的植物身上寻找这种现象，有时它太微弱，难以发现，但偶尔也会非常明显。

一旦你研究了常春藤的趋光性效应，你就已准备好去寻找一种不太常见但同样迷人的植物：野莴苣（*Lactuca serriola*）。野莴苣是一种野生植物，是与我们经常吃的莴苣亲缘关系最近的野生植物。它非常喜欢光照充足的环境，对光线的反应也很有趣。它的叶子会指向南北两个方向，因此获得了“指南针植物”的别称。到了夏末时节，你可以在荒地、小路和田

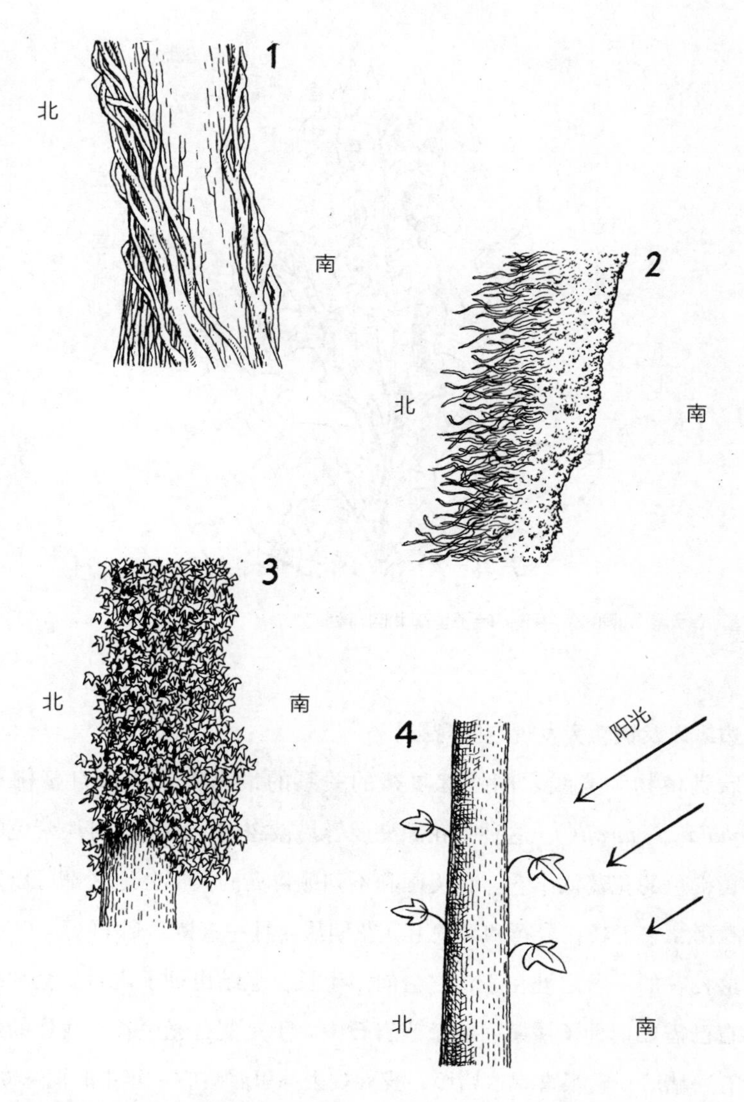

1. 幼年常春藤会向着背光的地方生长，它们会从树干的南侧绕到北侧。
2. 常春藤的根部会背光生长，因而能指示北方。
3. 成熟的常春藤向光照方向生长，在南边长得更茂密。
4. 南侧的叶子往往比北侧的叶子垂得更低。

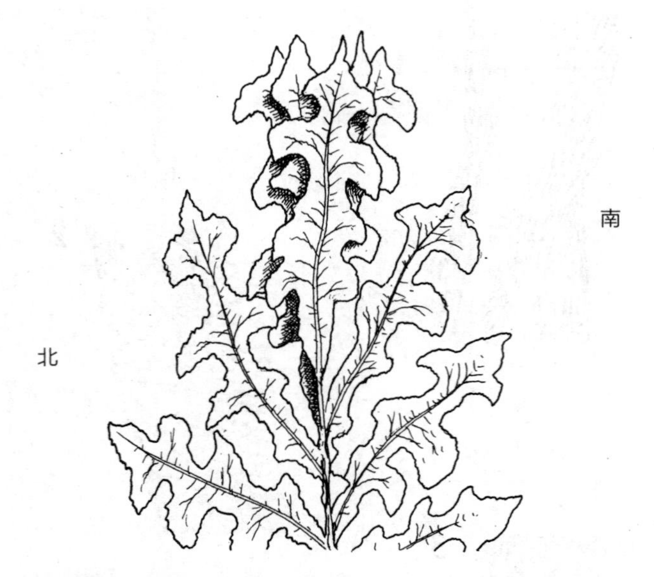

野莴苣。有大量光照的条件下，叶子呈南北向排列。

地的边缘以及铁轨旁发现它的身影。

欣赏植物和光线之间错综复杂的关系的最高级线索来自蔓柳穿鱼（*Cymbalaria muralis*）。这种野花漂亮但容易被忽视，你能通过淡紫色的小花和黄褐色的花蕊认出它。在美国和不列颠群岛的大部分地区都可以发现它的身影，它生长在岩石和墙壁上，花期从 4 月一直持续到 11 月。

这种花的奇妙之处在于，它会向阳生长，但结出种子之后，会“意识到”自己需要把种子播撒回墙壁或岩石中，于是便背光生长。我住的地方附近有一堵墙，它很喜欢这堵墙，我喜欢去那里看看它一年中时而喜欢墙、时而厌恶墙的生长过程。

冬日色彩

在冬季的几个月里，绿篱中的山茱萸非常值得留意。如果你喜欢去不应季的花园里探索，那么就会发现园丁有时会种植欧洲红瑞木（Cornus sanguinea）或冬日之火（有趣的常用名），这是为了在白昼变短的时候增加一些色彩。它因为冬季深红色的小枝而受到大多数人的欢迎，但这种红色并不是均匀分布的，在光照更充分的小枝的南侧更明显。这是我最喜欢的冬季白昼线索之一。

逃逸植物

我们在徒步旅程中经常会穿过一类地区，它们既不是花园也不是荒野，而是这两者之间的腹地，正是在这些地区，我们可以发现从花园里逃出来的植物。有许多植物，如雪滴花（*Galanthus* spp.），从人工种植的园艺花卉一跃变成了逃逸在外的野花。我们可以把这些植物作为另一条线索，说明我们正在接近某种人类文明。沿着雪滴花向前走，往往会直接走到某人的后花园或教堂墓地。初夏时节，我最喜欢的本地逃逸植物是银扇草（*Lunaria* spp.），在许多回程的路途中，它的紫色花朵都在欢迎我回到自己的村庄。

植物健康状况线索

水手们花了很长时间才意识到坏血病的症状是由缺乏维生素C引起的。

如果植物缺乏关键的营养物质，也会出现病态。叶子顶端和中脉发黄是缺氮的迹象，而尖端和边缘发黄则更可能是缺钾的迹象。如果植物的叶脉之间有垂直条纹，可能是缺镁。如果嫩叶发黄，那么可能需要更多的硫。

地下有什么线索

所有能够供植物生存的土壤都要满足一定的条件，而 pH 值是其中之一。有些植物，如铁线莲的存在是碱性土壤的可靠标志，所以在白垩土的灌木丛中可以发现白藤铁线莲（*Clematis vitalba*）毛茸茸的像老人胡须一样的白色羽状物，但在酸性的土壤中，如在可以看到花岗岩突出来的地方，你就不太可能发现它。在这些酸性土壤中，欧洲蕨更常见，而荆豆最喜欢生活在这种土壤中。所以荆豆是经常与高沼中的羊群并列出现的主要植物，因为高沼这种地貌常见于条件恶劣的酸性岩石之上。我曾经在英国广播公司第二电视台的《条条大路能回家》系列节目中，把三位名人放在了英格兰西南部的博德明高沼，让他们利用自然导航的技巧寻找方向。荒凉的风光迫使三人利用被风吹过的荆豆的形状作为稀少的线索之一。

绣球这种园艺植物可以适应碱性和酸性两种条件，但它们在不同土壤中的表现明显不一样，在酸性条件下花是鲜艳的蓝色，在中性条件下是淡紫色，在弱碱性土壤中则是粉红色。

夏末，我喜欢在课程上玩一个小小的教学游戏，这是我所知的帮助人们了解植物是如何为我们绘制地图的最好方法之一。在这个练习中，我带领各小组沿着既定路线进行短途徒步，这条路线是从河边走到稍高和较干燥的地方，然后再一次回到不同地区的洪泛区。在河边行走时，我鼓励大家研究他们在路边发现的植物和树木。我们通常会看到大量的柳树，以及像千屈菜（*Lythrum salicaria*）和喜马拉雅凤仙花（*Impatiens glandulifera*）这样的花卉。这两种野花的颜色都是特殊的粉紫色，与水边的绿色和棕色形成的对比令人赏心悦目。然后我们向上走，远离河流，柳树和紫花从视野中消失，取而代之的是喜欢干燥环境的植物，如水青冈和铁线莲（*Clematis* spp.）。这时，我会对大家说，我希望有人觉得自己能分辨出河流位置时可以第一时间告诉我。

这从来都不需要你真正看到水。这些花像发光的紫色信号灯一样告诉人们水源在哪里，你从很远的地方就能看到。对这种方法稍加改变，就能在世界各地应用了，而且口渴的探险家们已经用过了这种方法。需要寻找的植物会变，但原理是不会变的。这种方法的好处之一就在于，你不需要储备任何植物的名称知识，只需要对你周围的环境和它们的变化有一点认识就够了。

有许多植物的名字中都隐藏着它们对水的喜爱，任何英文俗名里带有"marsh"的植物都在暗暗告诉你，它生长的地方比较潮湿。"bog"也是植物名中常见的词，而又名"帕纳赛斯草"的梅花草（bog star，*Parnassia palustris*），也能准确地告诉你地面潮湿。生长在美国东海岸的沼金花（bog asphodel）也是一种喜欢潮湿的植物，但它的拉丁文名称（*Narthecium ossifragum*，意为打碎骨头）包含了另一条线索：农民们过去认为这种植物会让羊的骨骼变脆，最终会让骨头折断。事实上，这种野花生长在营养物质贫瘠的土壤中，特别是在钙含量很低的土壤中，正是由于生长在这些地方的羊的饮食中缺乏这种矿物质，才导致羊骨折，而不是因为啃食这种植物。

当走过潮湿的高地时，了解哪些草试图告诉你如何让脚保持干燥的知识非常有用。悬穗薹草（*Carex pendula*）和坚挺乱子草（*Nardus stricta*）

在潮湿的条件下长势很好，而沼垫草则只在较干燥的地区生长。如果你是鉴别草种类的新手，试着用手指捻一下茎。薹草有明显的棱，它的横截面通常是三角形，而其他大多数草的茎滚动起来非常平滑。你可以用顺口溜帮你记住这些草的特点："薹草有棱角，灯芯草光溜溜，禾本草中空直挺挺。"另外，禾本科的草类茎上有节，而灯芯草和薹草则没有。不过实际上你在使用这些知识的时候无须记住任何一个品种的名字。如果你听到一阵嘎吱嘎吱的响声，就低头看看，熟悉一下这个地方的草，然后当你下一次走到干燥的地方时，记住你一路走来见到的草。只需要几分钟的时间，你就会知道前方地面是干燥还是潮湿。（我注意到有些徒步者会下意识地使用这种技巧，却完全没有意识到他们正在这样做；如果你有意识地运用这种方法，就会更有趣也更有效。）

有一次，我不得不在一位美国记者的注视下，利用自然导航的方法走到英格兰西南部达特穆尔中部 5 英里外的一个地方。我在没有地图、指南针或 GPS 的情况下，没有走在人行步道上，而且大部分时间是在雾中穿行，这很有挑战性。在这种考验中，了解自己可以走哪条线穿过高沼地而不至于消失在沼泽中非常关键。这些草组成了我唯一的地图，每当雾气暂时散去，我就会扫视四周，寻找前方可行的路线和需要避开的地方。

在这次徒步中，我使用的另一个技巧是对风的动向保持密切关注，甚至更重要的是，关注以前的风向。草丛对我来说不仅是一张地图，也是指南针。我知道，因为我留意到，这几天一直刮东风。而这里更常见的风向是西南风。这意味着所有的草都受到这两股主要的风的影响，但被影响的方式并不一样：最高的、最颀长的草被近期所刮的风从东向西吹弯了，但那些低矮的、被动物啃过的草和能稍稍避风的草，仍然被盛行的西南风所笼罩。这是一个非常简单的方法，只需要你对风和草之间的关系保持好奇。（离奇的是，我开发这种方法的灵感来自在太平洋上航海的古老传统，在那里，传统的航海家学会了从层叠起伏的不同海浪中寻找信息，并利用这些海浪反过来判断风向，然后找到它们的方向。）我甚至会在城市公园里观察与脚踝齐高的地方，用这种方法来观察草地很有乐趣。

草地很容易被人们忽视，但它们包含着丰富的线索。许多徒步的终点都长着普通早熟禾。这种植物和异株荨麻一样，喜欢肥沃的土壤，在人们向土壤中添加磷酸盐的地方，它们长得特别茁壮。

如果你走到水边，那么植物可以作为令人满意的深度测量仪器。如果你还没有收到花和树的警告，那么一排厚厚的鬼蜡烛（也叫宽叶香蒲，拉丁学名是 *Typha latifolia*）肯定能提醒你停下脚步。这些植物很容易被发现，而且在夏天好认得让人难以置信：它们长着与众不同的棕色穗状花序，像热狗一样，“棍子”上开着深褐色的花。

宽叶香蒲很好地模糊了陆地和淡水之间的界线。事实上，有些宽叶香蒲将水陆之间的界线弄得太模糊了，它们在陆地上生长在坚实的地面上，

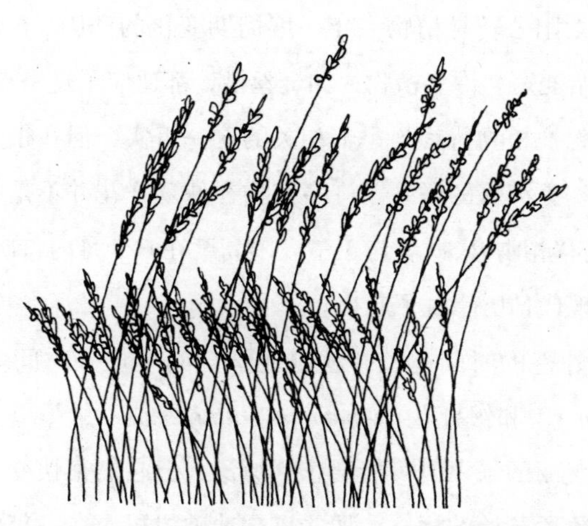

每一片草丛或每一片草叶都可以提供线索，告诉我们关于方向和地面湿度的信息。比较高的草反映了最近的风向；比较矮的草反映了更长期的风向趋势。

然后突然消失，却在遥远的地方从水里冒出来。如果你在灯芯草丛中看到一根棍子上的热狗，无论你对自己的球或者帽子或者飞盘感情有多深，都不要冒险去捡了。

越过宽叶香蒲，通常在齐腰深的水中，你可能会看到非常常见的浮叶眼子菜（*Potamogeton natans*）在水面上形成一片绿色的毯子。再往深处走，你可能会看到睡莲。香睡莲（*Nymphaea odorata*）最喜欢生长在大约 2 米深的水中，但欧亚萍蓬草（*Nuphar lutea*）在 5 米深的水中也能长得很好。

这些植物可以为你透露水深和水流的信息。浮萍和睡莲只能在近乎静止的池塘或湖泊的淡水中找到，但春夏两季，水生毛茛可以给缓慢流动的水点缀上白色的花朵。

花　期

地球围绕太阳公转是植物一年一度周期变化的诱因。6 月下旬，夏至来临，白昼开始变短。许多植物，如金丝桃，都适应了这一点，开始开花。虽然我们没有忽视植物行为与季节相关的这一事实，但在很大程度上我们忽略了更普遍、更深入的联系。许多植物在仲夏开花并不是一个奇怪的想法，它与日出南移相吻合，或者与正午太阳高度在 6 个月内首次下降相吻合，但这种意识被现代日历隐藏了起来。

我们在户外待的时间越长，就越能学会阅读户外时间。欧洲报春花（*Primula vulgaris*）和银莲花（*Anemone cathayensis*）早早盛开，我们第一次注意到这种美丽的景象时可能会感到惊讶，但它们很快变成了林地周期中一个熟悉的阶段开始的标志。那些喜欢冲破树冠、在一年中较冷的时候早早开放的花，知道自己会从开阔的天空和头顶没有贪婪的叶子中得到丰厚的补偿。

在一个地方待久了，我们也会知道每组植物，或被植物学家称为“共位群”（guild）的一群植物中，不同种类的花朵轮番盛开如何反映出了季节的交替。在长着大量欧洲报春花和银莲花的地区，不久之后我们很可能就会看到大量的蓝铃花和堇菜。

所有的周期都相互关联，一旦我们熟悉了这些时钟和日历的一个部分，我们就可以用它来了解其他的周期。这是那些仍然依赖户外技能谋生的社群中的常识。因纽特人知道，当挪威虎耳草（*Saxifraga oppositifolia*）开花时，驯鹿就在产崽。在本书的后面，我们将看到星星和花朵是如何融入了同一个大日历的。

许多植物在计年和计日方面出奇地精确。一些牵牛花只有在白昼时间少于 15 小时的时候才会开花，一些万寿菊（*Tagetes* spp.）在白昼时间超过 6 个半小时的时候才会开花。一品红（*Euphorbia pulcherrima*）、草莓和大豆要等到白昼时间缩短到一定程度才开花。虎耳草（*Saxifraga* spp.）、风铃草（*Campanula* spp.）和老鹳草（*Geranium* spp.）则要等到白昼时间长到一定程度才会开花。

雏菊也叫太阳菊，它会随着光线的强弱变化而开合，正如我写这段文字的时候，太阳正在落下，对面田野里的亚麻花（*Linum usitatissimum*）也会慢慢凋谢。有些野花，如仙女木，会像时钟指针一样指向天空中的太阳。

就在我们学会欣赏周围每分钟的变化时，树林中的牛唇报春花（*Primula elatior*）或草原上的欧白头翁（*Pulsatilla vulgaris*）也在非常不同的尺度上讲述着关于时间的故事。这两种花都完全不能容忍土地的扰动，它们会温柔地提醒我们，这些地方在 100 年或更长的时间中都没有发生过变化了。

第五章

苔藓、藻类、真菌和地衣

——哪种“自然界的小可怜”往往会被误认成口香糖？

如果你眼前出现了一座自己以前从未见过的建筑，要判断它的新旧程度易如反掌。建筑物材料和结构中存在着明显的线索，但更多小得难以察觉的线索隐藏于其外立面的面貌中。几乎长期暴露在大自然中的每一样东西都会渐渐成为微小生物的寄主，只要其不含有扼杀生命的有毒物质，苔藓、藻类、真菌和地衣会试图在所有户外物体的表面安家落户。它们中的大多数都失败了，因此我们还能看到建筑物中的石头和树上的树皮，但有些确实成功扎下根来。那些蓬勃生长的生物一定有着某些特殊的需求，一旦我们了解了它们的需求，就会发现每一种这样的生物都在努力向我们透露某种信息。

苔　藓

我们将从最基本的生存所需开始，进而去了解更复杂的需求。苔藓是我们去了解这些生物的再完美不过的开始。苔藓的繁殖需要水，因此它们出没之处必定是水分充足的地方。由此，我们可以提出其他的基本推论。

我们发现阴凉的地方比阳光充足的地方更潮湿，而这样的地方在朝北的表面上更常见，所以，如果你已经排除了导致环境潮湿的其他原因，那么苔藓就可以帮你找到北方。

藻　类

在我的一堂课上，我给大家展示了一个路标指示牌，上面写着“罗马别墅”几个字，还画着一个箭头。我告诉他们，这个牌子上有两条显而易见的导航线索，我指出了第一条线索，即前往别墅的方向，然后问第二个线索是什么。如果我的学生答不上来，我就鼓励他们从各个角度观察这个指示牌。它朝南的一面是亮白色，看起来十分干净，朝北的一面则表面污浊，覆盖着成片的海藻。我解释说，这个指示牌代表了可能生命的平衡。对于自然界来说，这是一个非常恶劣的环境，因为它是金属的，并且外面还涂着一层不宜生存的户外漆。然而，牌子的两面作为栖息地来讲条件不尽相同，其中一面——北面——在白天没有阳光直射，所以不像南面那样经常干燥。这种单一关键变量——水——的微小差异，导致了牌子一边是绿藻的家园，而另一边看起来几乎像被抛过光一样。事实上，在任何水的获取受限的异常严酷的环境中，你都可以把太阳看成将所有藻类和地衣打磨干净的力量。

藻类种类繁多，但大多数时候，我们可以把它们统统看作能指示水分含量的绿色薄膜，因此可以将其作为指示方向的线索。有一个例外，非常值得你在徒步时留心观察。橙衣属（*Trentepohlia* spp.）藻类会出现在许多树木的树皮上，它们颜色醒目，根据环境不同，颜色介于亮橙色和锈红色之间。像其他藻类一样，橙衣属藻类对湿度非常敏感，所以哪怕是能照到少量阳光的干燥树木，它也能在朝北的树干上长出条纹。它有时会长满整个林地树干的北侧，在美国东西海岸潮湿的沿海地区非常多。在佛罗里达州中部，你也能在树干上找到它，它往往生长在树的北面或东北面。

如果你发现水华——物体表面上覆盖着的厚厚一层明显的绿色藻层，这意味着此处因人为因素而产生富营养化。从农民的田地里吹来的化肥，可能导致树木、池塘和水坑中出现明亮的藻类层。

真 菌

真菌的口味比苔藓或藻类更复杂。因而阅读它们是更复杂的事情，但作为回报，它们会给你讲述更多有趣的故事。一般来说，真菌在潮湿、阴暗的环境中长势良好，因为那里有大量它们所需的营养物质。

阅读真菌的一个挑战是可见性的问题，它们大部分时间都隐藏在地下。即便它们冒出来了，对于大多数徒步者来说，鉴别真菌也还是一个障碍。这两方面困难加在一起，导致这成了一个相当专业的领域。尽管如此，每个人都能掌握基本原则，认识其中一些物种。

真菌能告诉你它偏爱的栖息地伙伴。如果我让你想象一个毒野蘑菇，你很有可能会想到蛤蟆菌（*Amanita muscaria*），它长着标志性的红菌伞和白色斑点，经常出现在童话故事中。蛤蟆菌生长在酸性林地中，它的出现是附近长着桦树的可靠线索。采菌人通常反其道而行之，利用树木来寻找他们的目标，但无论我们找寻哪个，这种逻辑都适用。

值得多说两句的是，这种特殊的真菌可以与众多实用的线索结合起来运用在你的徒步之旅当中。想象一下，你正穿过一片林地，突然间你发现了一丛蛤蟆菌。一般的徒步者可能会想“啊，真漂亮”，但我希望这本书的读者会萌生出这样的想法："桦树在哪里呢？啊，它们在那儿呢。桦树是移生于此的植物。我估计已经到了老林地的边缘，现在正进入一片年轻的林地。我敢打赌，我很快就会到达树林的边缘，见到原野了。"

你可以用这种类似方式从数百种真菌中找到指示周围树木种类的线索，而树本身能确定有关景观的细节。淡紫乳菇（*Lactarius lilacinus*）意味着附近有桤木，你能发现它们一起生长在水边。有些真菌能直接告诉你此地环境潮湿，如荷顿氏疣柄牛肝菌（*Leccinum holopus*）和刺孢蜡蘑（*Laccaria tortilis*）。槭斑痣盘菌（*Rhytisma acerinum*）很容易认，桐叶槭树叶上的黑点就是它。它对二氧化硫非常敏感，因此它能体现空气新鲜程度：斑点越多，空气就越干净。

毛头鬼伞（*Coprinus comatus*）也叫"鸡腿菇"，也是一种根据名称就很容易辨别的物种，无论哪个名字都可以。它的菌盖像是由一层一层的白色波浪组成，当它的孢子被雨水冲下来时，就像黑色的墨水往下流。这种鬼伞是土壤被人类翻动过的线索。

许多真菌能提供动物活动的线索，还能告诉你活动的大概时间。点孔座壳真菌（*Poronia punctata*）生长在马的粪便上，而长着黑色孢子的小小的斑褶菇（*Panaeolus*）、有致幻效果的古巴裸盖菇（*Psilocybe cubensis*）生长在牛粪上。如果你用蘑菇来追踪人类或野兽的足迹，那么你肯定会喜欢黑红菇（R*ussula nigricans*），它在被割伤或擦伤 13 分钟后就会变红，再过 15 分钟就会变黑。

有一些真菌能表明此地发生过火灾，波状根盘菌（*Rhizina undulata*）的英文俗名叫 pine firefungus（意为松树火菌），高原鳞伞（*Pholiota highlandensis*）的英文俗名叫 bonfire scalycap（意为篝火鳞伞），从它们的名字你就能看出其与火的关系了。灰树花菌（*Grifola frondosa*）会在遭过雷击的橡树根部茁壮成长。

也许花时间了解如何阅读真菌的最大动力来自它们名字的美感，以及它们提供的怪异线索。长根滑锈伞（*Hebeloma radicosum*）英文俗名为rooting poisonpie，直译为“长根的毒馅饼”，它生长在地下动物的排泄物或腐烂的小动物上面。

地　衣

在真菌或藻类不能单独生长的地方，演化的力量创造出了一种美丽的伙伴关系，也就是我们所说的地衣。它们组成了你在徒步时可能发现的最易被低估的生命体，几个世纪以来一直没有得到重视。甚至伟大的植物学家卡尔·林奈[①]也把它们称为rustici pauperrimi，意思是“自然界中的小可怜”。地衣的英文lichen来源于希腊语，意思是爆发、疣子或麻风病。

从许多角度讲，地衣是很漂亮的，为最单调的地方和最贫瘠的环境增添了色彩。它们可以忍受比大多数植物的生存环境低五十多度的温度，也可以在任何生物都不敢想象的高海拔地区生存。它们也很实用：地衣可以作为食物、毒药、防腐材料和染料——没有它们，哈里斯花呢[②]就不一样了。最重要的是，由于它们不会随着季节的变化而消失，因此一年到头你都可以对它们进行研究。

我喜欢这样解释地衣的生物结构：真菌负责建造房子，它的藻类伴侣负责养家糊口。如果没有真菌提供的安全结构，那么藻类可能会在环境恶

①卡尔·冯·林奈，瑞典生物学家，动植物双名命名法的创建者。

②哈里斯花呢，Harris tweed，是由哈里斯岛及路易斯岛为首的几个苏格兰岛屿居民用羊毛手工织成的衣料。传统的哈里斯毛料特色是带有杂色的花纹，这些花纹是靠植物颜料染成的，其中就包括一种叫作梅衣（crottle）的地衣。

劣的地方无家可归地死去。但这是一种真正的共生关系，因为如果没有藻类将阳光转化为糖的能力，真菌就会因为缺乏重要营养物质而饿死。得到光照对地衣来说至关重要，比如，在洞穴深处你就不会发现它们的踪迹。但将地衣作为导航线索时，它也很有用。

地衣有不同的形态。壳状地衣确实有硬而脆的外壳，叶状地衣长得像叶片，枝状地衣有分枝，丝状地衣像毛发。与其试图让自己熟悉成千上万种不同的地衣，不如好好了解少数几个物种和一些规律。

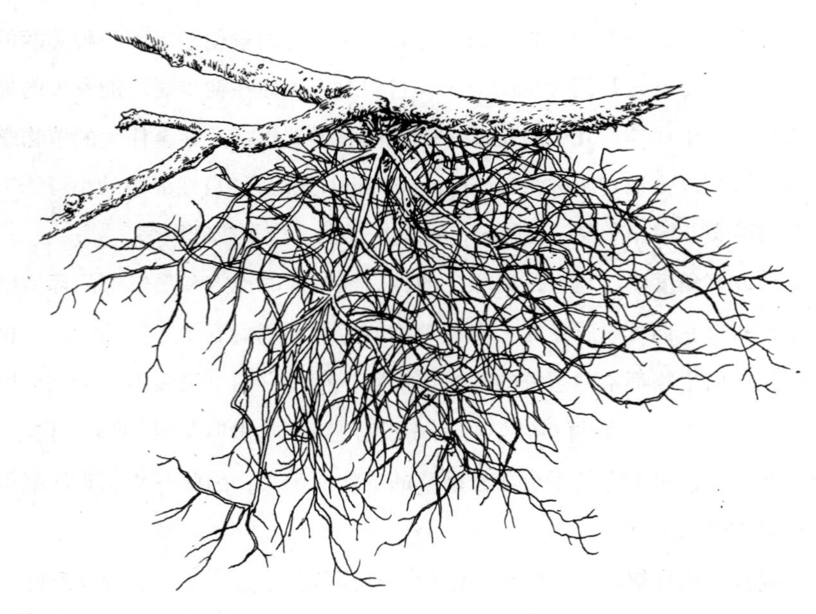

松萝属（*Usnea* spp.）地衣是空气清新的标志。

地衣对许多因素都十分敏感，包括阳光、水分、pH 值、矿物质和空气质量。这是一个好消息，因为这意味着它们可以揭示这些因素的一些情况。你很快就会发现，地衣在空气新鲜、光照充足和微微潮湿的环境中生长得最好。地衣对空气质量特别敏感，所以它们经常被用作新鲜空气的环境指标。在伦敦工业污染最严重的时期，人们发现伦敦皇家植物园内生长的地衣物种数量降到了 6 种，但此前不久这里还长着 72 种不同的地衣。由此，我们得到了第一个也是最简单的线索：如果你徒步时发现身边有很多地衣，请深呼吸吧！因为这里的空气很干净。

每类地衣都有自己的偏好：从树枝上垂下来的毛状的地衣是此处空气特别新鲜的有力证明，而胶状的地衣只生长在潮湿阴暗之处。带一点蓝色的地衣可能含有念珠藻，也生长在潮湿阴暗之处，即通常是在朝北的环境中。

从非常基本的层面讲，如果你走过很多树木或岩石，没有发现地衣的踪迹，但转眼间到处都长满地衣，那么这肯定是一个征兆，说明至少有一个关键环境条件发生了巨大的变化。如果你在树林里迷了路，但突然看到了很多地衣，这种景象应该让你精神抖擞。你在林地边缘能看到的地衣数量比黑暗的森林中心更多，因为随着光照的增加，它们长势也会变好。

如果相邻的树木属于不同物种，你会发现它们树皮上生长的地衣的数量大不相同，因为每种树的树皮 pH 值也不一样。松树的树皮呈酸性，与你遇到的大多数落叶树相比，松树皮上的地衣要少得多。橡树是地衣的最爱。

当你接近城镇时，由于空气质量下降，地衣的数量会相应减少。但在城市中依然顽强生长的墙茶渍（*Lecanora muralis*）是一个例外，墙壁和人行道上的灰色斑块就是它。人们经常把它们错认为嚼过的口香糖。环境越严酷，地衣的数量也就越少，但它们的生命力依然比其他大多数物种更强。在南极，南纬 78° 的地区生存着 28 种地衣；到南纬 84° 时，这个数字下降到 8 种；到南纬 86° 时，就只剩下 2 种了。但我们还是要向这两个物种致敬，因为地球上没有几种生物能在那里长期生存。

如果你注意到地衣通常集中长在屋顶、墙壁或树木的某个角落，那么你可能发现了一个动物的固定休息点。想要找到鸟类在屋顶上的栖息地并不难，地衣会在屋顶上顺着鸟儿们富有营养的排泄物的踪迹生长。

现在是时候好好了解两个重要规律和三种关键地衣了。第一个重要的规律是，地衣的颜色越亮，表明它受到阳光照射的次数就越多。一些地衣看起来非常耀眼，一般是橙色、黄色或绿色的，它们看起来几乎闪闪发亮。如果你在地衣中看到了这种艳丽的色彩，你就能肯定它经常暴露在阳光下，很可能长在朝南的表面上。要记住这一规律有一个窍门，你可以把地衣看成会收集和反射阳光的装置，地衣获得的阳光越多，它们反射的颜色就越亮丽。

石黄衣（*Xanthoria parietina*）属于一个外表呈金色的地衣类别（xanthos在希腊语中意为“金发”）。这种地衣你已经见过无数次了，但也许还没有机会深入了解它。全世界我最喜欢的地衣就是它，不仅仅是因为它的外观能让人眼前一亮。它能生长在屋顶、墙壁和树皮上，在有大量鸟粪的地方它能生长得特别好，尤其是在沿海地区。

像所有地衣一样，石黄衣属地衣对光照水平很敏感，它喜欢朝南的表面，但我喜欢它的真正原因不在于此。石黄衣会随着光照亮度的变化而改变颜色。当有大量阳光直射时，它会呈现干净的亮橙色，但在阴暗的地方时它会失去光泽，变成暗淡的黄、绿、灰混合色。它会在屋顶和墙壁上不断变换色调，因此你可以将它作为有颜色的指南针。在我的课上，我喜欢指着一面光线充足的墙壁上的石黄衣做示例：它大部分是明亮的金色，但当有树枝遮挡时它就变成了暗淡的橙色，并带点绿色。如果你仔细观察，你可能还会发现，这种地衣会让它的小“杯子”朝向阳光，为你判断方向提供更多细微的线索。

第二个重要的规律是，壳状地衣的生长非常缓慢。这意味着某些壳状地衣可以作为度量时间的标尺，专业人士称之为“地衣测年法”（lichenometry）。笼统地说，一片壳状地衣覆盖面积越大，它存在的时间就越久，我们也可以掌握更精确的方法。现在是时候去认识第二种关键地衣了：它的拉丁学名是 *Rhizocarpon geographicum*，叫作地图衣，因为它鲜绿色的硬壳有细细的黑边，看起来像地图上的一个个国家。

用地图衣来推测生长时间和方向相当有效。它的生长速度会受到湿度的影响——它在岩石的北面生长得更快——不过我们可以认为它每年的生长速度不会超过一毫米。也就是说，如果你发现一块半径为 40 厘米的巨大的圆形地图衣，说明你眼前长着地衣的物体至少有 400 年没有动过了。人们用这种方法确定冰川消退、建筑物和复活节岛上雕塑的年代，甚至还用它估算地震频率。

像许多地衣一样，地图衣上明亮的绿色是照在它身上的光线反射形成的。你有时会发现，这种地衣只在岩石的南面生长，我在北威尔士的几次徒步中遇见的都是这种。有的地方，岩石南北两面都有这种地衣生长，北边会显得略微暗淡，南边则比较明亮，有时会带些许黄色。

最后一种值得提前了解的地衣是文字衣属（*Graphis* spp.）的物种。它们很容易识别，因为它们看起来有点像在灰色表面上写得歪歪扭扭的字。文字衣是空气新鲜的标志，通常生长在潮湿阴暗的地方，因此在能享受日照的树木的北侧较为常见，特别是梣树和榛树。它们之所以偏爱阴凉处，是因为植物内部含有我们之前提到的喜欢阴凉的橙衣属藻类。如果你刮一刮这些地衣，就能看到这种藻类的明显的橙锈色。

地衣的种类繁多，无处不在，可能会让人不知所措，但你不要被吓到。在这一整章中你可以学到的最重要内容是，试试自己徒步时能否发现规律。你不需要记住名字，也不需要背拉丁文，只要有一点好奇心就可以了。

我在加那利群岛拉帕尔马岛崎岖不平的地貌中进行过一系列棘手的自

然导航练习，在此过程中我发现，午餐时间从火山上翻滚下来的薄雾经常会给导航带来困难。在中午之前，能见度往往很好，但随后云层下降，就很难看到触手可及范围以外的东西。时至今日，我仍然很感谢一种特殊的地衣，它帮助我摆脱了困难的处境。幸运的是，那天早些时候，我发现这种灰绿色的地衣非常喜欢生长在深色结状的火山石的西北面，我就是依靠这一条线索找到了下山的路。但我一直不知道它的名字。

在后面关于海边的章节中，我们将再次见到地衣，而在关于教堂的章节中，我们将步入地衣的天堂。

第六章

漫步于岩石与野花之间

路虎车行驶费力，这还要“多谢”那些岩石。每当发动机或你的大腿不得不特别费力工作时，你可能遇到了有趣的地质情况。我把车停在林恩奥格文湖旁边，这是威尔士西北部的一个带状湖。

在和我的朋友吉姆·兰利——一名博物学家，也是当地人——见面握手后，我们很快就开始研究岩石。在一个绰号为“锡罐巷”的老采石场，我们可以看到清晰的火山灰层，并很快发现了那些以这块冰冷的岩石为家的勇敢生物体。这里有独特的生物群落。

在阴湿的低处，蕨类和山墙藓（*Tortula ruralis*）长得正旺。它们在岩石上的黑暗裂缝中也长得非常好。这些地方可以说是植物世界中的贫民区，这里只有皮肤一般薄的酸性土壤，很少有植物会生长在这种阴暗区域。再往上一点，石生猪殃殃（*Galium saxatile*）的出现则预示着环境要干燥得多。我们越爬越高，很快就到达了一个环境明显更理想的区域。姬星美人（*Sedum anglicum*）和野百里香的出现表明，这是一个朝南的地方，经常能照到阳光。

走出岩石地带，我们远远望到一片草地，然后沿着小路走到一扇漂亮的铁制大门前。我退了一步，给大门拍了一张照片，然后感觉到脚下有淤泥，便低头看去。每当我们有拍照的冲动时，很可能我们不是唯一想这样做的人。我观察着自己靴子周围的软泥，发现了一系列混乱的脚印。这些脚印离常规步行路径的一侧很远，我怀疑还有很多人在那个地方停下来欣赏风景或拍照，把那里的泥巴也搅得一团糟。

向前看去，黑灯芯草（*Juncus Roemerianus*）为我们标示出了有水的区域，而浅色纤细的沼垫草（*Nardus stricta*）则指出了较干燥的区域。这两种成形的迹象很容易读懂。西南风把所有的灯芯草都吹成一个图案，从远处就可以看到，但我们脚下的沼垫草包含了更复杂的迹象。今天的西北风吹过了最高的草叶，但下面的叶子扭曲着，表明过去几天刮过东北风；再往下看，此地盛行的西南风将这种长久的刮风模式烙印在靠近地面的叶片上。

环顾四周，我们可以看到纵横交错的各种道路，有些很明显，有些很模糊。其中最清晰的是石子路，出于保护的需求，直升机往那里拖了一大袋一大袋的石子，用于铺路。几年前，我在英格兰西北部的湖区徒步时，其中一架直升机带着悬空的石头货物，直接从我头上飞过，把我吓了一跳。

从石子路向两侧的草地上延伸出了更多开拓性的小路。我们很容易从这些随性走出来的小路中找出最明显的一条，不过一旦我们知道这些路径看起来不同的原因，就会更容易发现那些不太明显的路径。每当徒步者沿着一条路线行走时，这条路上的许多植物便无法生长，然而这给了其他更顽强的物种机会。坚挺乱子草就属于这类顽强的物种，在土壤酸性的地区，它会在小路上形成小小的、被踩扁的草团。如果你在初夏时节散步，发现小路上有一些扁平的草块，其顶端呈深褐色，这就是坚挺乱子草。你没有必要通过名字来识别这些长在路上的顽强物种；你可以留意道路看起来与周围环境不同的原因，然后利用这一点来发现当地人悄悄绕的路，这也很有收获。这也是编写景点指南的一种方式——植物会出卖当地人的秘密。于是，我们沿着一条这样的秘密小路上坡。

爬过一段平缓的坡，我们到达了一个小山顶。所有的岩石顶点，无论大小，都有可以挖掘的线索。它们在漫长岁月的侵蚀中幸存下来是有原因的，并且它们在这段岁月中积累了很多信息。我们脚下的光滑岩石是一个方向线索的数据库。我们站在羊背石上，这些隆起的岩石特征是不对称的，背向冰川运动的一面更陡峭，而迎向冰川运动的那一面则有较缓的坡度。岩石上的平行划痕（称为"冰川擦痕"）为我们证实了这个方向。这个山谷里的冰川向北运动，在接下来的几个小时里，我们发现了几十个这样的岩石指南针。

向下面宽阔而茂盛的山谷望去，我们可以看到欧洲蕨标记出山谷边缘。凡是风或湿度太大的地方，欧洲蕨就会无法生存。从我们所处的高处风口位置，只依靠山坡上远处的欧洲蕨，就可以画出一张不错的徒步路线图和露营地地图。森林带也整齐地标明了海拔高度。我们俯视着成片的针叶树林，这些针叶树林向下延伸与落叶树林相连，而落叶树林则一直延伸到洪泛区。

在相反的方向，吉姆指出了允许羊群放牧的区域和被保护起来不被羊群啃食的区域。在远处石墙的一侧，地上长着大片大片的帚石楠；在另一侧，由于羊群的觅食，几乎看不到帚石楠的踪迹。

我们在美丽的库姆·伊德沃尔悬谷中心的湖边走了一圈，然后开始缓缓爬坡。到了高一点的地方，就很容易发现从湖边延伸过来的灯芯草，它们试图把湖边变成陆地。再高一点，在一块巨石下，我们发现了第一丛异株荨麻。

我说："附近会有动物或人活动的证据。"很快，我们就发现了羊粪、一个生锈的背包铁丝骨架和一个破旧的保温杯。这些信息都可以恰到好处地拼凑出一幅图景：我们在一块巨石的东北侧，这里可以被风吹到。巨石显然是羊群和徒步者在刮风时最喜欢的避风处。

在潮湿的地方，我们会踩到饥饿的捕虫堇。每当我们经过一块大石头时，每朵野花都会继续为我们标示出北方和南方。抬头望去，我看到冬天的残雪还留在朝北的岩架中最隐蔽的地方。

沼金花表明周围的土壤营养贫乏，还能告诉农民他可能需要在羊的饮食中增加一点钙。[在美国，发现食肉植物，如捕蝇草（*Dionaea muscipula*）、猪笼草（Nepenthaceae），以及蓝莓、佳露果（*Gaylussacia baccata*）和杜鹃花[①]、木藜芦（*Leucothoe* spp.），也可以得到同样的线索。] 向北生长的酢浆草（*Oxalis* spp.），会告诉我们正在走过的区域曾经是一片林地，我们也在附近一条清澈的小溪中发现了死树根。

除了被评为英国最美丽的地方之一以外，库姆·伊德沃尔山谷如此有趣的原因之一在于，在这里你可以见到许多不同岩石类型，有些是酸性的，有些则不是。这意味着我们每隔几百米就能进入一片新的植物世界。你无须成为地质学家才能享受这种变化。如果你注意到一些巨石上覆盖着地衣，而另一些则没有，那么你已经注意到岩石和生命之间存在着一种重要联系了。

对试图在人类周围生存的地衣来说，玄武岩要温和得多。这种岩石上经常长着翠绿的地图衣。我指给吉姆看它向南的部分颜色更明亮，更有光泽，因为可以获得更多的阳光。可以看到，这些岩石上，有一些地方本可以生长出地图衣，却是光秃秃的，比邻近的岩石更光滑。我们已经找到了徒步者经常选择坐下来休息的地方。

我们继续往高处走，在越来越大的巨石之间找路。我们在一个长满草的高坡的背风处停下来吃午饭时，这些植物和岩石已经成为我们可爱的指南针、探路器，以及干地和沼泽的指示牌。在我们下山之前，我还要让这

①原文中有两个词：azalea 和 rhododendron，都是杜鹃花属下不同亚属的统称，是国外园艺方面的区分方式，国内很少进行这样的分类，故合并为一个词。

些植物做两项工作，我知道吉姆能帮助我找到合适的植物。

午餐后，我们穿过岩高兰（*Empetrum nigrum*），它们暗示我们快到了它们喜欢生长的较高的山坡上。我们沿着山坡择路而上，大跨一大步，便迈过了一个小的瀑布，然后我们发现了无颈蝇子草（*Silene acaulis*）。这种植物生长在美国寒冷的山区，而在英国，它只在威尔士北部及以北地区生长，所以我们是在其分布范围的最南端发现了它。这不仅是一个纬度的线索，也是一个方向的线索。在其分布范围的边界，植物生长在面向家乡的山坡上。在分布范围的最南端，它们长在朝北的山坡上；在它们的最北端，它们长在朝南的山坡上。

坡度逐渐变陡，这是冰川谷的典型特征，然后我们发现了一些岩石，上面有短的平行抓痕。这些不寻常的人类足迹告诉我们，登山者在前一个冬天从这里经过，当时他们的登山杖划开了薄薄的雪。

“太棒了！”

吉姆这一句话让我确信，我们费力爬上山是值得的。他指着相隔不远的锥花虎耳草（*Saxifraga paniculata*）和挪威虎耳草（*Saxifraga oppositifolia*），它们长在一块巨大的玄武岩的北侧。

“这些是非常罕见的高山花卉，在海拔 600 米以下的地区你是找不到的。”吉姆说。我咧嘴一笑，然后欣赏起这些小巧而美丽的高度测量仪。漂亮的挪威虎耳草是因纽特人用来估计驯鹿生命周期的花。根据你的需要，它可以作为高度测量仪或日历使用。

鲜花、地衣和岩石共同提醒着我，路虎车把我带到了英国北部，我的双脚把我带到了一个地方，在那里我可以向北望向高山世界。一个野性而美丽的世界，而这个世界离利物浦并不遥远。

第七章

天空和天气

——彩虹的缤纷色彩中蕴含了什么线索?

你是否注意到，宇航员在月球拍的照片里，天空总是黑色的，即使他们沐浴在非常明亮的阳光下。如果我们的地球没有大气层，那么白天时天空也是黑色的，而且还能看见星星。要学会阅读天空，就必须了解阳光、大气层和光谱之间的关系。

在白天的不同时刻，我们看到天空会出现不同的颜色，这是阳光照到大气层发生散射的结果。每种颜色的光波长不同，因此散射的方式也不一样。下一次，当你醒来发现湛蓝的天空万里无云，可以留心观察几个现象。

在没有云的日子里，天空的颜色远不是统一的，它会呈现出主要介于蓝白之间的渐变色。在早晨最容易注意到这一现象，但当太阳升起一个小时或更长时间后，你也可以清楚地观察到这一点。从各个方向看天空，你会发现有些地方是纯蓝色，有些地方是白色。天空中太阳所在的区域亮得刺眼，但如果你朝相反的方向看去，会发现那里的天空也是明亮的，因为空气会将一些阳光反射到你身上。如果你抬头看，头顶正上方的天空非常蓝，但随着你的目光渐渐下移，你会发现蓝色越来越浅，直到你的视线到达地平线，无论哪个方向的天空都从蓝色变成了白色。在晴天的日出和日落时分，头顶从北到南的天空中会呈现出一片宽阔的深蓝色区域，其他地方则更亮、更白。

无论天气多么晴朗，地平线从来都不是蓝色的，它总是呈现出一种白色的色调，如果你想要通过阅读天空来预测接下来的天气情况，那么留意这种现象很重要。由于这种现象是大气层散射光线产生的，所以大气层越薄，散射的光线就越少，你看到的颜色就越深。在高山之巅，头顶上方的天空变成了深蓝色，地平线处的天空也不是白色，而是浅蓝色。（这种散射效应也导致山的颜色会随距离增加而变浅，因此远处的山总是比近处的山看起来更浅。）

一旦我们理解了我们喜欢称之为“蓝天”的这块空白画布，我们就会开始理解上面为什么会出现不符合规律的颜色了。你可以做的第一种测试是推断你所在的地方空气有多纯净，也就是大多数人所指的空气有多“新鲜”。如果空气全部由气体组成而不含大颗粒,我们就可以认为它比较纯净。悬浮在空气中的大颗粒被称为“气溶胶”,这些气溶胶会影响光的散射方式，进而影响你看到的颜色。测试的方法是观察太阳附近的天空。如果你伸出手指把太阳本身遮住（最好开始时用两根手指挡住太阳，因为你需要避免不小心直视太阳），现在将太阳两边天空的颜色与天空蓝色的区域进行比较。太阳旁边的天空越蓝，空气就越纯净。这是因为如果太阳照射在没有气溶胶的大气层中，它两边的天空会显得很蓝，但气溶胶会在太阳周围形成一个明亮的、无色的“光环”。

***

另一个可以证明空气干净的线索是地平线附近的天空白色的纯度。如果空气中没有任何颗粒，当你的眼睛从高空往下看时，你看到的颜色会从蓝色过渡到浅蓝色，到地平线处就接近纯白色了。但是如果你看到的是灰白色（这种情况很常见），就找到了空气中有杂质的线索。灰色意味着你所看到的空气中可能有灰尘、烟尘、盐或酸性水滴。

当我们近距离观察烟雾时，我们都能认出它，但从远处看时，随着烟雾类型和光线角度的不同，我们会看到不同的东西。烟雾颗粒会吸收大量的光线，在背景明亮的时候会显得很暗，呈现出棕色或黑色的颜色或色调。在昏暗的背景下，如果照在烟雾上的光线充足，根据颗粒大小的不同，它可能会呈现白色甚至蓝色。你可以在下次看到香烟烟雾时亲自验证一下。如果有明亮的光线照在香烟烟雾上，但背景比较昏暗，随着它从烟头处蜿蜒升起，有时会呈现出蓝色的色调。但是人吐出的烟从来不会呈现为蓝色，一定是白色的。吐出的烟雾中的颗粒比烟头燃烧释放的更大，因为它们表面凝结的水分会使其粘在一起。我们在天空中看到的每种颜色都可以指示颗粒大小及其与光线的关系。

极其偶然的情况下，你可能会注意到中午的天空会出现偏红的颜色。这表明天空中出现了一些悬浮着的最大的颗粒：灰尘或细沙。我记得自己看到过这种情况，当时我在西非海岸附近航行。不久之后，我发现在船帆的底部出现了微小的沙堆。

几天前，当我正在写这本书时，我的妻子和儿子们正在花园里享受阳光。我听到妻子警告小儿子，别把玩的水管里的水喷在她身上。不久之后，我的儿子说:“看呀，妈妈，你能看到彩虹吗？”

“看到了，亲爱的，它很漂亮。”我妻子抬头回答。

这是生活中那种可以原谅的谎言。我的儿子把水喷向我妻子，而太阳在他身后。我透过牧羊人小屋的窗户可以看到,我妻子不可能看到彩虹——至少从她坐的地方压根就看不到。这是一个不会带来任何好处的推论，于是我明智地闭紧了嘴巴。但彩虹能带来好处，因为每一道彩虹都能给我们透露一些关于大气层中水的性质和太阳方向的信息。

要在自然界中看到彩虹，需要几方面的条件：第一，我们需要一些雨水；第二，我们需要一些阳光照在这些雨水上；第三，我们需要一双身处二者之间的眼睛，而且观察者要背对着太阳。如果没有观察者，彩虹也就不存在，有多少人在合适的条件下观察，就有多少彩虹产生，他们每个人看到的彩虹都有细微的不同。原因在于，彩虹是基于每个观察者的确切位置形成的，它们的形状也是确定的。所以当你在火车上时，你会看到彩虹以同样的速度在你旁边移动，但站在火车站台上的人却会看到静止的彩虹。我不想让浪漫的读者失望，但你可能已经想到了，如果彩虹的尽头有宝藏，那么这些宝藏有时会跑得飞快。

彩虹是一段圆弧，而从彩虹观察者的角度来看，这个圆的圆心（如果我们能看到整个圆的话）正好和太阳对称。这个与太阳对称的点和自然界中的许多光学现象都有关系，它有一个学名，叫“反日点”（antisolar point）。彩虹的圆心是可以预测的，主虹的大小也是标准的：它的视半径为42°。彩虹是一部分圆弧，其角半径比四拳宽度多一点点（关于用手估测角距离的方法详见《附录 I》）。

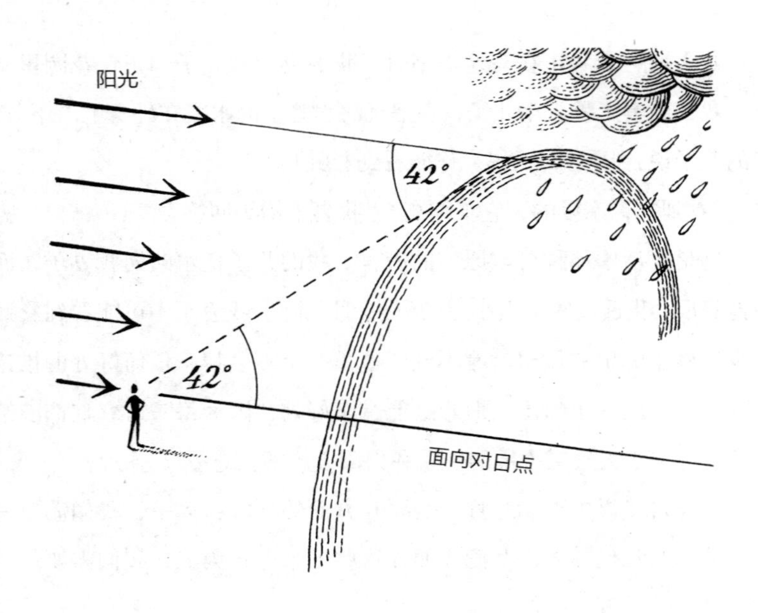

这条信息可以帮助我们做出一些有用的预测和推论。首先，太阳越高，与之对称的反日点就越低，因而彩虹的位置就越低，尺寸也越小。太阳到达一定的高度时，彩虹的位置低得消失在地面下，所以看不到，准确来说，这时候太阳在天空中的高度大于42°。你没有必要非得测量出太阳高度才能判断能不能看到彩虹（尽管你可以使用《附录I》中的方法测量一下），因为只要自己的影子长度小于身高，我们就可以确定太阳高度高于45°。因此，只要自己的影子比身高短，我们就永远不会看到彩虹。所以你在夏季正午左右就看不到彩虹。相反，越接近日出或日落的时刻，太阳就越低，我们看到彩虹的可能性就越大。那些呈半圆形的巨大而壮丽的彩虹，出现在日出或日落时分。

由于彩虹的圆心和太阳相对于观察者对称，即便你看不到太阳，每一道彩虹也会给出关于太阳位置的完美线索。能看到彩虹却看不到太阳，这种现象普遍得出人意料，例如，当太阳被树木或建筑物挡住时。现在我们知道了如何利用彩虹来确定太阳的位置，因而实际上可以把彩虹线索与我们将在第九章学习的所有方法结合起来使用。有几次我用彩虹来导航，还有一次我用它来计算离天黑还有多长时间。一旦你阅读了第七章和第九章中关于天空和太阳的内容，你就可以做这两件事了。

当你距离下雨地点几百米之内时，最有可能看到彩虹，反之，只要你看到了彩虹就可以确定，某个地方在下雨。一旦你判断出风的方向，就可以完成非常简单的天气预报。天气要么会放晴，要么会下雨，而且变化会很快。由于在美国和英国，西风比东风更常见，因此，如果我们在早上看到彩虹，通常意味着随后会有降雨，而如果在晚上看到了彩虹，通常意味着我们能看到明媚的落日。

下次你看到彩虹时，仔细研究一下其中的颜色。你可能会看到红、橙、黄、绿、蓝、靛、紫等色带，它们以此从外到内均匀排列（你可以用“赤橙黄绿蓝靛紫”这句话帮助记忆）。你也可能看不到这些颜色。每次我们从天空中看到各种颜色，都是白色的阳光在空气中颗粒的作用下发生折射、反射或散射的结果，这时我们就有机会找出关于这些颗粒的一些信息。对彩虹来说，发挥作用的颗粒是雨滴，我们看到的颜色能表明雨滴的大小。彩虹中的颜色越淡，雨滴就越小，但如果你愿意的话，还可以进行更精细的鉴别。如果彩虹：

> 紫色和绿色区域非常显眼，红色区域清晰可见，但蓝色区域很小，或彩虹顶部显得不那么明亮——大雨滴。
>
> 直径超过 1 毫米红色区域颜色明显较浅，但仍可见——中雨滴。
>
> 整条彩虹颜色发白，紫色是唯一鲜艳的颜色，能看到明显的白色条纹或红色区域完全消失——小雨滴。

这种细致的观察可能很难坚持下去，所以最简单的做法是记住一点，你看到的红色越多，雨滴就越大。换言之：“彩虹红彤彤，头发湿漉漉！”

当水滴的尺寸缩到最小时，它们就会悬浮在空中，彩虹所有的颜色都会消失。这就产生了白色的“雾虹”。彩虹也是一条关于温度的模糊线索，因为只有雨滴而不是微小的雾滴才能形成彩虹，所以看到彩虹就意味着空气温度肯定高于冰点，但雾虹能在冰点以下出现。我曾经在英格兰南部布莱顿海边的一艘小船上看到过雾虹，那种体验特别诡异恐怖。模糊的白色圆弧看起来更像是一个悬在水面上方的圆顶。它也有点用，因为它提醒了我太阳在哪里——在我身后，和彩虹的道理是一样的。

你可能偶尔会看到月虹，其形成原理与一般的彩虹相同，只是光源变成了月光。它可以告诉你月亮的位置，但由于光线太弱，月虹没有七彩颜色，所以你只能看到一条淡淡的白色圆弧。

每当你看到一条清晰的彩虹，观察它的外侧，你可能会发现一条副虹，它大概和主虹隔着一拳的宽度。副虹是很常见的，也就是我们所说的“霓”。有时甚至会出现三重彩虹，但十分罕见。副虹会透露关于雨滴类型的另一条线索：一般来说，副虹越明显，越引人注目，雨滴就越大。

如果你看到了副虹，可以留意它的颜色排列和主虹是相反的，它的红色在最内侧。在主虹和副虹之间，天空会显得更暗。天空中这段偏暗的圆弧叫作“亚历山大暗带”，这是以古希腊哲学家阿弗洛狄西亚的亚历山大命名的，他在公元200年左右记录了这种现象。由于天空不同区域光发生反射进入人眼的方式不一样，所以会产生“亚历山大暗带”。

就在彩虹的内部，你会经常发现一些叫作“附属虹”的东西。这些狭窄的淡粉色和淡绿色弧线交替出现，看起来就像主虹的微弱映照。附属虹

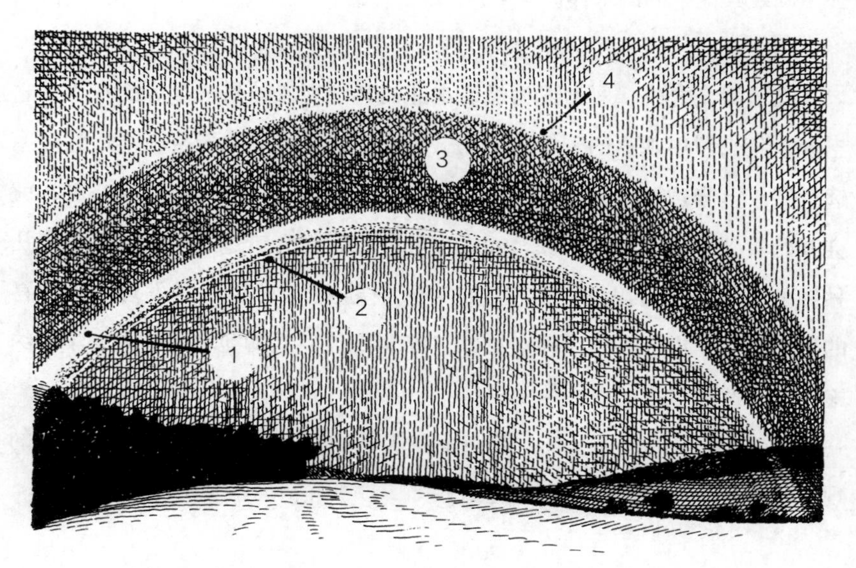

1. 主虹

2. 附属虹

3. 亚历山大带

4. 副虹

是非常小的雨滴的征兆（雨滴越小，这些弧线就越宽）但它们非常敏感，由于不同时刻雨滴大小发生变化，它们也经常会随之变化。你甚至能在某个瞬间看到附属虹的变化从一边传递到另一边。

如果你发现一道微弱的彩虹，它看起来比你想象的要大，弧度超过了半圆，那么这就是一个明显的迹象，说明有什么奇怪的事情发生了。你能想出可能发生了什么吗？

出现大于半圆的彩虹意味着反日点位于地面以上，进而意味着太阳应该已经落下。太阳不可能在地面以下，所以显然有什么地方不对。这背后的奥秘相当有趣。这种现象的产生是因为阳光在平静广阔的水面上发生了反射，造成了阳光来自地下的错觉。这样的彩虹是一个线索，说明附近有一个湖或其他平静的水体。

除了漂亮之外，彩虹成为最受欢迎的光学现象的另一个原因在于，它出现在我们习惯观察的天空区域。从习惯上讲，我们看天空下半边的频率远远高于上半边。如果我们打破这种习惯，更频繁地往更高的天空看，就会开始看到各种奇妙的现象，而大多数徒步者都会错过它们。只要你有几秒钟的空闲，就可以做一次快速的“天空勘测”。你能经常发现令人惊喜的事情，但知道往哪里看确实更好，17 世纪波兰立陶宛联邦的天文学家约翰·赫维留能给我们提供帮助。

1661 年 2 月 20 日上午，赫维留在头顶的天空中看到了一些不寻常的现象。他是这样向一个朋友描述的：

> 1661 年四旬斋前的第二个星期日，也就是 2 月 20 日，从 11 点到 12 点之后，天上出现了七重日的奇观或七个太阳狗（sun dogs）。

赫维留画出了他那天看到的景象的草图。

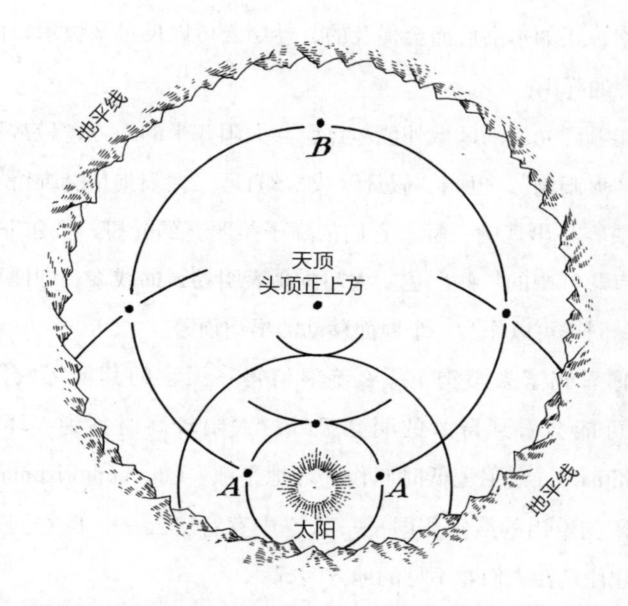

赫维留的七个太阳。A——太阳狗，或幻日（parhelia）。B——反假日（anthelion），与太阳对称。

赫维留虽然欣喜若狂，但事实上他并没有看到什么了不得的东西。他所看到的是一系列相当普通的光学现象，后面我会详细解释。但这确实是一个不寻常的时刻，因为同时看到这些现象是非常罕见的。我们中的任何一个人可以在不同的时间看遍所有这些现象，而且大部分时候我们能看到一个以上的现象，但要同时看到它们几乎是不可能的。所以，即使你看到被赫维留视为完美组合中的一个或多个单独的现象时，它都很有价值，它们对于判断天空中的云的类型也有帮助。

在太阳或月亮周围很容易发现光晕。只要光线穿过一定类型的冰晶，就会形成光晕。最常见的光晕类型是22°光晕，你很容易判断光晕是不是22°光晕——从太阳到光晕距离比两拳宽一点即是。这种光晕是有卷层云的有力线索，正如本书后面会提及的，卷层云可以反过来提示锋面的移动和可能出现的降雨。

你可能看到光晕的区域外侧一点，与太阳齐平的地方，最常见的景象之一就是“太阳狗”，也叫“假日”或“幻日”。太阳狗是赫维留看到的天空现象中最容易出现的一种，它们的样子是明亮的光斑，偶尔非常明亮，并经常带有彩虹中的一些颜色。太阳狗是表明卷云的线索，即便后者无法直接看到，同样可以作为一个锋面移动的早期预警。

如果你看到了太阳狗，那么绝对值得在天空的其他区域仔细搜寻一番。你可能会看到奇妙的明亮弧线，太阳较高时称为“环天顶弧”（circumzenithal），太阳较低时叫作“环地平弧”（circumhorizontal）。这些弧线与太阳狗给出的线索相同——天空中有卷层云——但它们颜色更丰富，而且往往是在人们看不见的地方闪耀。

还有一种叫作“华”（corona）的现象也很常见。这是一种围绕太阳或月亮的小光环，通常是彩色的。它比22°光晕要小得多，所以你肯定不会弄混。由于我们需要避免直接盯着太阳看，你可以找月华来观察，或者看太阳的倒影，也可以戴上保护镜片后再看。牛顿通过观察平静水面反射出的太阳发现了这种现象。有时也可以通过观察深色的光滑表面，如大理石的反射像，来观察这种现象。

你看到的华的大小将由光线穿过的颗粒大小决定，在这种情况下，颗粒可能是水或冰。水滴越小，华就越大。你有时可以在一朵云中看到这种现象，这种情况下华呈现出一种奇怪的、非圆形的形状。在云的边缘，水滴更小，所以华会在那里延伸得更宽。靠近云的中心，华会更小，所以就形成了华被拉向边缘的效果。华通常是刚形成的高积云或卷积云的标志，它是最近形成的。

你将在天空中发现的最小规模的线索可能是闪烁现象。当来自太空的光线到达我们的大气层时，它要经历很多次反射和许多周折后才会进入我们的眼睛。因而任何我们看到的非常狭窄的光源，如恒星，它们发出的光不是稳定的，而会波动和闪烁。（太阳、月亮和太阳系的其他行星也在闪烁，这种效应由于它们看上去更大而抵消了，所以更难发现。）

一颗恒星闪烁得越多，表明它发出的光穿过我们的大气层时就越动荡，因此我们可以利用这一点来做一些笼统的推论。当恒星的光穿过受到污染或尘土飞扬的空气时，它们往往会闪烁得更厉害，而且当湿度高、气压低、大气中存在较大的压力梯度时也会闪烁得更多。这些也是大气不稳定的线索，但这可能太广泛了，不能单独使用闪烁这一现象进行预测。然而，当与其他方法一起使用时，它可能会有帮助。如果连续几个晚上你都看到的是明朗的夜空和眨眼的星星，然而后来你发现星星开始闪烁得厉害了，那这是一个迹象，表明天气可能会出现变化，你应该提高警惕，留心其他的迹象。

光线要穿过的大气层越厚，闪烁就越厉害，所以你会发现天空中低处的恒星闪烁更多，甚至偶尔也会在地平线附近的行星中发现闪烁现象。只要你对着你所看的天空部分多看一会儿，不管是高处还是低处，你将能够相当容易发现大气的变化。

如果你想要一种发现闪烁现象更明显的方法，那么可以尝试让两只眼睛的视线稍微交叉一下。这样你就能看到两个画面，你观察的星星就会变成两颗。这“两颗”星星闪烁的方式并不一样，因为光线是按照略微不同的路径进入每只眼睛的。大多数时候，我们喜欢用两只眼睛看一个图像，但在这种罕见的情况下，用眼睛看两个图像会有额外收获，当然指的不是喝醉酒时的意外后果。

天 气

大概在6月下旬的夏至，我们以光和热的形式获得的太阳能比其他任何时候都多。而在12月下旬的冬至，情况则正好相反。然而，6月并不是英国最热的月份，12月也不是最冷的月份。其原因可以从水中找到。

海水温度的季节性变化具有滞后性，这反过来又对空气产生深远的影响。北大西洋的升温和降温需要很长时间，这是我们许多人每年第一次和最后一次去海里游泳时学到的一课。在10月的阴天去海里游泳，可能会获得温和宜人的惊喜感，但在5月的晴天游泳会让你一边气喘吁吁，一边骂骂咧咧。同样的滞后性也反映在空气温度上，所以倒春寒和秋老虎不应该让我们感到惊讶。

美国的东南部和西北部是全国最潮湿的地区，西南部最干燥。山脉西侧的雨水比东侧多，而且平均来说，越高的地方风越大。有许多一般规律可以帮助我们对每个徒步目的地的各种情况做出非常宽泛的预测。但是，如果我们想知道得更细，并预测每天或每小时可能发生的情况，那么我们就需要很好地了解其中两个因素。第一个是风，第二个是水，以及以云的形态存在的水。

风

在我的课堂上，我鼓励每个人每次在开始徒步时，先从上到下观察一遍。我也喜欢以这种方式开始每一天。首先注意你能看到的最高的东西：太阳、月亮、恒星或行星。然后再往下看我们的大气层中发生了什么，有风和云。之后，你可以关注更接近地面的事物。之所以通过这样的顺序观察，是因为地面上的东西是不会消失的。但是天气本质上是会流动的，因而高处的迹象可能随时都会躲进云层后面，趁你还能看到它们的时候多看两眼吧，享受它们吧。

检查完你的天体朋友后，接下来感受风。试着养成每天了解风的特点的习惯，也就是它的强度、方向和带给你的感觉。这能让你对接下来一整天的天气有一个了解。也许风吹得不是很强劲，但吹在你脸上却出奇的冷。这个迹象表明这可能是一股偏北风，也或许是一股非常干燥的风。干燥的风会导致更多的水从我们的皮肤等表面蒸发，而蒸发得越多，冷却效果就越明显——因而天气太热的时候我们会出汗，也是出于同样的原因，我们在潮湿的日子里感觉出汗更多。

如果你留意风的强度、方向和给人的感觉，你很可能就不会对天气的变化感到惊讶。这是因为所有重要的天气变化都发生在风的变化之前、之中和之后。

本书的体量不足以提供面面俱到的气象学课程，但我们可以讲到关键的原则，使你能够有效地监测和预测变化。为此，你需要了解有两种类型的风。最多也是最重要的一组是大气风，这些是出现在天气预报中的风，所以可以被认为是“天气风”。我们很快会更详细地研究这些风，但首先让我们来处理数量较小的一组。

地方风系

地方风系是由你所处的当地的环境形成的。从某种程度上讲，每一阵风都受到地形和其特征的影响，所以在有风的山坡上，你会发现人们在巨石后面停下来吃午饭的证据。但不是所有的野餐地点都是一样的。

风不仅仅是因陆地形成的。许多地方风系现象实际上是由太阳和近地面之间的关系产生的。其中最著名的是海陆风。早晨，太阳辐射使陆地比海洋更快变暖，暖空气上升，产生了气流循环，冷空气从海洋向陆地移动，形成微风。到了晚上，这个循环方向逆转，因为陆地比海洋更快变冷，从陆地上吹来微风，空气向相反方向流动。这些微风在地中海的部分地区，如土耳其，相当可靠，所有航海胜地都依赖于它们：在海上可能没有真正的风，在内陆也没有什么风，但在沿海地带，整个夏天风都固定地朝一个方向，之后是朝相反的方向吹。一旦你了解了地方风系，你就会开始了解它的小癖好。海风吹向内陆，但随着时间的推移和温度的变化，海风的方向会发生一些变化，它们会向右偏，变得更加平行于海岸线。

另一种地方风系被称为“下降风”。夜间，高山斜坡上的空气比坡底的暖空气更冷，密度更大。这种冷而重的空气从山坡上滑下，把寒气吹到山坡下的人身上。由于大多数人都住在山坡底部，而不是山坡顶部，这些下坡的冷风比它们的“兄弟风”——上升风——更广为人知，后者是在白天晚些时候暖空气流上山坡时形成的。在山间徒步的人应该留意这两种风。

如果你在爬山，你可能会注意到风向在逐渐改变，即使天气并没有变化。这很正常。风是会“逆转”的，也就是说在北半球风远离地面的过程中，风向会朝逆时针方向转动，你可以想象风会往左拐。你爬得越高，风遇到的摩擦力就越小，所以它的阻力也越小。在海平面和附近的山顶之间，风向相差 45° 是很常见的。

最后一个值得注意的地方风系现象叫作“层流”。一夜之间，热量以辐射的形式从地面散失，最靠近地面的空气也会散失热量。在每天日出时分，地面附近会盖着厚厚一层寒冷的空气，就像一片浓稠、透明的汤，厚度达几十米。很快太阳就会让地面变暖，这片“汤”也就被搅动起来了，但在此之前，这层不流动的冷空气让我们和上空的风隔绝开来。不少人会因此误以为这是风平浪静的一天，所以在清晨做风力评估时要格外小心，要观察云层、高大树木的树顶和其他高处的物体，看能否发现你尚未感觉到的风。

你所在地的地形会影响你所感受到的风，所以这两者是密不可分的。当你刚到一个地区时，可能很难读懂最微妙的影响，但很快每个徒步者都会了解地方风系中的“角色”。在判断风的时候，最好把主要的景观特征，特别是所有高地或海洋，纳入到考虑范围。如果你养成了这样的习惯，很快就会开始在你喜欢的地区发现规律。

天气风

了解地方风系很重要，否则它们会影响你对主要类别天气风的阅读。这类风中有几种高度不同的风，但为了简单起见，我们将这类风分成两大类：上层风和下层风。

我喜欢这样想象上层风和下层风之间的关系，上层风是一排高大的父母，从西向东稳步行进，拉着宛如不听话的孩子一样的下层天气系统前进。

首先要注意的是，下层风（我们感觉到和看到的吹动树木的风）往往会与上层风（吹动最高云层的风）表现得不一样。想想二者的亲子关系：这两种风的关系非常密切，下层风受上层风的影响很大，但它偶尔会显得有自己的想法，下层风行为变化远比上层风频繁，上层风要稳定得多。

对于一个户外爱好者来说，最有可能影响你计划的天气现象是锋面。当一个地区的冷空气即将被暖空气取代时，或反过来暖空气要取代冷空气的时候，就会出现锋面。当锋面系统接近时，会发生两件关键的事情：首先，下层风的方向相对于上层风来说发生了巨大的变化，接着不久之后，我们就会经历天气的重大变化。

有一个简单的方法可以让我们找到下层风和驱动它们的天气系统的方向。我们注意到的大多数风都是围绕低气压系统逆时针旋转的。也就是说，如果我们感觉背对着风，用左手指向左边，我们就指向了低压系统的中心。

我们现在已经掌握了基本的方法，可以做一些简单而有效的预测。如果你背对着风站着，留心观察上层风的情况，你很快就会得到一个关键信息。判断上层风风向最简单的方法是，观察你能看到的最高的云，然后注意它们是从左到右、从右到左移动，还是以你能感觉到的下层风相同的方向运动。这条信息能让你进行如下预测：

从左到右：暖空气即将到来，可能有暖锋靠近，天气变差，可能会长时间下雨。

从右到左：冷空气正在靠近，可能有冷锋过境，天气状况很可能变好。

同一方向：不可能马上出现天气变化。

这种简单的方法叫作交叉风法。对于上述所有地方风系现象，如海风，这种方法都不适用，但其他所有情况下，它是有效的预测工具。

如果你在掌握风向上遇到了困难，最简单的总体方法就是记住以下三点。

1. 如果你一直在关注风向，在所有重大天气变化之前，你会发现风向有大的变化。

2. 如果风向明显按照顺时针方向转，那么天气可能会变得更糟。

3. 背对风站立，观察最高的云层，记住这句话："从左到右走，雨水在后头。"

阅读云彩

当涉及解读云层本身时，了解一些非常普遍的规律很实用。基于我们对一些重要的迹象都已建立起外行人的基本认识——就连孩童都知道黑压压的天空不是什么好兆头，因此许多规律我们并不陌生。

一般而言，你能看到的最低云层的位置越高，空气就越干燥，即将下雨的可能性越小。如果你看到的云层颜色越来越深或者高度越压越低，那么天气可能会变糟；如果云层颜色在变浅或位置在上升，那么天气可能会转晴。你能同时看到云的类型越多，天气就越不稳定，好天气就越不可能持续下去。

为了能从云朵中解读出更有洞见的信息，我们得能识别出最有用的云。

积雨云：非常高大、黑暗的巨型云。有时顶部会呈砧状。

积云：像毛茸茸的小绵羊，在天空的低处成片分布。

卷云：纤细的条纹状，在高空中划过。有的看起来像棉花糖。

卷层云：在高空中的没有形状的云层毯，在天空中形成一个暗层。

在这四种类型中，对于那些分布在天气光谱两个极端的云，大多数徒步者都能本能地认出它们。晴朗的蓝天上散布着积云，对许多人来说这是徒步好日子的象征。再有就是每每登上天空都会不受待见的云中反派——积雨云，也就是会产生雷雨的云。

除这两种云之外，很难仅通过观察一种云的类型就能进行有把握的预测。天气如果显然不晴朗，也不会出现暴风雨，那么观察其变化趋势就变得十分关键。这方面最好的例子是钩卷云（也叫马尾云），即在风中形成发丝一样飘逸的卷云。单看卷云本身，并不能进行可靠的预测，它们可能预示着暖锋的到来，也可能不是。所以我们才要对它们之后会出现什么云保持警惕。如果卷云之后是卷层云——如果马尾云被薄薄的白色云毯取代，也许还伴随着日晕和月晕——那么我们就可以确信，暖锋和雨水即将到来。当交叉风规则支持这种变化时，我们就更有把握了。

很多时候，我们没有多余的时间来持续观察趋势和变化，我们希望尽快地了解尽可能多的信息。此时，对于急不可耐的预报员来说，云的形状是成功预测的关键。不同形状的云背后暗含着不同的空气运动情况以及随后可能发生情况的信息。回到卷云上，是时候研究马尾云中的发丝了。下降的卷云会留下向上卷的发丝，反之亦然，云层下降是天气变糟的标志，而云层上升是天气转好的标志。

卷云的条状纹路也可以提示上层风的风向，从而有助于使用交叉风规则进行判断。如果它们与下层风的风向垂直，并在你背对着风时横着掠过天空，那么如交叉风方法所述，天气马上会发生变化。然而，如果纤细的卷云后面没有其他类型的云，并且在天空中愉快地移动，和你背部感受到的风向相同，马尾云的发丝延伸的方向与此一致，那么你就无须担心接下来的天气变化。

所有云的形状都能揭示一些信息，因为它们暴露了它们周围和内部空气的运动情况。积雨云的顶部像被剪了一刀的形状提供一条线索，说明了风暴的行进方向。但即使是更温和的云也会经常显示出这种“剪切效应”，也就是云的顶部和底部并没完全对齐，表明风向随着高度的变化而明显变化。

友好无害的积云有一些不太乖巧的表亲：浓积云和堡状积云[1]。每当出

①堡状积云，原文为 cumulus castellanus，是呈现出塔状的积云，国际气象组织认为这并不是单独一类积云，而属于浓积云。

现一朵依稀像毛茸茸的羊一样的云长得又大又高时，就要非常仔细地研究。尺寸和颜色会让你本能地对它的友好程度有一个模糊的概念，但是我们可以更有条理地分析它。

仔细观察这些高高的积云的顶部和底部。如果云的底部是平的，而顶部是由轮廓清晰的花椰菜状的小花形成的，那么它就是一朵友好的云。它不太可能带来任何雨水，即使它能带来雨水，它产生的阵雨也不会很大。然而，如果这些雄心勃勃的云层中，顶部是一缕一缕的，底部有褶皱或鼓包，那么它就是一个完全不同的猛兽了。缕状的顶部标志着最高层的水已经变成了冰，这预示着更大更猛的阵雨即将来临。

当你判断出可能有阵雨，但想知道这会对你产生什么影响时，最简单的线索是，带来更大阵雨的云之间通常间隙更大。也就是说整体尺寸决定了阵雨的时长和每场阵雨之间的间歇时间。看到的云比较小的话，你可能会认为犯不上为此改变计划。因为它们会带来断断续续的阵雨，无论你怎么做，你都会淋一点雨，但云朵比较大时，放慢或加快脚步有时能让你躲过一阵雨。同样的道理也适用于换选投宿或扎营的时机。地球上有70亿人，我很乐意打赌，他们中没有一个人喜欢在雨中搭建或拆除帐篷。

尾迹云

在飞机尾部形成的又长又薄的云叫作“尾迹云”，也就是“凝结尾迹”。它们里面藏着几条有趣的线索。首先，只有当空气中已经有一些水分的情况下才会形成长长的尾迹，在非常干燥的空气中，它们几乎立即就会消失。因此，空气越潮湿，平均而言，尾迹云会越长，预示着天气将会转阴。

像所有其他的云一样，尾迹云可以揭示风的情况：如果它们的形状是一条又长又细又清晰的线，那么你可以确信，风的方向和飞机前进的方向是平行的。如果它们的形状有点模糊不清，那么说明高空的风正在吹过尾迹云，这对运用交叉风规则非常有帮助。如果它们的形状变得模糊不清，更清晰的边缘是前缘，而更多褶皱、模糊的一面是后缘——那是风吹来的方向。

我们所看到的大多数云层线索都与天气预报有关，但尾迹云的方向也是一条导航线索。鸟类以有规律的方式来回迁徙，人类也是如此。

雾

位置低到触及地面的云叫作雾，但只对身处其中的人而言。我们看到的天上的云和我们身处其中的雾之间没有任何区别，只是我们的视角不同而已。我们可能会看到被云笼罩的山顶，但山顶上的登山者看到的却是雾。对于雾我们需要注意的是，它各个方向分布并不均匀，就像水坑一样，当太阳晒热了其周围的地面时，它就会从边缘开始蒸发，所以身处雾中你有时朝一个方向看会比从另一个方向更清楚。身处雾中时你也可以垂直向上看。雾在完全消散之前会变成较薄的一层，因此如果你能看到上方出现任何一丝蓝天的迹象，你就能很清楚地判断出它是否即将消散。我已经数不清有多少次在做某件事情之前需要等待雾气散去，通常是出于安全考虑，而每次雾气散去时，我一切都准备好了，只是有时会因为长时间仰头而脖子酸痛。

夏天早晨有雾通常是好天气即将到来的标志，因为它是地面一夜之间剧烈冷却的结果，这本身就是雾上方有晴空的线索。

最后，如果在早上你注意到没有中云，而且你感觉不到任何明显的风，请寻找明显被困在“玻璃天花板”下的雾或烟雾的迹象。这意味着存在逆温层，我们在第一章中讲过。

温　度

温度对我们的徒步有很大影响。在路上遇到其他人的可能性会受到季节和星期几的影响，但也与温度有关。在英格兰东南部的南唐斯丘陵中，有一条我很喜欢的两英里长的热门徒步路线，工作日时我在这条路上遇到的人的数量通常与当天摄氏温度数字接近，周末则是它的两倍。

如果你喜欢冬季徒步，你很快会把温度计指示柱爬过冰点与树上、树篱上落下大雪团的声音联系起来。如果温度低于冰点，你可以在雪粒中找到温度的线索——直径小于一毫米的非常小的颗粒表明空气温度接近 −5 ℃。如果你看到钻石尘，它们像小水晶一样从晴朗的天空中落下，悬挂在空气中，闪闪发光，那么温度一定下降到了 −10 ℃以下。

许多人身上的关节和家里的连接处都相当于温度计：膝盖或鼻窦会对寒冷和潮湿有反应，门合页会发出吱吱声。我们的鸡窝有一扇门，在寒冷和潮湿的时候，它就关不严实。如果早上起来，我从窗口看到的第一个画面是六只鸡在花园的其他地方溜达，我就知道得去拿外套了。

风　暴

1952 年 8 月 9 日，星期六，三名美国登山者在喀斯喀特山脉的斯图亚特山完成了一天的攀登，并扎下了营。第二天早上，两名登山者开始向山顶进发，然而其中一名登山者达斯蒂·罗兹因感冒而被迫留守。

早上友好的积云开始长高和长大。很快，黑压压的积雨云就笼罩了整个山头。鲍勃·格兰特和保罗·布里科夫两个大学生登上了山顶，并准备开始下山。这时，一道闪电击中了他们，他们痛苦地在地上挣扎。他们还没来得及弄清楚发生了什么，第二道闪电又劈在了他们身上。格兰特回忆起接下来发生的事情：

> 我爬到了保罗身边。他仰面躺着。我试图移动他。我只有一条腿能动。然后，就在我准备移动他的时候，第三道闪电又劈了下来。

格兰特被雷击后从20英尺高的悬崖上掉下来，失去了意识。当他恢复意识时，听到的是他的朋友在山顶上痛苦的尖叫声。他试图帮助他，但发现自己无法移动。接连又有两道闪电，格兰特认为正是其中一道闪电直接击中了布里科夫，夺去了他的生命。

格兰特幸存下来，不过出现三度烧伤，最终被救了下来。当救援人员设法找到保罗·布里科夫的尸体后，医生们对他进行了检查。他们对所看到的一切感到震惊，检查的结论是，他可能被七道不同的闪电击中了。他的背包里的金属架已经熔化得面目全非了。

虽然我们很少听说有人被雷电击中，但每秒钟地球上有大约200次雷击，所以每天都有很多人意外地离雷击很近。美国每年有数百人被雷电击中，其中通常有超过30人死亡。在过去的50年里，美国有超过8000人死于雷击。如果被雷电击中没有致死，也会导致记忆、睡眠、关节、肌肉、协调力和听力问题。简而言之，最好避免遭雷击。但如何避免呢？

上文中列出的一般天气恶化的迹象打下了好的基础，能够识别积雨云对所有徒步者来说都是至关重要的。没有人会认错闪电的景象或雷声，最古老的户外技巧之一是计算它们之间的时间。你每数 5 秒，雷电与你的距离就增加 1 英里。1、2、3……10，然后听到打雷声，说明它在两英里之外。如果你听到雷声，那很有可能闪电就在你周围 12 英里之内，因为在这个范围之外很少听到雷声。如果它发出隆隆声，那么闪电就分布在不同的距离上，短而尖锐的雷声是云对地垂直闪电的标志，长的隆隆声可能是云对云的水平闪电。记住，这只是对上一次雷电的估计，而不是估计哪里容易出现雷电。它可以帮助判断风暴是否在向你靠近，但它不能预测下一次雷击会在哪里发生。

如果你怀疑雷电是潜在风险，最好避免待在空旷区域并找到有遮挡的地方：钻进汽车或棚子都会比站在空旷的地方更安全，只要你不接触金属部分。远离独立的高大物体，如独自生长的树木，在安全的前提下，可以下山。远离水，如果你在水里，就从水里出来。一定不要拿任何金属物品，如果你认为被雷击的风险很高，就暂时扔下所有含有金属的东西，如手杖或有金属框架的背包。

迫在眉睫的危险迹象更不寻常，不是每个人都能在为时已晚之前经历到。需要采取紧急行动的迹象有：你的头发会竖起来，头皮或手臂上有刺痛感，空中有巨大的嗡嗡声或臭氧的味道。如果你看到一块石头或其他突起物上发出蓝色的光芒，那么你所见到的是一种名为“圣艾尔摩之火”的放电现象，并且你必须迅速离开。

如果你在树上或靠近树，那么知道天气谚语中的一些事实大有好处：

橡树要当心，雷电爱上身。
梣树要绕行，闪电要你命。
山楂树下稳稳趴，雷鸣电闪都不怕。

美国和德国的研究发现，在他们研究的树木种类中橡林确实是最经常被击中的，其次是梣树。山楂树只是因为树木低矮才有了能安全避雷的名声，但实际上并非具备任何避雷天性。如果你被迫要在各种树木之中选择一个藏身之处，那么就别选择最高的树木，在其他树木中，水青冈是最好的，然后是云杉和松树。在研究中，人们发现橡树被击中了一百多次，而水青冈只有一次。

关于风暴的部分就要结束了，在最后我们给出一个更积极的预测。在大雷雨过后，你会发现人们变得更加友好和善于交际。也许风暴很好地提醒了我们，与自然界的力量相比，人类并没什么了不起，与别人交谈时也不该把自己看得太重要。

谚语和规律

许多人都发现天气谚语很令人着迷，也很令人沮丧。如果我看到一朵高大的乌云逐渐逼近，我确实会以怀疑的眼光看待橡树，这要感谢上面的顺口溜。但是，当一句谚语暗示了一些有用的信息，但我们不确定它到底有多少价值，这就令人抓狂了。它是一个金块还是一桶垃圾？这是多年来我发现自己会反复面对的一个想法。我听到的“半夜鸡叫”，是坏天气即将来临的意思，但真的是有“雨兆”吗？不，它不是。那只是无稽之谈。

最后我厌倦了这种没有把握的感觉，决定对最有趣的说法进行一番拣选，从谚语中整理出靠谱的规律。这些人们耳熟能详的句子，像在狂野的美国西部，我感到自己肩负着一种奇怪的责任感，要建立一些秩序。我不顾自身安危，把气象谚语警长的徽章别在衣服上，骑马进城。

希望你借助我们之前提到的一些方法，已经能够理解一些可能看起来很奇怪的天气谚语。阅读下面的谚语，看看你是否能自己判断出它的真假。（这里面的“夜晚”，我想我们可以假设它指一天中的晚些时候——在谚语中，词语优选押韵的，即使它们有时并不理想。）

夜晚见彩虹，
明日见晴天。
清晨见彩虹，
晴天不可见。

这是一个很好的例子，乍一看可能显得有点随意，后来我们会发现它囊括了两条基本智慧。第一条是天气往往来自西方，第二条是我们前面提到的不太为人熟知的一条：你看到彩虹的时间会告诉你雨是在你的东边还是西边。

像所有的谚语一样，如果我们理解其中的逻辑，它就有价值，但如果我们理解不了，它的可信性就有点值得怀疑了。没有任何天气谚语可以适用于所有环境，例如，如果西风暂时被东风取代，那么这个彩虹谚语就完全错误。然而，如果谚语能让人记住，并促使我们记住环境中的线索，那么所有的谚语都会有帮助。我的总体建议是：利用韵律来提醒你谚语中的线索和逻辑，而不是不假思索地生搬硬套。

我花了许多年收集这些谚语并进行案头研究和实地调查，到 2013 年 1 月，我觉得已经准备好开始正式评估它们了。巧合的是，在研究资料的最上面，发现了这样一条：

一月暖如春，

三月寒似冬。

这句俗语短小可爱，引起了我的好奇心，因为我们刚刚度过了1月里异常温和的一周，许多天都超过10 ℃。当3月到来时，这张纸条仍然贴在牧羊人的小屋上，然后，一片雪花落下，接着又是一片。3月出现了极低的温度和大规模的降雪。

但是，无论这句话在当时显得多么正确，我都无法理解或发现这两句话之间有任何可靠的联系。我不得不把这句话归为愉快的巧合，因为我不喜欢相信我无法理解的谚语。许多季节谚语都是这样，它不过是其中之一。不幸的是，将相隔几周或几个月的天气事件联系起来的科学基础很薄弱，而且我个人不看好长期的谚语，无论它多么朗朗上口和富有文化内涵。冬青果果实累累和苹果皮厚实被认为预示着严冬。可能的确是这样，但如果是这样的话，它们如何与严冬产生关联就是一个谜了。也许这些浆果和苹果真的知道一些我们无法理解的事情，但在有一些确切证据之前，这只是一个不错的观点。

在短期谚语经典中，我们必须从红色的夜空和牧羊人随之而来的喜悦说起。这个谚语出现在《新约》中，是耶稣亲口所言[①]，还有其他无数地方也有类似说法。它包含着许多事实。关于它的逻辑有一些略有差异的解释，但它们都是用可靠的方法将两个可靠的事实联系在一起。这些事实是，天气往往从西向东移动，如果我们能在一天结束时发现西方的天空中有明显的红色，那么在天气来的方向，天空肯定是晴朗的。如果日落伴随着通红的晚霞，那么它可能是一个高压系统使尘埃飘在空中的线索，因此是好天气持续的标志。

①《马太福音》第16章，第2节，耶稣回答说："晚上天发红，你们就说'天必要晴'。"

很大一部分天气谚语都符合这种模式，将自然界的一种形象或趋势与天气自西向东进展这一事实联系起来。下面是另一个例子：

牛尾向西，不见雨滴。

牛尾向东，暴雨狂风。

奶牛是肉食动物的猎物，许多猎物喜欢让自己的后背对着风。一个很好的解释是，这能让它们更全面地感知到捕食者。它们可以用眼睛看前面和侧面，它们可以闻到后面所有东西的气味。我把这个理论告诉了一些农场主，有些人对此嗤之以鼻，说它们这样做是因为奶牛宁愿让屁股冷也不愿让脑袋挨冻。但我认为从进化的角度讲这是有道理的，而且在很多次都被发现一点不假。这很有趣，也很好玩，但不是特别有用，因为无论如何我们都能感觉到脸上的风。而在美国东海岸这样的地方，一个有见识的徒步者不需要看牛就知道，在较冷的月份，强劲的风从东北方向吹来，而不是更典型的西风天气模式，预示着一场来势汹汹的冬季风暴。

草上现露珠，

雨水不叫门。

清晨地面上的露水是一个迹象，表明地面冷到足以使空气中的水分凝结成水滴。通常只有天气晴朗时，地面的热量才会大量散失，所以虽然它不能保证好天气，但它是最近天气晴朗的标志，因此很可能，这种天气将继续下去。霜是结了冰的露水，所以是一条类似的线索。同样的逻辑也适用于夏天的晨雾。

黎明雾蒙蒙，

日头暖洋洋。

天气变化带来了湿度的波动，因此提到空气中的水分变化的谚语，所言基本不假：

当头发软趴趴，雨水就会来临。

这是一首糟糕的诗歌，没有任何韵律可言，但比较实用。头发的特性会随着它的湿润程度而改变，所以这是一条可靠的线索，说明湿度水平在上升，而这又可以表明天气在变糟。专业的预报员直到很晚才开始使用“毛发湿度计”。人的头发丝被固定在两个夹子之间，与一根指针相连，指针会在旋转的滚筒上画线。随着湿度的变化，头发会拉伸和收缩，留下记录。显然，亚洲人的头发是最好的。

如果我们留心观察和倾听，对湿度变化有反应的事物不在少数。如果空气干燥，那么天气晴朗的可能性就更大，在干燥的空气中，海藻会萎缩，云杉球果会打开，脚踩的小树枝裂开时会更脆。

许多花对光照和湿度的变化会产生动态反应，包括蒲公英、雏菊和琉璃繁缕。

琉璃繁缕，告诉我，

天气是否会晴朗。

琉璃繁缕的花点缀在我的小片野花草地上，确实会在有阳光的时候开放，没有阳光的时候闭合，它们会对变化做出反应，却并不预测变化。让我们看一下可能用来预测的谚语。

当太阳退回自己的房子里，
外面就要下雨了。

这句美洲原住民谚语中的“房子”指的是日晕，我们知道日晕意味着有卷层云。如果卷云变成了卷层云，那么雨就不远了。当然，对月亮来说也是如此，因此有很多关于晕的说法。这里还有一个：

昨晚，太阳苍白地睡去了，
月亮将脸庞隐于晕中。

有的语句更富诗意：

我乞求你去那边的港口，
因为我担心会有飓风。
昨天晚上，月亮出现了金环，
而今晚我们看不到月亮。

带来长期降雨的天气系统，即暖锋，会提前给我们很多警告：风向变化、卷云、卷层云和它们伴随的光晕。这意味着，我们不应该对暖锋的到来感到意外。反之亦然，突然的变化要么是局部的阵雨，很快就会飘走，要么是陡峭的冷锋，带来快速的变化，也不会徘徊。所以，下面这句谚语一般是真的：

早有迹象，经久不散。
临时起意，很快过去。

许多谚语和大气中肉眼可见的迹象有关，有些能让我们注意到天气变坏：

星星开始捉迷藏，
雨点准备落近旁。

有一个迹象，表明能见度好，空气干燥，短时间内天气不错。

当新月连着旧月，
会有晴朗天气。

这是指当我们可以在紧挨着新月的明亮细长月牙旁边，清楚地看到月亮黑暗主体部分的时刻。这只有在非常清透的空气中才能实现（参见第十章中关于“地照”的解释，以了解更多细节）。

蜜蜂离巢不远，
雨水就在身边。

蜜蜂在晴朗的天气里确实会飞得更远。像大多数动物的线索一样，你看到的越多，对自己的判断就越有信心。如果暴风雨即将来临，蜜蜂就不会成群结队。一位本地养蜂人证实了这一事实，并补充说，在天气不好的时候，蜜蜂也会变得更有攻击性和更加暴躁。

“真的吗？”我问。

养蜂人指了指他的助手，那人的脸肿着，一只手臂打着绷带。他在两天前天气恶劣时挨了很多次蜇。

> 燕子低飞要落雨。

关于燕子飞得低是因为气压低和阴天，还是因为低压天气让昆虫飞得更低，人们并未达成一致。无论哪种情况，它都是人们的最爱，因为它所言非虚。

> 海鸥，海鸥，落在沙滩上。
> 双脚落地，天要下雨。

近几十年来，内陆地区也出现了海鸥，但在沿海地区，当坏天气来临的时候，它们会表现出对内陆的偏爱，只有在天气晴朗的时候才喜欢到海边去。

> 萤火虫尾巴亮，
> 空气中水分多。

这句说的这种甲虫，学名叫欧洲栉角萤（*Lampyris noctiluca*），不仅仅分布于美洲，也生活在其他大多数地方，从英国到中国，一直到北极圈，确实能很好地指示湿度：它在潮湿的夜晚发光更多。

> 如果猫头鹰在夜间鸣叫，说明天气不错。

猫头鹰在晴朗的天气下更加活跃，因此这确实是一条不太有力的线索，特别是在冬季。

一般来说，动物的表现非常符合常识，我们可以对此保持警惕。恶劣天气临近时，它们的活动范围会缩小，因为它们不想离开住所太远。奶牛在天气好的时候会在远处的草地上漫步，但在恶劣天气的威胁下，会在农场附近活动。如果大风来临，鸟儿不会栖息在最高的树枝上。蝙蝠依靠回声定位，对大气条件非常敏感，所以在非常潮湿或不稳定的天气条件下，它们会减少外出。

高气压使我们周围土地上有空气的地方保持密封。随着气压的下降，气体开始从泥土和积水中冒出。我们可能无法看到这一点，但我们有时可以闻到它。沟渠、池塘、水坑和湿泥都会在气压计骤降时释放出更多的“香味”。这应该是狗在某些天气条件下追踪气味表现更好的原因之一。它们有时会因暴风雨来临前突然释放的气体不知所措。

如果你在散步的时候，闻到了怪味道。

捂住鼻子护住头，雨就要来到。

奇怪的逆温层和分享观察结果

在这本书的开头，我解释了烟味与地面附近可能有一层被困的冷空气之间的联系——逆温现象。我还解释了这如何导致气味、景象和声音被困在这个夹层中。

不久前，我与一位朋友——英国广播公司（BBC）天气预报主持人彼得·吉布斯——谈论这一现象，他似乎想起了什么，眼睛亮了起来。他告诉我，2005 年 12 月，在伦敦北部赫特福德郡的邦斯菲尔德燃料库发生大规模爆炸时，他正在气象局值班。他说，人们开始打电话报告爆炸，但奇怪的是，从离邦斯菲尔德更远的地方打来电话更多，而那些住在离爆炸地点更近的人来电则少得多。事实证明，声音被逆温层向后反射，错过了中间距离的人。温暖的空气让声波折返到下面的冷空气层。这意味着，逆温层可以集中声音，也可以困住声音。

这说明了两个更广泛的意义。第一，我们注意到空气中发生了奇怪的事情，通常背后是有充分的理由的，即便有时需要我们花一些时间才能推断出它到底是什么。第二，天气是一种通过互相分享有关经验就能受益良多的领域之一。一个人很难体验完两个人的人生中会遇到的各种天气。我希望在读完这一章后，你会喜欢与同行者分享一些更不寻常的天空观察和推测。

第八章

星辰

——如何利用恒星判断时间?

在现代社会中，鲜有人具备利用恒星进行导航的能力，以至于人们认为这一定是很难做到的。的确，利用恒星来判断自己在这个世界上的确切位置，也就是航海家所说的“定位”，确实需要具备使用六分仪等仪器的经验，但如果你只想用恒星判断方向，这些都是不必要的。用星星辨别方向是最简单的，当你读完这一章后，你会知道更多简单易用的方法，而这些方法可能是你从未想过的。随着经验的积累，你可以利用恒星寻找任何方向，但最好从寻找北方开始。

在我的自然导航课程上，有些学生是经验丰富的专业导航员，我经常会提出这样一个问题：

“‘北’这个字究竟是什么意思？”

如果你愿意，可以先给出自己的答案再继续往下读。

这时课堂上通常会出现短暂的沉默和一些不解的表情。接下来的答案各不相同：“地图的顶部”“寒冷的地方”和“上边”都是常见的回答。最好的答案是“朝向北极点”。无论是萨里朝北的花园还是在悉尼向北的短途徒步，都不重要，“北”仍然意味着“朝着北极”。

夜空中有一个地方位于地球上每个地方的正上方。每当你直视自己的头顶上方，你所看到的就是这个地方，天文学家称它为你的“天顶”。现在想象一下，你此刻站在北极点，并直视你的头顶上的天顶。夜空中正对北极的这一点有一个名字，叫北天极。夜空中的这一点非常重要，一旦你理解了它，夜空就开始有了丰富的意义，所以值得你花些时间来更好地了解它。

站在北极点，看着头顶正上方的北天极，你会注意到那里有一颗星。它是整个夜空中最著名、最有用的星星，你一定听过它的名字:北极星（也就是中国古代所说的紫微星）。关于这颗星最重要的两点是，在北半球的任何地方都可以在正北方向的天空中看到它，而且它在夜空中的位置上不会移动。它之所以如此稳定，是因为它几乎直接位于地球自转轴的上方，如果地球真的在一根轴上旋转，这根轴向太空延伸，那么它就会碰到北极星。

人们普遍认为北极星是夜空中最亮的，然而实际上它既不是很亮也不是很暗。在亮度方面，它是 B 级水平，即天文学家所说的“二等星”，这意味着除非光污染特别严重或能见度特别差，它很容易被看到，但它绝到不了能让人们指着它说“哇”的地步。事实上，如果你看到一个非常明亮的白色物体挂在夜空，比其他任何东西都要闪耀，它很可能是金星或木星这样的行星，或最亮的星星——天狼星，但它绝对不会是北极星，甚至这种明亮的天体都不会在天空的北部。一旦你知道了这一点，你会惊讶地发现，你周围的人竟然经常指着天空中最亮的星星说它是北极星。

现在想象一下，你在北极点跳上一架低空飞行的飞机，向南稳步飞向纽约。冰冷的北方在你身后逐渐消失，同时夜空中正对北极的那一点在天空中的高度开始降低。随着你不断向南飞行，北极星的高度不断变低，当你在纽约着陆时，它在夜空中的高度已经降低超过一半了。但真正重要的是，即使现在北极星在天空中比之前的位置低得多，它仍然位于北极的正上方。这意味着，无论何时，只要你看向它……你一定是在看向正北方。就是这么简单。你所需要做的就是找出哪颗星是北极星，然后你就知道了如何找到北方。

现在是时候看看我们寻找北极星的几种方法了。我们将从两个最简单、最著名的方法开始，也就是利用北斗七星和仙后座，随后我想再为你简要介绍一些不太为人所知的方法，原因无非是有时知道一些其他徒步者几乎都不知道的事情很有趣。

北斗七星

寻找北极星最简单的方法是找到夜空中容易识别的七颗恒星，也就是北斗七星，美国人称之为“大勺”（the Big Dipper），许多其他地方的人把

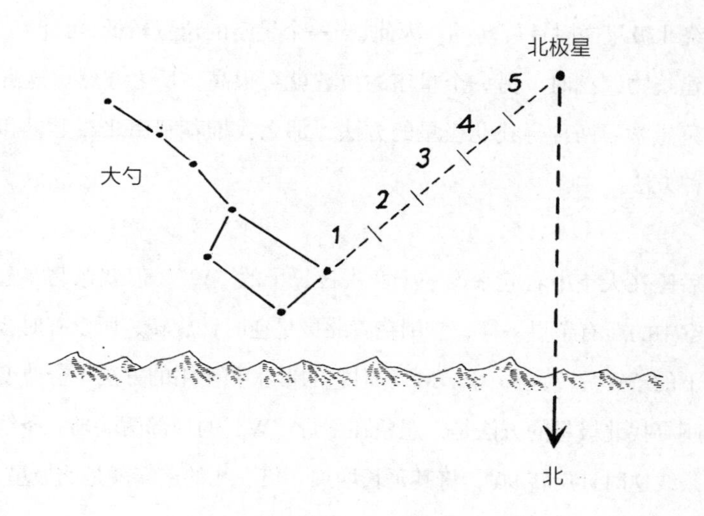

它叫作“酱锅”(sauce pan)。接下来,你要找到“指针”星——如果你把“酱锅”的手柄抬起来,“酱汁”会顺着两颗星流走。这两颗指针星的连线向外(“锅口”上方)延长五倍,就找到了北极星。这颗星的正下方就是北方。

北斗七星围绕北极星逆时针旋转,所以它有时会侧倒甚至颠倒过来。然而,它与北极星的位置关系从不改变,你始终可以用这个方法可靠地找到北极星。

仙后座

仙后座是一个对寻找北极星非常有帮助的星座,因为它和北斗七星总是分列在北极星的两侧,因此当北斗七星处于低空时,仙后座在天空中的位置就很高。在晴朗的夜晚,各个方向的地平线都没有遮挡的话,你能够同时看到北斗七星和仙后座。这是因为它们是所谓的拱极星,也就是说它们是围绕北极星逆时针旋转的。因此,当一个星座的位置较低,可能被云层、山丘或建筑物遮挡时,另一个星座的位置就会很高,反之亦然。这意味着如果你只想学习两种寻找北极星的方法,那么我推荐利用北斗七星和仙后座这两种方法。

仙后座在天空中看起来像一个两头拉长了的“W”,但就像北斗七星和北方天空中的所有星星一样,它围绕着北极星逆时针旋转,所以有时会像一个侧倒下的“W”,甚至一个“M”,但它的形状和使用的方法不会改变。根据仙后座寻找北极星的方法是,想象在字母“W”的顶部两端画一条线。现在将这条线逆时针旋转 90°,将其延长增加一倍。线的末端就是北极星了。

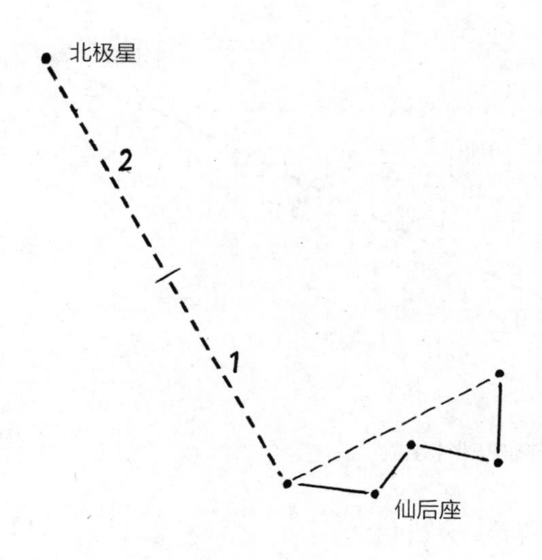

北十字星

天鹅座由很多颗恒星组成，它的形状看上去勉勉强强像只天鹅。幸运的是，我们不必担心找不到它，因为这个星座中心最亮的星星（天津四）构成了一个非常容易辨认的形状——十字架，所以也叫北十字星。

一旦你从天空中辨认出这个十字架几次之后，就很容易发现这个星座了，用它来寻找北极星就更易如反掌。我的方法是想象历史上最有名的十字架，以及与之有关的最有名的人物。

首先找到北十字星，然后想象被钉在十字架上的耶稣用右手为你指出北方的方向。这个想象很奇怪，但我保证它十分有效，而且你不太可能会忘记。

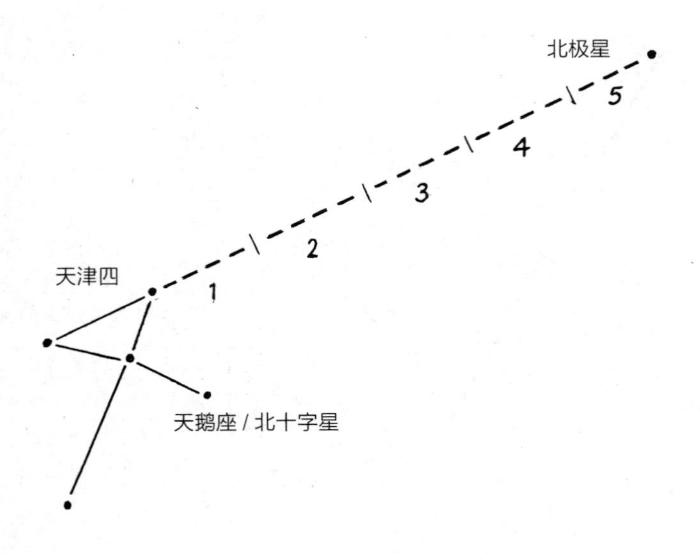

御夫座

御夫座是一个北天星座，它很容易诱惑我们进入关于战车、神话中的山羊和婴儿宙斯的故事中，但我们不会轻易动摇我们的方向。御夫座看起来像一个星环，其中一个恒星——五车二（Capella，意为“小母山羊”）——非常明亮，而且呈明显的黄色。

在找到御夫座之后，有两种方法可以找到北极星。第一种方法在晴朗的夜晚用起来非常简单，但如果有光污染或云层，就不那么方便了。在非常明亮的黄色恒星五车二的顺时针方向，有三颗较暗的恒星形成一个尖尖的三角形。这个三角形指向北极星。（如果你热衷于神话故事，这三颗星就是小母山羊的“小羊羔”，因而在英文中将这三颗恒星称为“the Kids”。）

有一种稍微准确一些的方法，它利用的是更亮的恒星，虽然听上去比较复杂，但当你看到插图后，你可能会发现它也非常直观。找到星环中五车二逆时针方向的第一颗和第二颗恒星。如果你以第二颗恒星为起点，向第一颗恒星画一条线段，并沿着这个方向继续将线段延长五倍，那么你就能找到北极星了。

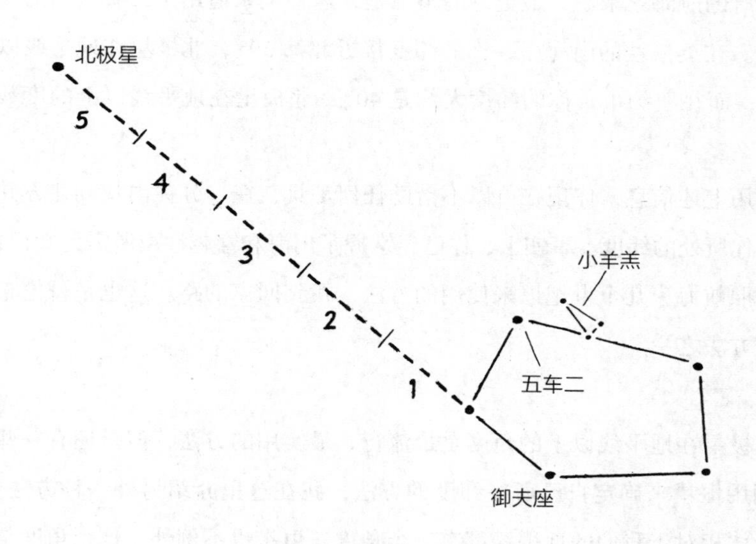

如何利用北极星判断自己所在的纬度

回想一下你从北极到美国的低空飞行，北极星刚开始位于天空的正上方，然后在你一路向南飞行的过程中逐渐降低。在北极点，你的纬度是北纬 90°；到了纽约，纬度差不多是北纬 40°。如果你再次从肯尼迪机场起飞，继续向南飞行，北极星在天空中会越来越低，直到最后它与地平线相接，然后消失在地下。它消失的那一刻，你的航班将刚好越过赤道。在我们所在的纬度（也就是，我们距离赤道向北或向南有多远）和北极星在地平线以上的角度之间，恰好有一种简单而实用的奇妙关系。

在北极点，北极星在地平线以上 90°，你的纬度是北纬 90°。在赤道上，你的纬度是 0°，北极星在地平线以上 0°，也就是说，落在了地平线上。对于所有的航海家来说，最美妙的事情是，这种关系适用于二者之间的所有地方。在英格兰的南海岸，你的纬度接近北纬 50°，北极星在地平线以上 50°；而在纽约市，你的纬度大约是 40°，北极星在地平线以上的度数也是这么多。

利用上述信息，你现在可以不借助任何工具，在一分钟内找到北方并估算出你所处的纬度。事实上，你已经掌握了出海和穿越沙漠所需的知识，可以按照航海家几个世纪以来使用的方法，找到回家的路。这也是哥伦布使用的方法之一。

北极星在地平线以上的角度是最流行、最实用的方法，但是还有一些其他利用恒星来确定自己所在纬度的方法，我在这里介绍另外一种方法。所有天体相对于我们的地平线都有一个角度，恒星也不例外。这个角度与你的纬度直接相关：恒星的升起和落下的角度等于 90° 减去你所在的纬度。你不太可能准确测量这个角度，但是结合之前提到的北极星与纬度的关系，这个知识可以帮助你进行一些笼统的预测和推理。特别是，如果你计划去遥远的地方旅行，值得考虑你的纬度，以及这将如何影响恒星出现和移动的方式。

如果你要前往热带地区，那么恒星几乎垂直升起、垂直落下，而且在天空中的方位长久不变。然而，北极星可能太低，甚至位于地平线以下，不方便使用。如果你在高纬度地区，恒星会向水平方向运动，因此在地平线附近更难使用，而北极星可能非常高。当你在北极的时候，一般来说，它已经太高了，无法用来判断方向。还要记住，在仲夏时节，北极地区是看不到星星的，因为这时北极地区正处于极昼，没有夜晚。

而在美国和欧洲，我们可能没有热带天气或北极熊，但我们有使用非常方便的北极星，以及升起、落下的运动轨迹容易辨认的恒星。

确定东方和西方

与太阳、月亮和行星不同，每颗恒星都会从你地平线上的一个点升起，而这个点不会随着时间而改变。这意味着，如果你看到一颗明亮的恒星升起，而它恰好经过教堂的尖顶或两根树枝的分叉之间，那么它在第二天晚上、一周后和一年后也会如此。如果一颗恒星从你家的正东北方向升起，那么它将总是从你家的正东北方向升起。它也将总会从你家的西北方落下，因为恒星升起和落下的位置是对称的。（与恒星不同，太阳、月亮和行星每晚升起的位置略有不同，几个星期以后差异可能会很大。）

有些恒星从东偏北的方向升起，有些从东偏南的方向升起，如果观察位置不变，它们的运动轨迹也是固定的。你自然会想，一定有一些星星是从中间方向升起，也就是正东方向。如果一颗恒星从正东方向升起，它也一定从正西方向落下，所以我们从这些恒星中获得了很有价值的信息。通过这种方式最方便判断东西方位的星座是冬季的猎户座。猎户座呈一个完整的人形，由许多明亮的恒星构成，但是我们在这里主要关注的是他的腰带，整个夜空中只有三颗明亮的恒星连成一条短直线。其中每晚第一颗升起和落下的叫作参宿三，它升起和落下的方向与正东和正西方的偏差不超过 1°。

由于猎户座只有在冬季才能看到，我将介绍次优选择，即天鹰座，你可以在夏夜看到它。如果你以前从未见过这个星座，那么只要在 6 月，天色足够黑的时候望向东方的天空，就可以找到它了。

这个星座并不十分明亮，识别起来也比较麻烦，但是如果你确实在地平线附近看到了它,那么你一定是在看东边或者西边。如果在 20 分钟左右，你发现它升高了一点，那么你就知道你在看东边；如果它下沉了一点，那么你一定是在看西边。这里有一个提示：如果恒星正好在地平线附近，那么通常很容易通过比较它们和地平线上有特点的东西来判断它们的移动方向。如果它离地平线比较远，那么如果你把恒星与前景的一个固定物体进行对比，比如一根栅栏杆或者一根你插在地上的棍子，就更容易在短时间内判断恒星的移动方向。有时躺在地上用这种方法观察会有帮助。天文导航可以变得简单，但它不可能总是温暖舒适地完成。

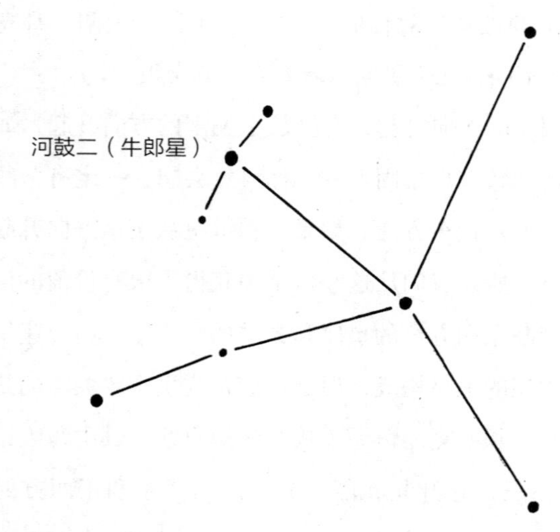

天鹰座从东方升起，西方落下。

猎户与剑

在明朗的冬夜，我们返回来观察我们的好伙伴猎户座，你会发现猎人的腰带上挂着一把剑。他的剑是由三颗星星组成的，中间的一颗可能看起来是彩色的，模模糊糊不太清晰。这是因为它实际上是一个星云——猎户座星云，不过这并不影响我们判断方向。

当这把剑垂直悬于天空的时候，它的尖端直接指向地平线上的南方。

猎户座中还有两颗恒星——参宿六和参宿四——也能直接为你指出南方，它们可以连成一条南北方向的线。但我更喜欢那把剑，原因无他，因为我觉得这个意象教起来很有趣，也更容易让学生记住。

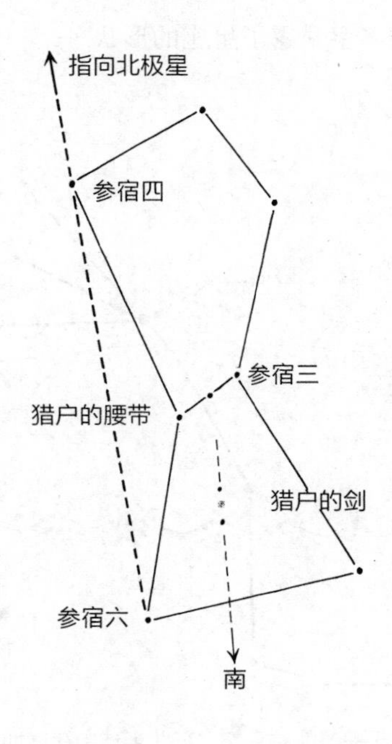

找到南方

即使是最不济的天文导航员也知道，找到南方的一个方法是先找到北方，然后面向相反的方向就行了。然而，一个更有趣的方法是直接利用星星为你指示南方。除了猎户座的剑之外，还有一种非常简单的方法可以做到这一点，以及另一种有点难却很有趣的方法。

天蝎座

在中纬度地区，比如美国和英国，接近仲夏的夜晚，你能在南方的天空中看到天蝎座，它的名字暴露了星座的形状——一只蝎子。它最容易被

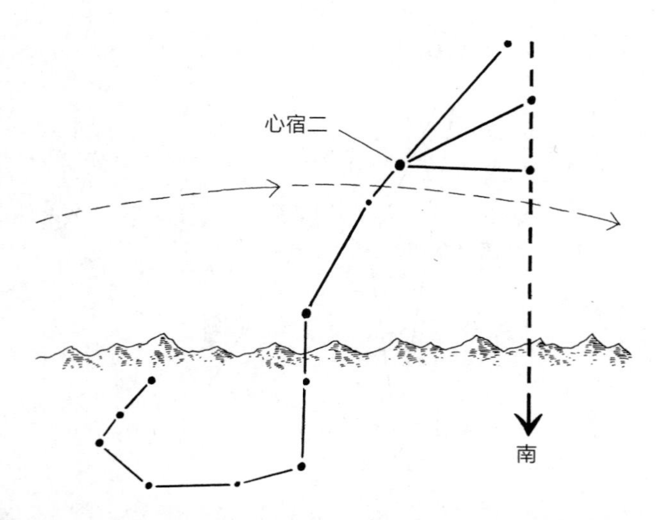

你越是靠近赤道，你看到的天蝎座就越完整。在北半球中纬度地区，比如美国和英国，天蝎座的下半部分会隐藏在地平线以下。

认出来的地方是其头部明亮的红色恒星——心宿二。天蝎座中更高的恒星从东南方向升起，划过南方，然后从西南方向落下。在其中某个时刻，两颗重要的恒星能连成一条垂直于地面的直线，这条线会清晰地、几乎不差分毫地指向南方。在夏季的深夜这是一个很好的方法。

狮子座的臀部

狮子座是一个不错的大星座，和天蝎座一样，它看起来至少有一点名副其实，像一只狮子。找到狮子座后，接下来你需要找到两颗鲜为人知但名字很好听的恒星——西次相和西上相，它们构成了狮子的臀部。

当西上相出现在西次相的正上方时，就像这张图片一样，你肯定正在看向正南方。这个方法在 4 月特别有效，我春季课程的学生从来都是用它来寻找回家睡觉的路。

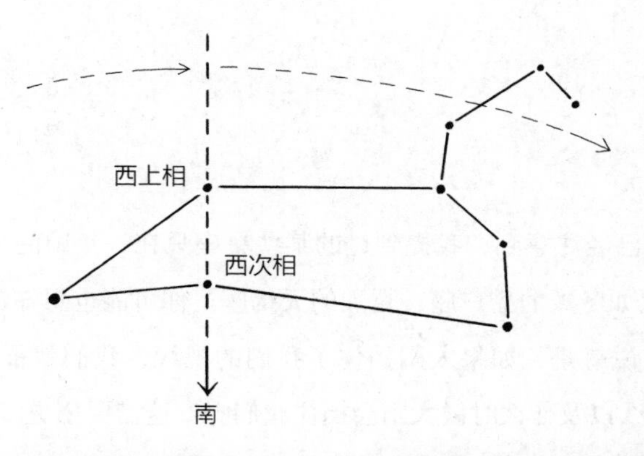

西次相和西上相构成了狮子座的臀部。如图所示，当西上相出现在西次相的正上方时，你肯定看向的是正南方。

如果你只是想找一个粗略的、现成的指南针，那么有三颗明亮的恒星可以帮助你。天津四、织女星和牛郎星分布在天空中，每一颗都是各自所属的星座中最亮的恒星，天津四位于天鹅座，织女星位于天琴座，牛郎星位于天鹰座（你可以根据之前介绍的寻找北方的方法，认出其中两个星座）。这三颗恒星的亮度使它们组成了一个更大、更简单的独立形状，人们往往将其称为夏季大三角或航海家大三角。造成这种情况的主要原因可能是，在黄昏时分，人们看到的恒星和行星是按照它们的亮度等级依次出现的。如果任何一颗行星出现了，它们往往是最先被人们注意到的，但是随着天空逐渐转暗，最亮的恒星也能看得见了。因此，在夏季，这三颗明亮的恒星在它们所属的星座完整出现之前很久就可以被看到了。

一旦你发现了它们，你就有了一个三角形，它能为你指出南方大概的方向。如果你想象从两颗最高的恒星——天津四和织女星——之间的中点开始，画一条直线穿过最低的牛郎星，这条线将永远指向南边的地平线，这条线越是接近垂直，这个方法就越准确。如果它是垂直的，那么它就会指向正南方。

星　历

你可能已经注意到，我提到过的某些星座只在一年中的某些时候才会出现——比如冬天的猎户座，夏天的天蝎座。你可能也想知道为什么会这样。简单点说就是，如果太阳挡住了我们的视线，我们就很难看到星星。但是，为什么以及什么时候太阳会挡住我们呢？这需要用更多篇幅来回答，但会帮助我们理解星历，以及后面的星钟。

最简单的部分是年度解释。你想象自己置身一间小的方形办公室当中，坐在那种带轮子的办公椅上。在四面墙的每一面上，你都贴上一张不同星座的海报，高度大约与眼睛平齐。第一面墙是猎户座，第二面是双鱼座，第三面是天蝎座，第四面是天秤座。现在把装有明亮灯泡的台灯灯罩取下来，然后把它放在房间的中央，与眼睛的高度差不多。现在你可以绕着台灯转动了。在这样一个没有产出却有启发性的工作日里，你扮演的是地球的角色，灯代表太阳，星座就代表……星座。

依次转动椅子绕到每一面墙面前。你的椅子所处的四个位置分别代表一个季节。在这个实验中，你会很快注意到，在每个季节里，你都能非常清楚地看到一个星座，旁边的两个星座稍微斜一下眼睛也能看到，但有一个星座是不可能看到的。当你的椅子在天蝎座旁边时，你可以非常清楚地看到这个星座（背对着光线），但是房间对面的猎户座却看不见。太阳将猎户座挡得死死的，每年夏天的情况就是这样。我们在秋天看不到天秤座，在冬天看不到天蝎座，在春天看不到双鱼座。

回到现实世界中，地球的位置不是 4 个，而是 365 个，而且位置的变化是渐进的，但原理仍然一样。随着每一个昼夜的流逝，地球继续围绕着太阳的轨道进一步移动，因此，从我们的视线中被太阳遮挡住的星星也在逐步变化。

结果就是，从地球上看太阳和星星的位置关系每天都会有一些变化。对我们来说，最重要的影响之一是，相对于太阳，东方的星星每晚升起的时间会提早 4 分钟，西方的星星提早落下 4 分钟。（4 分钟是用 24 小时除以 365 得到的。）这听起来可能不多，日积月累就会产生明显的差异了：一周之后星星会提前半小时升起，在一个月之后会提前两小时。

值得注意的是，这些与季节相关的变化不会让北方的恒星从视线中消失。拱极星，即那些围绕北极星逆时针旋转的恒星，在一年中的任何时候都是可见的，这是因为我们处于北半球，所以当我们向北看时，太阳永远不会挡在我们和那些恒星之间。你可以想象办公室的天花板上也贴着一些星座，不论你的椅子处于什么位置，台灯的光线都无法挡住它们。

由于恒星每天相对于太阳提前四分钟升起，这意味着它们每年都要缓慢地“超过”太阳一次。恒星在太阳后面时，我们是看不见它们的，但是一旦它们超过了太阳，它们就会在黎明前作为东方最后一颗可见的恒星，在阳光遮盖住整个天空之前再次短暂地出现。这种超越被称为恒星的“偕日升”，人类的文化当中也有与这种现象相关的词语。8 月那些闷热的日子，空气似乎都凝滞不动了，这段时期就是伏天，英文叫作“Dog Days”（犬天）。这指的是在 8 月，夜空中最亮的天狼星刚刚开始超过太阳。天狼星位于大犬座。

所有的古代文明都对某些恒星季节性的升起有所了解，并将其作为自然历法的一部分。澳大利亚东北部的马里原住民知道，当橙色的大角星升起时，他们就会前往海岸猎取鹊雁。当傍晚时分可以看到大角星时，它再次提醒原住民是时候出发去收集林蚁的幼虫了。

生活在北美北极圈内的因纽特人利用了我们以不同的方式用来寻找北方的两颗恒星。对他们来说，牛郎星和天鹰座构成了他们自己的星座 Aagjuuk 的一部分——值得注意的是，所有的星座都是当地人想象出来的，只要能帮到自己，我们可以自由地发明我们自己的星座。我经常这样做。因纽特人利用 Aagjuuk 的定期出现来判断胡须海豹何时从公海迁移到岸边，由此拉开他们狩猎季节的序幕。从古埃及到当代埃塞俄比亚的穆尔西的许多文化中，都把河流的季节性泛滥传统与每年可靠的恒星周期联系起来。

虽然没有急迫的需要，但我们也没有理由不利用这些方法。在美国乃至世界的不同地区，大自然季节变换的确切时间会受当地因素的影响，但其原则全球通用。以下是在美国可以尝试的一些方法。

在每个明朗的夜晚 10:30，向正南方向看，如果你不确定哪边是南，可以使用上述方法。如果你看到：

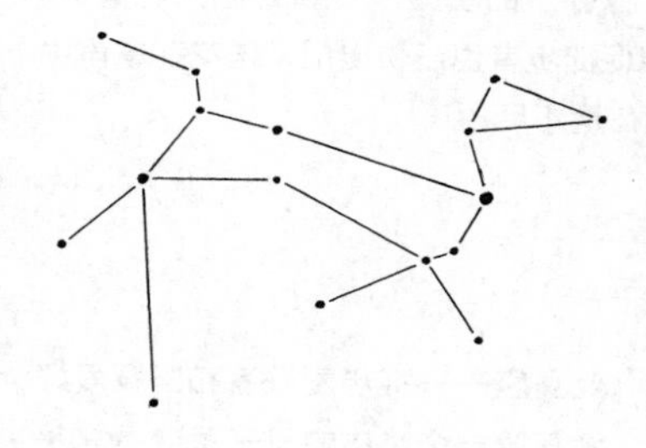

天狼星和猎户座——将有霜冻，可能还有雪。人们对油腻的食物和饮料越来越厌倦。人们喜欢将每年这个时候称之为 1 月。

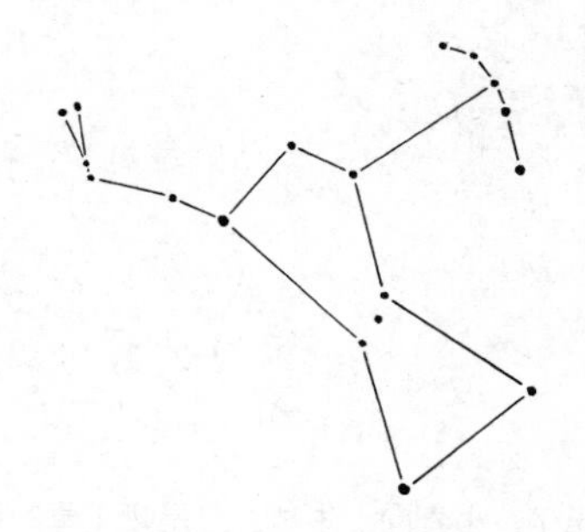

长蛇座的头——第一朵雪滴花开了。有洪水，猫柳上的柔荑花序将从银色变成金色。现在是 2 月。

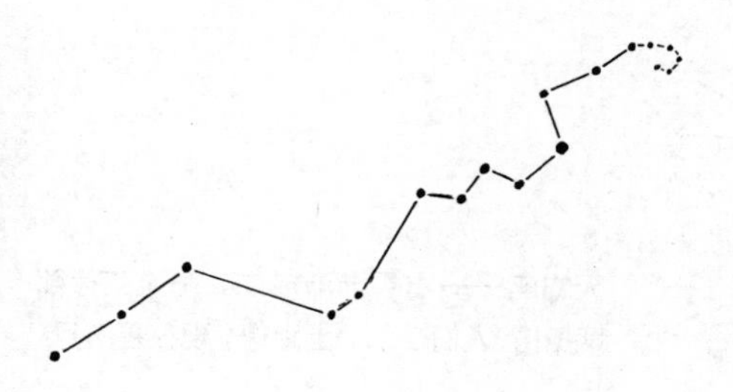

长蛇座的蛇身——池塘中会出现蛙卵。鸟儿们的声音越来越大，报春花也越来越多。现在是 3 月。

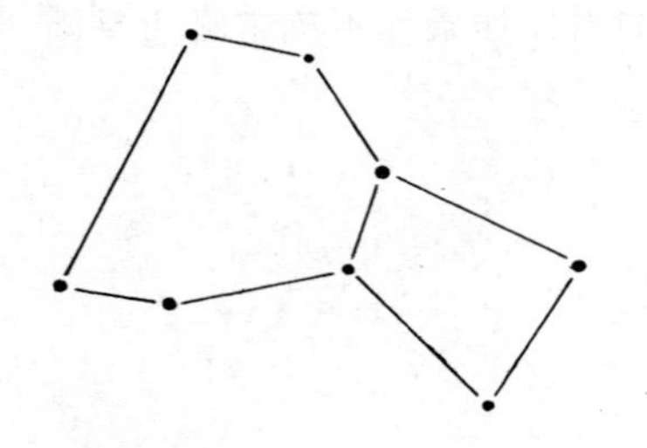

巨爵座，像杯子的星座——蜜蜂越来越勇敢。水仙花催促徒步者也赶快出门，樱花在掌声中盛开。现在是 4 月。

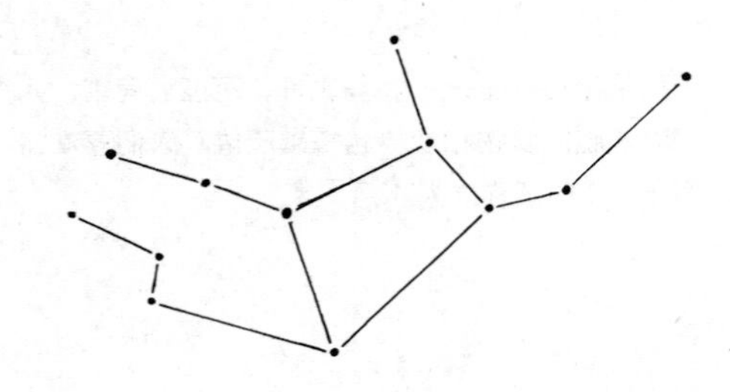

处女座——徒步爱好者和野餐爱好者在第一个炎热的日子里变得忘乎所以，野花也开得更加放肆。现在是 5 月。

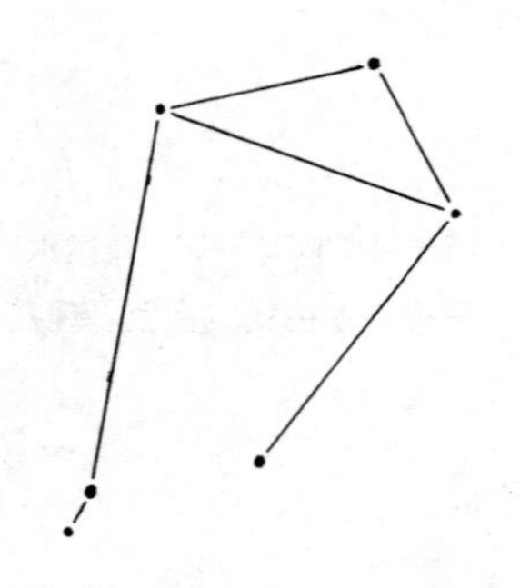

天秤座——蛇溜走了，小麦向上生长。这是晒干草的日子。现在是 6 月。

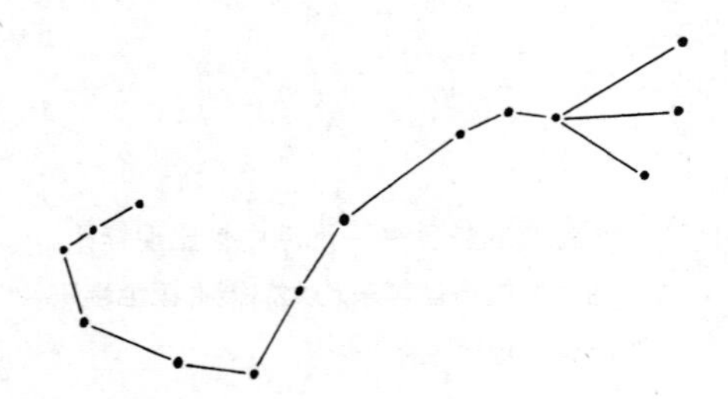

天蝎座——水果渐渐成熟。海滩变得熙熙攘攘，人们在草地上踢球。现在是 7 月。

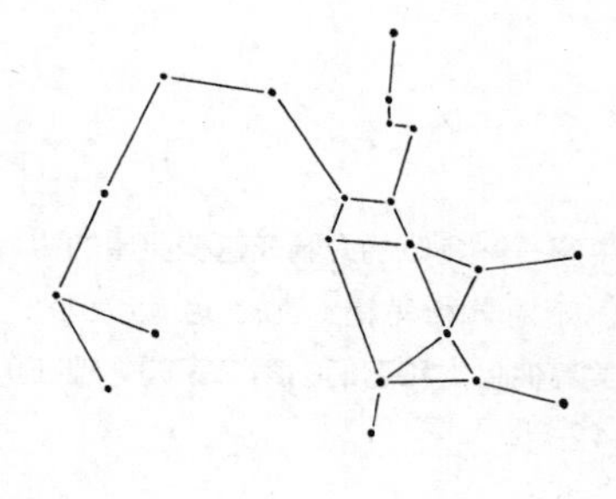

射手座——摇蚊在静止的空气里飞舞，交通堵塞了道路。小路轻轻悸动。烧烤架的背后，一场风暴正在酝酿。现在是 8 月。

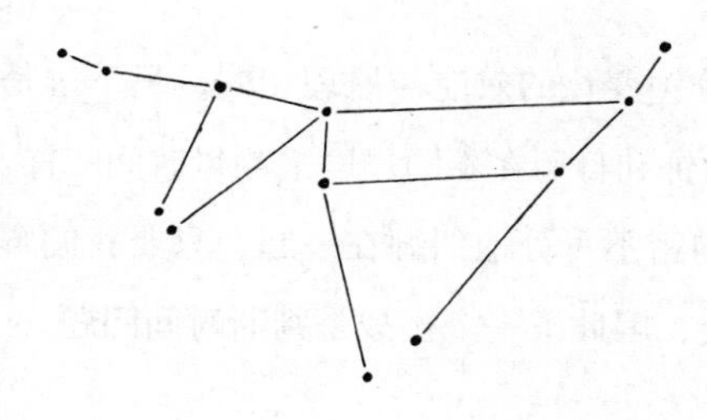

摩羯座——现在大海出奇地温暖，但白天却不断变短。货架上的果酱比经济学家估计的多。现在是 9 月。

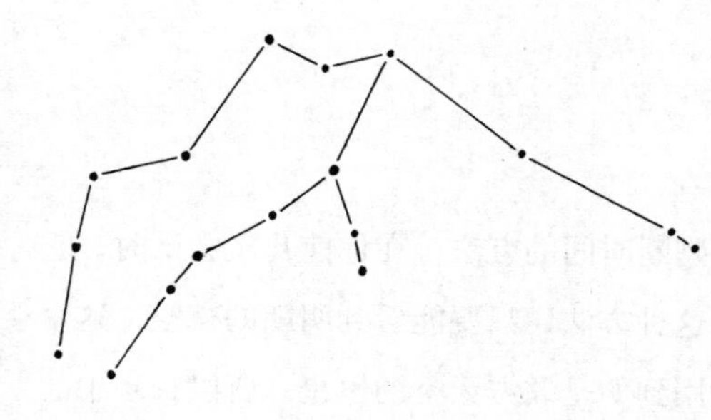

宝瓶座——叶子变成褐色，真菌到处滋生。苹果落下来。现在是 10 月。

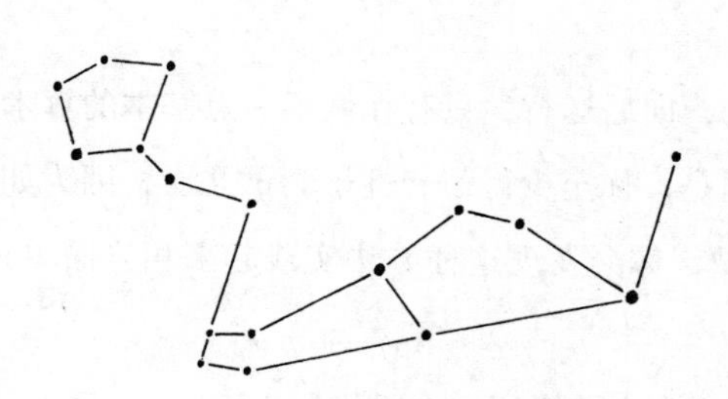

鲸鱼座——地上的树叶多过树上的。现在是 11 月。

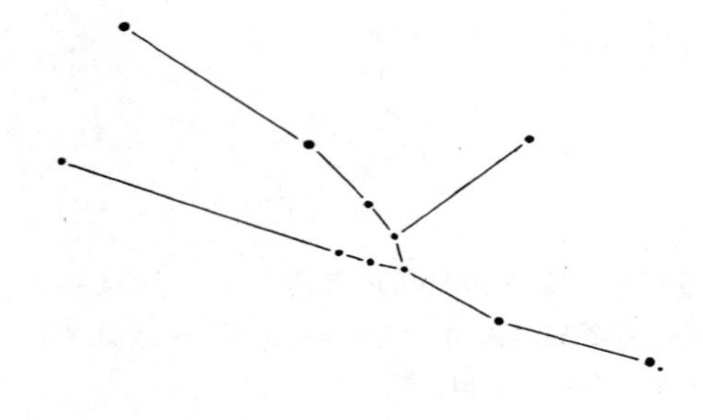

金牛座——贪吃的人骑在这些星星的背上。知更鸟和乌鸫（*Turdus merula*）嘲笑其他鸟类和它们的第二家园。现在是12月。

季节性星座效应和每晚发生四分钟变化的效应，原理相同，只不过是在不同时间尺度上进行观察，就像时钟和日历在不同尺度上测量时间一样。

当谈到观察天空时，时间和方向密不可分地纠缠在一起。只要我们解决了一个问题，另一个问题也能解决，因此下一个挑战是判断时间问题。

星　钟

这里有一个通过观察星星来判断时间的方法。在你前几次尝试时，它可能有点麻烦，但一旦你习惯了这种方法，只要能看到明朗的夜空，这个方法就能派上用场。而且由于所用到的是北方天空的恒星，所以一年中的任何时候都适用。

这个星钟是二十四小时制的，向后运行，只有在做了一点基本的算术之后才能计算出正确的时间。但是，你至少得耐着性子尝试几次，因为如果你按照每一个简单的步骤来做，你会发现这种方法实践起来相当简单，也不痛苦。

1. 首先找到北斗七星，并用它和之前介绍的方法找到北极星。

2. 星钟的中心就是北极星。

3. 星钟有一根指针，即它的时针，想象一条以北极星为起点穿过北斗七星中的两颗“指针”星的直线，这就是时针。

4. 钟面分为 24 个小时，从顶部逆时针运行。这意味着，如果时针指向我们通常所说的 9 点钟的位置，那就是从起点开始的四分之一，所以实际上是早上 6 点。正常钟表转到 6 点钟的时候，星钟所表示的时刻则是正午，午餐时间。而正常钟表转到下午 3 点时，也就是时针逆时针走了四分之三圈，也就是 18 个小时，即下午 6 点钟。正常钟表表示午夜的位置仍然是午夜，只能是午夜，而不是正午，因为这是一个 24 小时的时钟。

5. 下图中，时针指向 14 和 16 小时之间的一半，所以时针表示现在是 15 点，也就是下午 3 点。

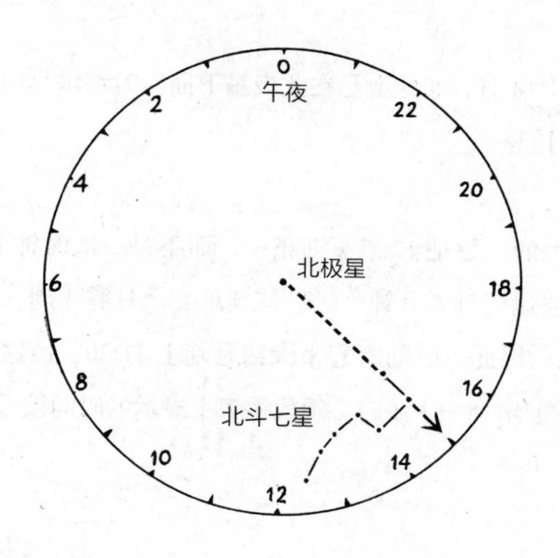

星钟

6. 一旦你读懂了时针，你需要做一些心算。这是因为星钟每天相对于太阳会快四分钟。所以我们只需要找到它表示正确时间的那一天，也就是

3 月 7 日。

7. 对于 3 月 7 日之后的每一个星期，你都需要减去半个小时，这相当于每个月减去两个小时。对于 3 月 7 日之前的每一个星期或月份，你需要增加同样的数量。

8. 在上面的例子中，时钟显示为 15 点或下午 3 点，但想象一下，你是在 1 月 7 日看到的。那是在 3 月 7 日之前的两个月，所以你需要增加四个小时（两个月 × 两个小时）。所以真正的时间实际上是晚上 7 点。

9. 如果我们实行的是夏令时，你需要再增加一个小时。

10. 至少在户外试一次。继续。

这里还有一个例子供你尝试。

现在是 9 月 14 日，北斗七星在北极星下面。时针垂直向下指着。你认为现在是什么时间？

这时星钟上的读数是 12 点（即正午，而不是一般时钟上的 6 点），但时钟每天都在快速运行 4 分钟，已经持续了 6 个月零 1 周。这意味着它快了 12 个半小时。因此，时间看起来大约是晚上 11:30。但这仍然实行的是夏令时，所以我们增加一个小时。现代手表上显示的时间接近午夜 12 点半。

流　星

人们认为，看到流星是幸运的表现，这可能与人们从来无法准确预测流星何时出现有关。然而，这并不代表我们不能预测流星出现的可能性或看到大量流星的概率。

显然，能见度越高，光污染越少，你看到的就越多。对许多人来说这两方面的巨大影响是第一个意外因素。在理想的条件下，你应该期待每小时能看到 6 到 10 颗流星，所以如果你在 10 分钟内没有看到任何东西，那就有点不走运了。

在观测流星方面，有一个好用的一般原则是：如果你在一个晚上早早地看到了好几颗流星，那就很值得熬夜好好观察一下。这是因为，平均来说，我们在午夜之后看到流星的可能性会比午夜之前高得多。这时我们所处的区域正好是地球面向“前方”的部分——也就是说，顺着地球在太空中移动的方向。你知道对一辆行驶中的汽车来说，落在前挡风玻璃上的雨滴，比落在后挡风玻璃上的要多很多。

不过我们可以把预测做得更精确。流星是由非常小的颗粒在进入大气层时燃烧产生的现象。你如果想象成地球撞上一个粒子后导致其燃烧起来，可能会更好理解。因为我们知道并且能够预测地球何时可能经过太阳系中尘埃较多的区域。我们也知道这些尘埃可能会撞击到哪里。描述夜空中某个区域的最简单的方法是使用离它最近的星座。把以上信息结合起来，意味着流星雨的名称为我们提供了去哪里找流星的线索。

值得了解的周期性流星雨

日期范围	名称	星座
1月初	象限仪流星雨	牧夫座（北斗七星附近）
4月末到5月中旬	宝瓶座 η 流星雨	宝瓶座
7月末到8月末	英仙座流星雨	英仙座
12月中旬	双子座流星雨	双子座

流星可能会带来好运，但我在寻找流星时，这句话可能更准确地概括

了观测秘诀："运气偏爱有天文知识的人。"

恒星和人类的眼睛

如果你回头看看北斗七星的图片（见第 149 页），你可能会注意到，在锅柄的中间区域，不是一颗恒星，而是两颗。下次你抬头看北斗七星时，让你的眼睛聚焦在这些恒星上。当你这样做时，你就开始了"测试"。在中世纪的阿拉伯半岛，人们用这种基本的视力测试来判断怀揣各种工作理想的人，包括服兵役在内，是否具备从业资格。时至今日，在能见度良好的情况下它仍然是一种测试视力的方法。如果你不能在这个位置看清那是两颗星星，而不是只有一颗，那么你就得去看眼科医生了。

如果你确信自己视力很好，但又好奇它到底有多好，那么你可能会喜欢和武仙座[①]较量一番。你可以在非常明亮的织女星和北斗七星的连接线下方找到这个星座。

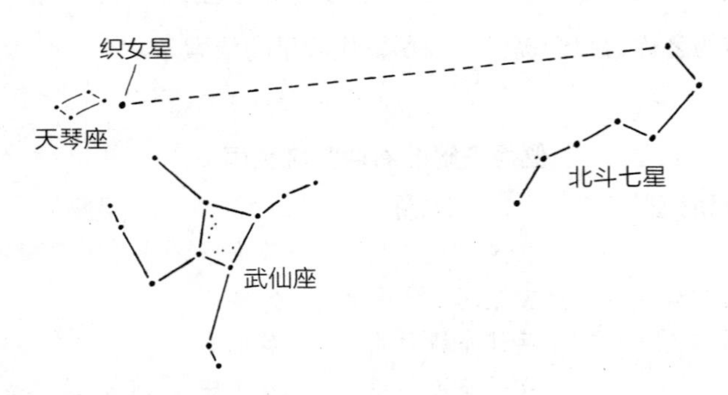

你能发现大力神身上暗淡的恒星吗？

①武仙座英文为"Hercules"，源于古希腊神话中大力神赫拉克勒斯的名字。

如果在一个夏夜的晚上，你发现武仙座高高地挂在空中，且没有严重的光污染,那么请尝试着做一下这个测试:好好观察武仙的身体。换句话说，就是看看组成它躯干的四颗恒星围住的空间。在它的躯干内有几颗五等或六等星，这一天文术语的意思是“非常不容易看到，但也不是完全不可能”。如果你看到其中的任何一颗，那么你的眼睛就能满足你一切合理的夜间观察要求。

我们也可以用星星来测试我们对颜色的辨别能力，并反过来衡量我们自己处于人生的哪个阶段。猎户座是在晚上测试你的颜色辨别力的最佳选择。大多数人都能看出来，这个巨人的肩膀——参宿四（见第157页）——带有一丝橙色。但是，除此之外，我们每个人在其他星星上看到的颜色都是非常主观的体验。它们会随着大气条件和环境光强度的变化而时常变化。随着我们年龄的增长，它们也会发生微妙的变化。我们永远看不到一颗绿色的恒星，因为我们的眼睛无法捕捉到恒星光谱的这一部分，但是许多业余天文学家通过望远镜观察，发现年轻时看起来是蓝色的行星状星云，随着自己年龄的增长，很可能看起来是绿色的。夜空可以告诉我们什么时候我们已经变得像蝙蝠一样瞎，但也可以告诉我们什么时候变成了瞎了的老蝙蝠。

我们还可以用恒星做其他有趣的视力测试，其中包括一个不仅会让光照进我们的眼睛而且会照亮它们的测试帮助我们了解它们的结构。我们的眼睛是非常了不起的机器，能够看到大约500万种颜色，注意到四分之一英里外的一支铅笔、9英里外的一个人或25万英里外月球上的一个山包。

眼睛通过两种类型的细胞，即视杆细胞和视锥细胞来实现这一系列了不起的功能。视锥细胞对颜色敏感，并集中在眼睛的一个很小但非常重要的区域，称为中央凹，我们的晶状体会将光线聚焦在这片区域。正是因为这一小块区域中有密集的敏感细胞，所以当你直视“朔望”（syzygy）这个词的时候它能出现在视觉焦点上，但你却很难同时让“日食”（eclipse）这个字出现在焦点上。你可以试一下。（朔望的英文读起来很拗口，它意味着三个天体连成一线，例如，当有日食或月食时，地球、太阳和月亮就会连成一条直线。）

视杆细胞对颜色不敏感，是我们在晚上看东西时所依赖的细胞。视杆细胞位于中央凹外，其后果之一就是，我们如果直接盯着星星就看不到夜间最精细的细节。如果一颗星星非常暗淡，那么我们通常会通过“转移视线”，稍微往旁边看，从而更好地看到它。如果当你试图盯着一颗暗淡的恒星时，它就从你视野中消失了，但当你让你的眼睛看向旁边一点点的区域时，它又出现了，那么你让视锥细胞结束它们不胜任的工作，让你的视杆细胞短暂地光荣上岗。如果你之前与武仙座的较量很吃力，那么你可以再试一次，看看这种方法能否让你赢得第二轮。

这种“转移视线”的方法并不局限于观星，当你在晚上看清画面有困难的时候，也可以使用。

薄暮现象

如果你想知道你的夜视觉何时启动，有一个有趣的方法，运用一种叫作薄暮现象（Purkinje effect，或浦金野现象）的原理可以帮到你。这种现象以 1819 年发现它的捷克博学家的名字命名，是指我们的眼睛在低光照度下对颜色的感知与在强光下的感知不同的倾向。

我们眼睛中的视锥细胞对黄光最敏感，因此在白天，任何带有红色、橙色或黄色的东西对我们来说都会显得非常明亮。随着黄昏时分光线的减弱，我们的视杆细胞开始承担起责任，但它们无法分辨颜色。然而，尽管视杆细胞不能感知颜色，但它们对光谱中蓝色或绿色部分的光线更加敏感。

这种敏感性差异导致，在薄暮时分，随着天色渐暗，黄色或红色的东西似乎相当明显地失去了光亮，而风景中的绿色或蓝色相对于它们周围的环境开始显得更加明亮。我最喜欢的自然界的例子是老鹳草，它的红花和绿叶在黄昏时交替出现忽明忽暗。在正午的阳光下，红色的花朵会抢尽风头，但随着光线的减弱，花朵变得暗淡无光，而叶子却显得青翠欲滴。

我喜欢在黄昏时开始夜间徒步，喜欢一边让我的眼睛与薄暮现象相伴，一边等待行星和恒星出现。如果你热衷于此，你可以将一块木板的两半涂成红色和绿色，然后比较每一面在正午和白日将尽时的亮度。

找不到星辰时你就找到了城镇

如果你在一个漆黑的夜晚进行夜间徒步，但是你发现光污染开始妨碍到你观察某个位置的星星，那么你就找到了一个线索。虽然它经常令人生厌，但实际上，你可以利用光污染对最近的城镇的规模或距离做出有根据的猜测。事实上，如果你有以下的其中一个信息，你就可以用下面的表格算出你不知道的信息。这些数字指的是天空中光的强度比半空中的自然光亮 10% 的情况。

距离	人口
10公里（6英里）	3160
25公里（16英里）	31250
50公里（31英里）	177000
100公里（62英里）	1000000
200公里（124英里）	5660000

例如，如果你发现远处出现了小镇的光亮，你想知道它是否就是你所想的那个小镇，那么你可以做一个简单的验证。如果你知道小镇大约有3万人口，距离这里大约12英里，那么它应该就是你所想的。如果它有1.5万人口，位于19英里之外，那么你看到的一定是另一个城镇或附近的村庄发出的光。这种方法有一个极端的应用，如果你碰巧在沙漠中徒步，并且知道你附近没有任何小城镇，那么你可以使用这种方法。在这种不寻常的情况下，你应该能够从124英里外看到一座非常大的城市的光亮。

光污染的影响不是随着距离线性变化的。当你向光源靠近12英里，即距离从62英里变成50英里时，光污染的影响会翻倍，但当距离从12英里减少到6英里时，影响会增加5倍以上。

上述研究发现的最令人震惊的事情是，在美国很少有地方完全不受各个方向的光污染的影响，而且距离大城市100英里范围内完全不存在这样的地方。从更积极的角度来看，这也意味着，即使多远离城镇几百米，也能让观星条件发生指数级的提升。

行　星

行星带来了一点问题。行星沿着自己的公转轨道围绕太阳运行，因此有自己的行星年，这意味着如果不参考表格，按照地球年以常规方式预测你会在何时何地看到它们几乎是不可能的。

你可以把太阳系看作一个巨大的时钟。太阳处于时钟的中心，每个行星都被固定在自己的指针末端。如果你从钟外、甚至从便于观察太阳的有利位置观察指针的旋转，旋转的过程是相当直观的。很多行星都在绕着太阳转，每个行星的半径和速度都各不相同。我们的问题是，当我们看这些行星时，我们是从其中一根指针的末端看的，而这根指针是在水星、金星之后倒数第三短的指针。这有点像游乐场上的旋转茶杯：你有没有注意到，如果你试图盯着另一个茶杯里的人，盯上几秒钟很容易，然后，你会感觉自己的头仿佛因为视角的急剧变化要被扯下来了？我们感觉不到自己所在的茶杯——地球——的运动，但我们确实能注意到其他行星在呼啸而过，然后速度放缓。这就导致我们不能像利用恒星一样利用行星进行推测，但它们可以成为夜空中一个重要而有趣的特征，因此值得我们去了解。

行星从东方升起，从天空的南部高处划过，然后从西方落下。因此，如果你在地平线附近看到一颗行星，你一定是在看向接近东方或西方的方向。如果它升起，那么它就在东边；如果它下沉，那么就是西边。如果你看到一颗行星在高空中水平移动，那么你一定是在看向南方。

如果你不确定自己看到的是一颗恒星还是一颗行星，那么有五种方法可以解决这个问题，虽然每一种方法都不够完美，但合在一起却很有帮助。

总体而言，行星比恒星更明亮，所以你经常会在黄昏时分恒星出现之前和黎明时分恒星淡出之后看到它们。如果你在黄昏时看到一个明亮的物体，但在相当长的一段时间内看不到任何其他星星，那么你很有可能看到的是一颗行星。

行星比恒星近得多，这意味着它们的光线更稳定。它们不会像恒星那样闪烁。

行星会透露其颜色和亮度方面的线索。金星、木星和水星特别明亮，呈白色，但是火星是橙色的，土星是明显的黄色。如果你在接近黄昏或黎明的时候，在西部或东部的天空中看到某种明亮夺目的白色天体，那可能是金星，它是最有可能因为亮度使人惊讶不已的行星。在某些条件下，它甚至能产生阴影。

行星只会出现在天空中从东到西经过南部高空的带状区域。在北半球地区，如美国和英国，你永远不会在北方天空中很高或南部天空中很低的区域发现行星。

最后一种方法是最可靠的，但需要花些时间。熟悉夜空本身是发现行星的最好方法。一旦你认识了一些星座，你就有可能很快注意到熟悉场景中的明亮的冒牌货。行星在你听说过的星座中移动，所以如果你正在看一个熟悉的黄道星座，比如狮子座，而你注意到一个明亮的物体跟画面格格不入，你应该强烈怀疑这是一颗行星。

在这一章介绍了如何利用恒星帮助我们寻找方向、推算自己所在的纬度、测试我们的视力和夜视能力、找到城镇、推算日期和时间、预测流星和追踪行星，而完成这一切连望远镜都不需要。从黄昏到黎明，徒步时你总会获得实际的乐趣，哪怕只是走几步到后院。

第九章

太 阳

——为什么有些影子是蓝色的？

身兼日历和指南针功能的太阳

在欧洲和美国，一年中的每一天，当太阳在天空中达到最高点时，它都在正南方向，这时正好处于日出和日落时刻的中点。这就是真正意义上的正午，通常是接近正午或我们的手表分别在冬季或夏季时指向一点钟的时刻。

太阳从东边的天空升起，在西边的天空落下，但一年中不同的时间它的具体方向并不相同。想象一下，你连续 365 天每天起床迎接完美的日出，当太阳的圆盘探出地平线一半时，你从窗口拍下照片。如果你把这些照片打印在纸上，然后翻阅它们，你会看到太阳在东边的地平线上上下下移动。接下来你会注意到，它的移动速度变化很大。

在这个范围的两头是 6 月和 12 月的日出。在美国和英国，仲夏时节太阳升起时接近东北方向，仲冬时节接近东南方向。在这些时候，太阳的日出方向每天变化很小。实际上，它在最边缘处似乎完全停止了，这发生在我们称之为夏至和冬至的时候。“至”（solstice）这个字来自拉丁语，意思是“太阳静止”。在 3 月和 9 月，太阳升起的位置迅速从东方掠过，只在春分和秋分这两天从正东方升起。这实际上意味着，在 6 月或 12 月的几个星期内，日出（或日落）的方向不会出现明显的变化，但在 3 月或 9 月会有变化。

如果在一年的时间里，你每天尽职尽责地拍完照片后，在窗台上画一条指向日出的线，并用小字在这个标记旁边写上日期，你很可能会发现日出的方向和日期是同一事物的两面。如果你知道了其中之一，你就能很快推断出另一个。

由于古人知道自己常年生活区域里地平线的每一部分的方向，我们发现他们倾向于使用日出和日落作为日历。有几十个古代遗址，如秘鲁的长基罗天文古建筑群（“十三塔”），都显示出古人在利用黎明与黄昏制定历法方面做了大量工作。

太平洋的航海家们知道他们每年启航的时间，并使用日出和日落方向作为指南针。我们可以选择使用日出或日落来判断日期或方向，但不能仅仅利用这一条信息同时判断出日期和方向。

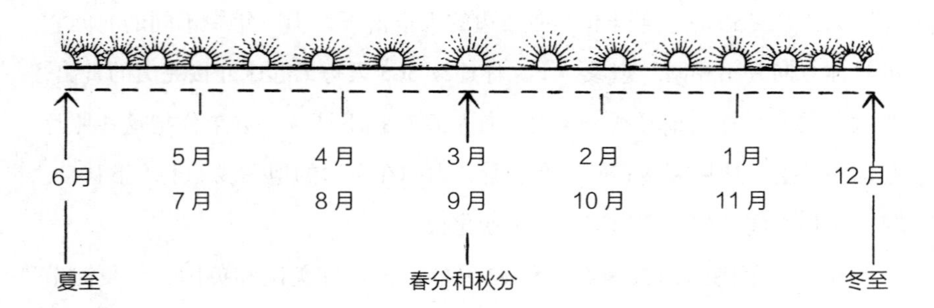

太阳在仲冬时分从东偏南方向升起，在仲夏时分从东偏北方向升起，较正东方的偏离都不小。在美国和英国，这个范围大致是东南到东北。

一天中太阳的高度、这天的日期和你的纬度之间也有固定的关系。如果你知道纬度或日期中的一个信息，你就可以利用正午的太阳来计算出另一个。

6月下旬（夏至）由于太阳正午时在天空中的位置最高,12月下旬（冬至）最低，根据正午太阳或其阴影的高度可以大致做出一个日历。在纽约市，12月时，太阳的最高点将达到地平线以上约两个半拳宽，但在6月，正午太阳的高度最高将接近7拳宽。在3月和9月，太阳最高能升到这两个极值的中间，根据你所处的纬度不同，介于4拳和6拳之间。你越接近赤道（即你的纬度越低），整体来说，太阳在天空中出现的位置就越高，反之亦然。最简单的例子可能是，洛杉矶天空的正午太阳总是比纽约市的高三个指节。

几千年来，航海家的活动一直仰赖于太阳高度和纬度之间的这种简单关系。从有记录以来人类最早的旅行到最近的旅行，它一直为我们指引方向。这也是六分仪最常见用途之一背后的原理。用六分仪测量角度比用手更准确，表格比记忆力更可靠，但除此之外没什么更复杂的了。

你可以在家里试试。用一根棍子或其他能投下清晰影子的东西，每一天最短的影子可以指示出两件事。它是一条正南北方向线，因为太阳在天空中最高的时候是在正南方向，但是影子的长度也可以当作日历。它在冬至时最长，在夏至时最短。3月和9月的影子长度相同，介于夏至和冬至的影子长度之间，3月的时候影子每天都会变短，9月时则会变长。如果你在每个月有太阳的时候，正午时分在影子的末端做上标记，你就做出了另一个太阳历，可以与你窗台上的那个太阳历一起使用。

太阳时钟

日晷比早期的机械钟要准得多，而且直到20世纪20年代一些机构，如火车站，仍然用它来设定时间。利用太阳精确计算出一天的时间是可行的，但这是一门精巧的艺术，有些人为此付出了一生的精力。了解一个大致的时间是很容易的：如果影子越来越短，那就是上午；如果影子越来越长，那就是下午；如果影子已经达到最短，那就是中午了。如果你在同一天里在影子的尖端做了两次标记，那么这两个标记之间的距离就可以衡量时间流逝的多少。利用太阳判断时间能做到多精确，完全取决于我们自己。

我在假期中最喜欢的消遣之一是利用可靠的阳光和悠闲的用餐时间，在地上标记影子。在布列塔尼有一家海滨咖啡馆，我吃饭的时候有个习惯，在午餐开始时在阳伞影子的末端放一个贝壳，在午餐结束时再放一个，餐馆对于我这个习惯已经见怪不怪了。这两个贝壳之间的距离可以反映出一起就餐的人、食物和饮品情况。就在成为父亲之后，我的吃饭时间变得十分紧张，这两个贝壳几乎紧挨在一起。令人高兴的是，现在它们的间隔又开始变大了，也许有一天能赶超我 10 年前的纪录。

由于前面已经解释过的原因，太阳及其产生的影子会在一年中不断变化，因而产生了一道弧线。没有什么能阻止你在一年中标记足够多的影子来给自己制作一个精确的时钟，前提是天气得晴朗。

日落和月落

日落是比日出更受欢迎的观察太阳的时刻：我们在一天结束时比开始时更悠闲。而我们的文化与落日有更强的联系。日暮西垂时的世界令人愉悦，也有一些其他有趣的线索供我们寻找。

其中最受欢迎的是计算出距离太阳真正落山还有多长时间。只要挥动拳头，我们可以回答这个问题。太阳每高出地平线一指节，我们就能多享受一刻钟的阳光。如果你身处美国的最南端，时间会稍微短一点，因为太阳落下的角度，就像星星一样，会随着你的纬度改变。你越往北走，日出和日落的速度越慢，时间越长。在北极，太阳水平地绕着地平线转动，但在热带地区，日落的时间很短，在那里太阳高出地平线四个指节只能让你多晒 40 分钟左右，而不是美国北部的一个小时。

赏日落的人将会注意到此时太阳的大小和形状相关的两个有趣的现象。它经常显得非常大，而且像被压扁了。这两种现象经常同时发生，但它们之间并无关联。同样的现象也会在月亮上出现，下面的解释适用于太阳和月亮。

由于光的折射作用，太阳在日落时分看起来像是上下被压扁了。我们所站的地方和太阳之间的大气层就像一个透镜，会使光线发生弯曲。由于空气的温度，也就是密度，在大气中的每一层都不一样，而且通常随着高度的增加空气会变冷，来自太阳顶部的光和来自底部的光折射后弯曲的方式也不完全相同。

为了将使这种现象解释得更充分，我们需要考虑一些有点奇特的东西。当我们看到日落时，真正的太阳并不在那里。实际情境中，它真实的位置比我们看到的位置要低得多。我们看到的太阳之所以会偏离自己本来的位置，是因为阳光在穿过大气层时会朝我们的方向偏折，所以即便太阳已经落到地平线以下了，我们还是能看到。来自太阳顶部和底部的光线经过的空气层在温度和密度上的差异，意味着顶部的光线比底部更容易被弯曲，从而形成了扁太阳的现象。

这些折射效应也能解释，为什么太阳底部边缘会比顶部看起来更红，以及为什么你经常会看到一条横跨太阳的暗带，即使没有云层遮挡。

如果你能看到清晰的日落，并注意到太阳没有像这样被压扁，那么这就是在大气层中有不寻常的温度层的线索：不寻常的天气即将到来。如果你注意到，太阳远没有被压扁，实际上是被拉伸了，那么这就是一个强有力的线索，即存在逆温层，以及它可能导致的所有有趣现象。如前所述，逆温层会创造理想的条件，在太阳低于地平线的时刻看到“绿闪光”。绿闪光是太阳光在大气层作用下发生弯折产生的另一个结果，只是这次是不同颜色（即不同波长）的光弯折幅度不同的结果。

太阳处于地平线附近时看起来比正常更大，是一种视觉错觉，是人的心理因素，而非外部因素导致的。你得知这一点时可能会感到不可思议。然而，当你下次怀疑太阳或月亮比正常情况下大得多时，你可以做一个简单的实验：伸直你的手臂，用一根手指指向太阳或月亮，看看球体覆盖了你手指的多少面积。伸出的一个指尖大约有一度宽。太阳和月亮都差不多

太阳和月亮的大小错觉。

有半度宽，无论它们在天空中是高还是低。因此，它们会盖住你手指宽度的一半左右（对眼睛来说，用月亮进行实验显然比太阳更容易、更安全，但原理是一样的）。只有当你小心翼翼地试过几次，比较一下太阳和月亮在天空中较高位置和较低位置的测量结果，你才会相信。即使如此，事实有时也敌不过情绪："那个太阳真大！"

如果你想了解这种现象背后的心理机制，那么这里有一个可能的解释。我们看到的天空在我们看来应该是一个半球形，从我们周围的地平线向上延伸，就像一个穹顶。但是我们并没有"看到"一个完美的半球体。我们看到的是一个扁平的天空，我们的大脑认为垂直方向上的事物看起来比水平方向上的事物更近。我们度量物体的方式不同，取决于我们是在看天空还是在看地面，其中一个原因可能是我们在进化中变得更适应水平方向的世界而不是垂直地看待世界。

我们的大脑会条件反射地认为，如果两样东西看起来大小相同，但我们认为其中一个比另一个远得多，那么更远的那个实际上一定大得多。这一点的反面是，如果你的大脑认为某样东西比实际情况要远得多，那么它就会认为这东西一定比实际情况大得多。你可以好好把玩一番这种错觉：下次你看到一个对你来说非常大或非常小的太阳或月亮时，试着向前或向后倾斜，然后把你的头向一边倾斜，看看它们的大小是否会改变。对大多数人来说是有变化的。如果没有变化，试着躺在地上。好好享受吧！

当一束束笔直的辐射状的光从地平线以下射出来时，谁能不为看到曙暮辉而感动？我们看到的这些黄昏光束之间存在缝隙是由远处的云层在天空中投下阴影产生的。反过来说，当天空局部云层密布时，太阳光束从云层缝隙中倾泻下来，也是同样的光学原理。

令人难以置信的是，科学家们花时间研究了我们何时最可能看到这种现象。他们无法预测所需云层的确切形成时间，但他们可以告诉我们，当太阳在地平线以下 3° 到 4° 时，最可能出现曙暮辉，而当太阳到达地平线以下 6° 时，它们几乎肯定会消失。稍微翻译一下就会发现，在太阳落山后 20 分钟，我们最有可能看到这些壮观的太阳光，但它们很少会持续超过一刻钟的时间。

曙暮辉和云隙光是太阳投在远处的两种美丽的影子，但这样的影子还有其他例子。如果你幸运的话，你可以从山顶上看到山的影子。不管山的确切形状如何，光学原理意味着山的影子总是以完美的三角形出现，并延伸到远方。这些影子的顶点总是位于反日点——相对于你站立的地方与太阳对称的那一点。你可以利用这一事实来寻找这些影子，秘诀是在与太阳完全相反的方向寻找影子的顶点。

回到更平常的日落，我们可以利用它们来推断一些宏大而深刻的事实。找一个地平线平坦的地方站好，最好是在海滩上向大海望去，在接近日落时密切关注太阳。在太阳落下之前，躺在沙滩上，面朝太阳，等它落下，然后，在它落下的一瞬间，站起来，重新看一次夕阳最后的余晖。除了一些有趣的表情，这么做的同时我们还发现了什么？我们刚刚证明了世界不是平的。

阳　光

当太阳光照射到我们的大气层时，有些光线会以近似直线的方式继续传播，这就形成了我们看到的太阳圆盘。相当多的光线在大气层中发生了衍射和反射，经过一番漫长跋涉才到达地面，这就形成了我们熟悉和喜爱的蓝天。来自天空的光，而不是直接来自太阳，有时被称为“空气光”。正如我在前一章中提到的，如果没有大气层，那么白天的天空看起来就像夜晚的天空一样，是黑色的，充满了恒星，但是确实有一颗非常明亮的恒星：我们的太阳。

由于地球上存在两个光源，即直射的阳光和空气光，导致了一些有趣的结果。其中最重要的与阴影有关。白天的阴影永远不会是完全黑暗的，因为即使太阳光不能到达那片地面，来自天空其他地方的光也可以。不过，空气光不是白光，所以阴影实际上会带有一点天空的颜色。这是一个不易察觉的现象，但在晴朗的日子里，在白色的雪地表面最容易发现它。如果你在这种条件下观察阴影，你有时会发现它们不是黑色的，而是蓝色的，因为它们被天空的蓝光照亮。通过练习，你甚至会开始在其他不是纯白色的表面上发现这种现象，比如人行道上。

这里有一个值得一试的简单实验：找一个晴朗的日子，背对着太阳，将你的手低垂在身体两侧，张开手指。注意你的手影边缘此时十分清晰。现在把你的手举过头顶，再看一下。同样的手，同样的太阳，但阴影非常不同。为什么影子不再清晰了？

太阳不是一个针尖，它是一个圆盘，像这样的圆盘光源投下的阴影越远，圆盘的一侧就越有可能照亮阴影的某些部分。其结果就是所谓的“半影”，或“半明半暗的影子”，即太阳的一边而不是全部可以照到地面上的某个地方。你可以在室内用手电筒达到同样的效果。阴影离投射的物体越远，它就越模糊。如果你决定用影子来判断方向或时间，这一点就变得很有用。你需要找那种足够长的影子，以便影子在一天时间中有大量伸缩空间，但又不能太长，以至于它变得太模糊而没有用。

太阳光还会产生一些别的有趣的现象，我们可以利用这些现象来解读我们周围的景观。太阳的角度及其光线在介质表面发生反射的角度导致了一系列的明暗对比，其中大部分我们已经相当习惯了，以至于我们会忽视其中的线索。

我们都非常熟悉新修剪的草坪上的优雅条纹，以至于我们的大脑不再发现任何值得分析的东西。如果我们花点时间，我们可能会意识到，较浅的条纹是割草机向远离我们的方向行进产生的，而较深的条纹是割草机向靠近我们的方向行进产生的。掉转方向，你会看到条纹的明暗反过来了——因为原来向你移动的割草机现在正在远离你。

通过用手在毛毡等织物上划动你可以创造出同样的效果。在这种情况下，它被称为布的“绒毛”，在光线充足的表面上，如斯诺克桌，它是非常引人注目的。通过注意到这些近在咫尺的现象，我们可以开始体会到乡村充满了这类线索。我们可以分辨出早已离开的联合收割机所走的路线，或者利用同样的现象来寻找丢失的球、狗或同行的伙伴。

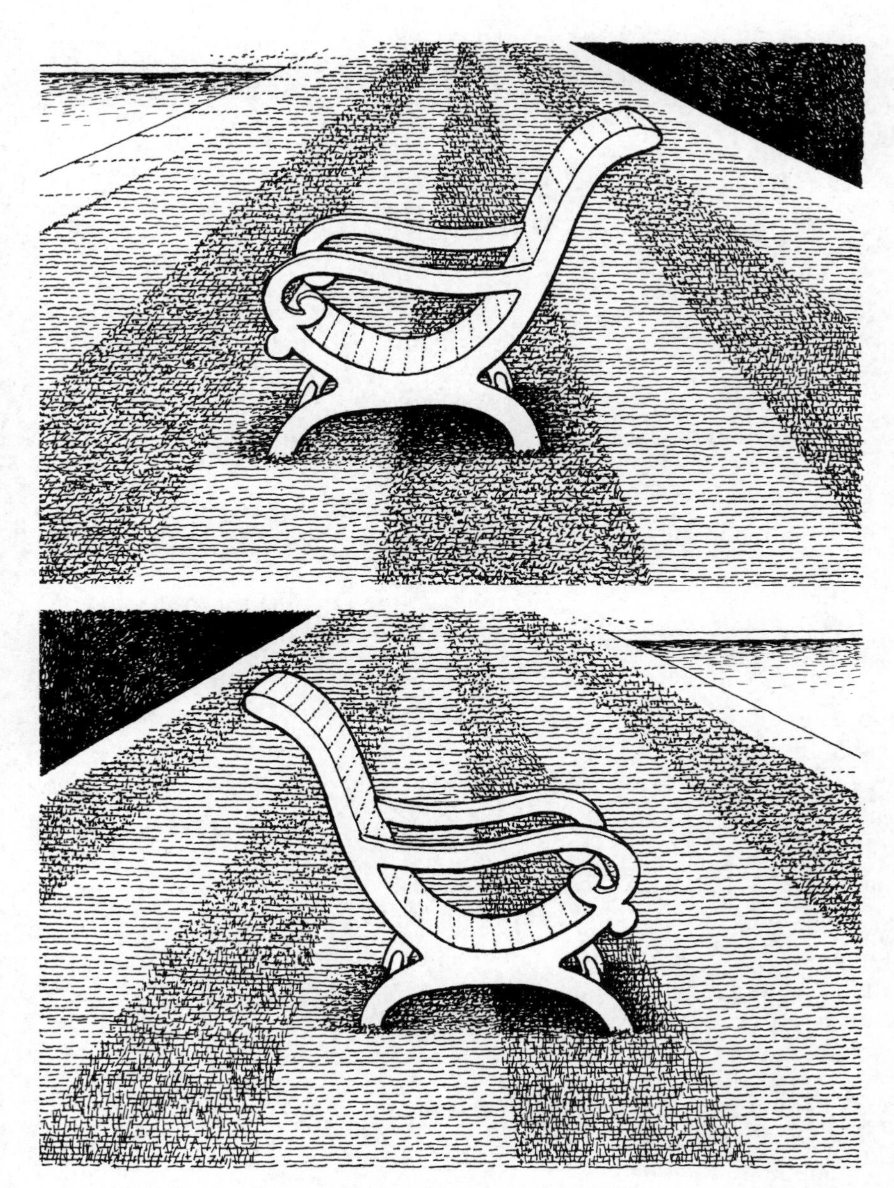

草坪上的条纹揭示了割草机行驶的方向。掉转方向，那么明暗会对调，因为原来向你驶来的割草机现在正离你远去。

第十章

月 亮

——我如何判断月光是否能为夜间徒步带来便利?

1900 年，一位名叫卡米耶·弗拉马里翁的法国天文学家进行了一项有趣的测试。弗拉马里翁要求某本天文学杂志的读者仅凭肉眼观察把满月时月球表面的地图画出来。有 49 人接受了这一挑战，并寄来了他们手绘的月球表面的地图。月球上没有任何一处特征同时出现在这 49 张地图上。我们都看到了我们自己的月亮。

幸好，虽然一千个人眼中有一千个月亮，但我们也可以利用月亮推测出许多可信的事情。为了做到这一点，我们必须首先了解它最重要的周期。

不过在开始之前，我想提供一个建议。如果你对本章中的观点感到陌生，并发现其中一些观点一开始有点混乱，不要担心。适应月球行为方式的最好方法是阅读一点，然后观察一下，再思考一会儿，然后稍等片刻再重复这个过程。虽然刚开始学习观测月亮很难，但它是那种你可以永远能学到有趣的新事物的主题之一。

每隔二十九天半，月亮就会经历一个完整固定的周期，以新月（朔，也叫蛾眉月）开始并以新月结束。此时，我们看不到月亮，因为它基本上位于地球与太阳的连线上，隐藏在太阳的强光中。随着日夜交替，月亮会从一小弯月牙变成明亮的上弦月、非常明亮的满月，然后圆盘变小或出现月亏，直到最后它又看不见了。月亮之所以会不停地这样变化，是因为太阳和月亮都在我们的天空中从东向西移动，但月亮的移动速度比太阳慢一点点。每一天，月亮的位置都会相对于太阳减少或“往回退”12°。蛾眉月总是距离太阳最近的那一面亮。

你可以通过观察月亮来大致判断它的“年龄”，但想要一看到月亮就能本能地完成判断，需要一点练习。如果你是第一次尝试，不妨按照以下方法一步步来。

如果你能看到一个完整的圆月，那么月亮就接近15天大，接近满月。如果你看到的不是一个完整的月亮，那么就看一下圆圈的哪条边是“缺失”的或黑的。如果是左边的部分不见了，那么月亮就不到15天，你能看到的月亮部分越多，它就越老。如果右半边不见了，那么月亮就超过了15天，你能看到的越多，它就越年轻。

例如，如果月亮几乎是完整的，但右半边的边缘没了，那么它一定比15天大，但不会大得多，可能是18天的月亮。如果它缺少了左半边，而且你只能看到月亮右边的一弯细细的月牙，那么它一定非常年轻，也许是3天大的。对照下面的图片试一试，你就明白这个方法如何使用了。

判断月亮年龄的另一个强有力的线索是它落后于太阳的程度，因为这两个天体在天上的运动轨迹都是从东到西。

每一天，月亮相对于太阳向东移动12°，也就是一拳加一指节宽。如果你对月球的这种行为很陌生，那么很值得花时间观察一下某天晚上月亮相对于恒星的位置，并画出速写图。然后在第二天晚上做同样的事情。如果你比较一下这两张图，你就会发现，第二天月亮“跳”到了相对于恒星和太阳的东面的一拳多宽的位置，这样你就会更加熟悉月亮这一习性了。

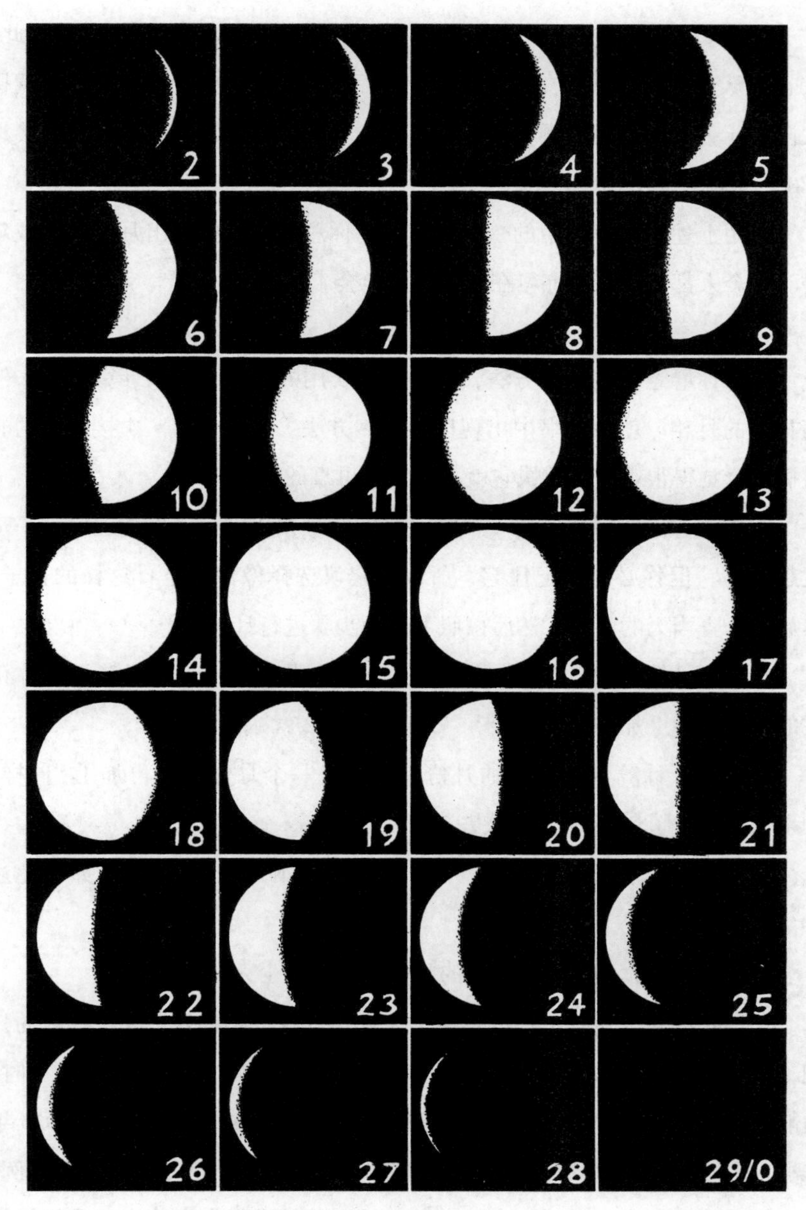

月相。每一天月亮的形状和它反射的光量都在变化。

7 天大的月亮在这 7 天里每天都在太阳后面（向东）落下 12°。因此，在它们从东到西的共同旅程中，它将落后太阳近 90°。这意味着，当黄昏太阳位于西方的时候，月亮则位于南方。（太阳接近 270°，因此月亮接近 180°，也就是 270 减 90。）

使用上述两种方法中的一种或两种，你总是可以推测出月亮的大致年龄。每个人都可以通过练习在一两天内学会。

如果你愿意记住一种方法，还有一种实用的方法，可以计算出未来任何日期的月相。就像本书中出现过的许多方法一样，你第一次接触它的时候可能会觉得很难，但很快它就会成为你可靠的朋友。

首先，你需要记住任何一个特定日期的月相。这个日期越近，下一步就越容易，但你必须得记住它，所以我建议选择像你的生日这样的日子，然后查一查当天的月相。然后按照下面的步骤进行计算。

用你要计算月相日期的年份减去你记住日期的年份，每一年要给你记住的月相年龄上加 11。如果结果大于 30，那么就减去 30。

接下来，计算两个日期的月份差，每晚一个月你需要再加 1。同样，如果数字超过了 30，那么就减去 30。

现在加上目标日期的日数（例如，6 代表本月的第 6 天），如果超过 30，则减去 30。

这样你就能大致知道那一天的月亮大概是多少天的了。

每年我都会改变我记忆的日期，这意味着我每年都要记住一个新的日期，但这又意味着我可以跳过第一步。当你需要经常进行这样的计算时，这能帮你节省一点时间。对于我写这篇文章的这一年，我使用的是 2014 年 3 月 1 日，这一天月亮是新月（也就是零天的月亮）。下面是一个计算实例：

如果我计划在 2014 年 5 月 31 日（星期六）进行夜间徒步，我如何判断月亮能不能给我提供便利呢？

这一天比 3 月晚了 2 个月，所以我要加上 2。这一天是 31 号，所以我加上 31，结果就是 33，所以得减去 30，得到的答案是：那个星期六月亮大概是 3 天大。月龄为 3 天的月亮滞后于太阳大约 3 乘 12°，等于 36° 或十分之一个圆。这意味着黄昏时分月亮就在太阳后面（东边）不远处，可以看到一弯细细的蛾眉月。如果随后你要进行观星活动的话，这个月亮很合适，因为它将在太阳之后不久落下，但对长途夜间徒步没有什么帮助。下一个星期六会好得多。

接下来，为了好玩，我们再来推算一下，2017 年的圣诞节月亮会是什么样？

这比我记住的日期晚了 3 年，所以要给月龄加 3 乘 11，得出 33。这已经超过 30 了，所以我减去 30，剩下 3。

这是我记住的日期之后的 9 个月，所以我加上 9，结果等于 12。

这一天是那个月的 25 号，所以我加上 25，得出 37。再减去 30，结果是 7。

2017 年圣诞节，月亮的月龄是 7 天，是上弦月，在接近中午的时候升起，日落时会高挂在南天上。

一旦我们掌握了月相和预测月相的方法，就可以看看这对我们的徒步之旅可能产生的影响。太阳照亮的月面越多，它反射的光线就越多，在夜间不借助手电筒就越容易看清楚。也就是说，如果夜间徒步的全部目的在于欣赏星空，那么在满月时进行就不合适，因为满月的月光会遮住很多恒星的光。

在选择合适的夜间徒步日期时，对徒步的目的稍加考虑会大有裨益。如果你打算走一段相当长的距离，那么明亮的月光可以明显提高你的步速，月光的照明效果会比手电筒更令人满意。不过，这其中也有一些微妙之处。

满月会在接近日落的时候升起，因为这时它的位置刚好与太阳相对。如果月亮比较年轻，那么它的升起时间就会早于日落时间；如果它比满月还老，那么它的升起时间就会晚于日落时间，因为它每天落后于太阳更多。所以，12 天的月亮和 18 天的月亮之间有天壤之别。虽然它们距离满月都只有 3 天，而且会发出类似的光亮——当然对徒步来说足够亮了——但 12 天的月亮通常会在太阳落山前升起，这意味着在晚上徒步时不会出现彻底的黑暗（黑暗会到来，但出现在黎明前的凌晨）。18 天的月亮通常会在地平线以下徘徊到日落之后，这意味着如果在黄昏前后开始徒步，一定会经历一段非常黑暗的时间。然而，对于任何需要在黎明前开始的徒步旅行，例如爬山，选择月龄比较大的时间会更为理想。

为了更快地做出判断，我们只需要记住，新月会和太阳同时升起，并且看不见月亮，但是对于此后的每一天，月亮会比太阳平均晚升起 50 分钟。到了满月的时候，月亮差不多就会在日落前升起。

关于月相和它反射到地球的光线强度，有一个非常有趣的现象。随着月球明亮部分的增长，地球接收到的光也会增加，正如我们所期望的那样。然而，它并不是有规律地增长，而是以指数形式增长。一个满月照到地球的光线不是弦月时的两倍，而是 10 倍。造成这种情况是因为一种叫作“冲日效应”（opposition effect）的现象。

月球表面被太阳照亮的面积大小是由我们看到的月球相对于太阳的位置决定的。月亮越接近地球与太阳的连接线，我们看到的月亮就越少，而当它刚好处于这条直线上的时候，我们根本看不到月亮，我们称之为新月。从地球上看，月球越接近这条直线的延长线，我们看到的月球表面被照亮的部分就越多，但也有更多的阳光从月球表面反射到我们身上。在除满月以外的所有相位，由于月球上存在山脉和山谷，所以它总有一些表面区域有暗影，如果你在接近弦月的任何时候仔细观察，你往往能看到它们。

在满月时，我们看不到这些阴影，相反，整个月球表面都在反射太阳光。你可以在家里把灯关上，用一个橙子、一个明亮的手电筒演示这种现象。如果你把橙子摆在你视线的正前方，并把手电筒的光直接照在橙子上，你会发现水果会呈现出统一的亮橙色，没有黑点。现在，让手电筒的光从与你视线垂直的角度照橙子的一侧，你会发现橙子的表面现在是由明亮和黑暗的斑点混合而成的。橙子表面的清晰度明显提升了，因为你可以看到阴影，但也正是因为这些小片的暗影，橙子的表面对我们来说不那么明亮了。你也可以用柠檬、椴树果实、核桃甚至皱巴巴的纸团来做这个实验。

如果光照强度很关键，那么一天的差别也很重要。仅仅通过观察月亮的形状来判断满月的确切日期出人意料地困难。这是因为月亮的形状在接近满月时变化最小。前一天和后一天看起来与满月非常相似，但亮度会明显降低。因此，在满月前后亮度的这种巨大变化是一个很好的线索，能让你判断出你看到的是真正的满月，还是只是接近满月。如上所述，月出的时间是另一个非常有用的线索。

自然导航

如果你看到一弯蛾眉月挂在天空中相当高的位置，把月亮两头的尖角连成一条直线，然后向下延伸到地平线处。你就能大致找到南方了。月牙越高，这种方法就越可靠。当月牙较低，接近地平线时，这种方法的偏差就有点大了。

无论月相如何，当月亮抵达它在天空中运行轨迹的最高点，你能肉眼看到的移动只是左右方向，而不是上下方向，它就位于正南方。在实践中，唯一能准确判断方向的方法是标记月光产生的影子。和太阳一样，无论处于哪一种月相，月亮下某个物体影子最短的时候，这个影子就是不偏不倚的南北走向。

在月出或月落时利用月亮准确地判断方向更具挑战性。月亮会从东边的地平线上升起，在西边的地平线下落下，但其精确方向的预测很复杂，需要依赖一个持续近 19 年的周期。

最简单的近似规律如下。你的纬度越高，你看到的月亮升起和落下的方位的变化就越大。一般来说，月亮会在离太阳 6 个月前升起的位置不远处升起。

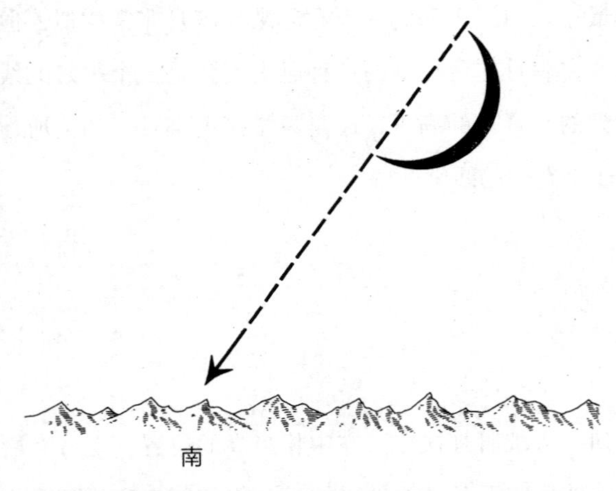

从北半球看，在高悬于空中的蛾眉月两角之间画一条线，并延伸到地平线，这条直线可以粗略地指示出南方。

满月的升起方向与当天的日落方向大致相反。因此，满月在仲夏时节会在东边以南升起，而在仲冬时节则在东边以北升起。

月　光

在关于太阳的章节中，我们发现在白天看到全黑的阴影极为罕见，因为来自天空的光——空气光——多多少少能够将阳光不能直接抵达的地方照亮一些。然而，月亮的亮度不足以照亮天空本身，我们在晚上几乎没有空气光。会有少量来自恒星的光，但完全不能与白天的天空相提并论。

这意味着任何没有受到月光直射的区域都将处于阴影之下，而月光下的阴影是纯黑色的。如果某样东西在月光直射下，你的眼睛通常能够捕捉到物体形状的大量细节，不过看到的颜色非常少。然而，在阴影中，你几乎什么都看不到。在夜间行走在平缓的山丘上时，这可能会带来巨大的差异。

面向月亮的山坡不会比白天难走多少，但背向月亮的山坡则完全是另一码事，行走起来要棘手很多。如果你对此早有了解，你可以安排向西的徒步路线，这样月亮就会跟着你走过山顶，像灯笼一样为你照亮脚下的路。

月亮与人的眼睛

就像恒星一样，我们可以用月亮来测试自己的远距离视力。美国天文学家 W. H. 皮克林设计的一个测试也可以让我们更好地了解月球的某些特征。这很值得一试，因为你第一次尝试的时候，感觉有点像在另一个世界探险。

皮克林先生列出了月球的 12 个特征地点（如右图），按照用肉眼看到它们的难度来排序。第 1 个很容易，任何视力或矫正视力正常的人都应该能看到。第 12 个不可能用肉眼看到，所以第 11 个是可以达到的最高目标。为了更容易看到月球的这些特征，你最好是在黎明或黄昏的时候进行尝试。白天的天空太亮，夜晚的天空太暗，对比度和观察条件都不理想。

说到竭尽视力之所能去追求新发现，有一个现象非常值得注意观察，在新月之后不久，月龄不大的月亮会“将老月拥入怀中”。这是指当我们看到年轻月亮的白色明亮月牙时，同时也能看到月亮的黑暗部分的暗淡的特征。如果你的确能看到，那么这就是能见度好的标志。月亮本身不发出任何光，太阳的光只能照射到我们看到的明亮部分。这种更微弱的光只能来自一个地方——地球。“地照”指的是从地球上反射出来的光（地球的反射能力比月球更好），这种地照照在月球的黑暗部分，使其亮度足以让我们能够看见。太阳的光从地球反射到月球，再从月球反射回我们的眼睛里，简直就像阳光乒乓球，真够有意思的。

蓝　月

在英文中，有“once in a blue moon”这样的表达，直译过来就是“发生一次蓝月才可能遇到”，用来表示某个事件罕见或不可能发生，但其基本意义许多人都已经想不起来了。

实际上，“蓝月”有两个常见的含义。第一个是当同一个日历月里出现两次满月时，第二次满月被称为“蓝月”。这种情况很罕见，大约每三年发生一次，因此用在上面那个表达中再恰当不过。第二种情况在户外线索方面稍微有趣一些。

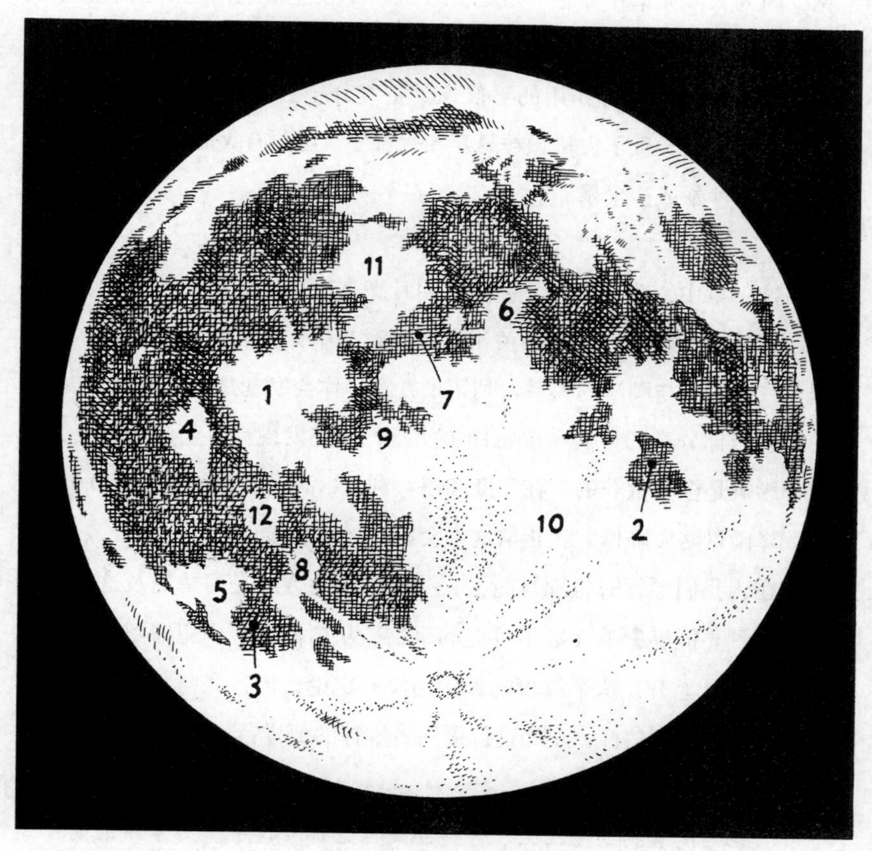

1. 明亮的哥白尼环形山
2. 酒海
3. 湿海
4. 明亮的开普勒环形山
5. 伽桑狄环形山
6. 普利纽斯溪
7. 汽海
8. 卢宾聂基陨石坑
9. 中央湾
10. 萨克罗博斯科环形山附近的微弱阴影
11. 亚平宁山脉脚下的黑点
12. 里菲山脉

当太阳或月亮出现在低空时，看到它呈现出明显的橙色甚至红色并不罕见，因为太阳光谱中蓝色一端的光在大气中发生散射产生的正常现象就是这样。如果我们确实能看到明显偏蓝色的月亮，那么这就是一个线索，说明在光线散射中发挥作用的不仅仅是空气分子。这种蓝月是一个线索，说明有什么东西导致了大量颗粒悬浮在大气中。可能有大规模的森林火灾、火山喷发、沙暴或沙尘暴。

在这一章中，我们研究了一些利用月亮来改善我们徒步条件的实用方法，以及一些有趣的方法。在关于海岸的章节中，我们将再回到月亮这个话题，并介绍它与潮汐的关系。到第十九章，你会发现月亮又一次出现了。

我想与你分享的最后一个奇怪事实是，研究发现满月会影响天气，尽管这种影响是极其微弱的。在印度和澳大利亚，满月会使气温提高 0.02℃，并导致降雨量略微降低。我相信这不会影响你的徒步计划。

现在，我们要暂时告别月亮了，我们告别的方式是简单提及这样一个概念，即月亮能够影响无数不可能的事情，从树液上升到犯罪习惯。满月的时候树液会上升，这个故事的真伪还没有定论，但月亮与犯罪行为存在关联可能有一些可信性，正如这位偷猎者解释的那样：

> 在只能看到天上的云、月光不足以让你看清手上的掌纹的夜晚，人们会使用防盗网……选择光线充足的夜晚，因为如果你被发现了，在月光下你逃跑时不至于摔倒。
>
> 伊恩・尼亚尔《偷猎者手册》

第十一章

夜间徒步

~

太阳已经从1月的天空中落下，在西南方向留下了耀眼的橙色光芒。木星是第一个出现的，接着是明亮的红星毕宿五，金牛座的牛眼。在远处，我可以听到灰林鸮（*Strix aluco*）的叫声，预示着将会出现好天气。星星和猫头鹰的登场告诉我：夜间徒步已经开始了。

脚下烂泥的扑哧声变成了石块的尖厉的摩擦声，然后是踩在一片雪地上轻柔的吱吱声。往下看，我可以看到黑漆漆的道路上有一些浅浅的痕迹，融化的雪形成了小溪水，把白垩质的土地冲得光秃秃的。这些像发辫一样的水流从我脚下蜿蜒穿行，直到消失在幽深漆黑的泥海中。在西南方，蛾眉月的两个尖角的连线一直延伸到南方。在苏塞克斯的这片树林中，月亮与光秃秃的水青冈争夺着空间，随着我不断前行，树木试图从小路两边挤过来，我头顶上露出来的那一条蓝色天空变得越来越暗、越来越窄。在猫头鹰的叫声之间，我可以听出一条路存在的声音。

由于被剥夺了视觉，我们在晚上更注意听觉，但我们也经常能听到更远的声音，因为声音在靠近地面的冷空气中传播得很好。我在家附近的英格兰南部的伊尔瑟姆森林散步，我能听到的路不是通常的路。通常情况下，当我获得一点高度时，A27公路的持续隆隆声就会越过农田，进入树林，在任何来自南方的风中有效地传播。但今晚的路声并不恒定，也不单调，它们来得很突然。显然，这是一条不同的路，是不那么繁忙的 A285。这提醒我去检查微风，我发现它来自一个不太常见的地方——西北部，这让我很放心。风景随着光照度和质量的变化而变化，声景随着风向和强度的变化而变化。两者都随着温度的变化而有所变化。

我沿着小路转到西北方向，然后在低空中明亮的织女星的指引下穿过树林，感受到微风拂面。它是那片天空中唯一一颗明亮到足以与黄昏的天空和树枝相媲美的恒星。当我向前走的时候，这颗恒星显然也会跟着我一起前行，在树枝的后面越来越低，然后又自信地出现。小路转向东北方向，露出了南边仍未融化的长条形积雪，由于小路的那一边有遮挡物，所以它白天没有融化。雪顽强地留在小路的南边，如果那里有水坑，也能保留较长时间。

我在一片不大的空地上停下了脚步，趁机更仔细地打量着天空。北河二和北河三代表双子座中双生子紧靠在一起的头，我东边漆黑的树冠像一张床，双胞胎的身体就倚靠在上面。它们很快就得起床了，这个时节它们要开始上夜班了，但每晚都会提前 4 分钟上班，到夏末它们就可以在太阳出来之前上床睡觉了。

在这对双胞胎的上方，在非常明亮的黄色五车二的帮助下，很容易找到环状的星座，即御夫座。我用这两种方法在天空中找到了代表整个北方夜空的最稳固的锚——北极星。现在我已经完全确定了我的方位，是时候更认真地判断风向了。它正好来自西北方，在接下来的几个小时里，我一直密切关注着它。白天的天气变化可能带来许多不便，但在 1 月的晚上，对天气变化敏感是值得的。

一棵红豆杉又粗又黑，有几秒钟的时间里我完全看不到恒星。这促使我试着找出哪些树能在每年的这个时候遮住天空。落叶树都很难做到，除非它们得到了常春藤的慷慨帮助。当树木上的次生植物常春藤长得更加茂密时，它们就会遮挡住大片夜空。在一棵高大的梣树的南侧，这种次生植物明显更加丰满，它指向天空中被月光照得较为明亮的部分。

我注意到高空中一架飞机的绿色和红色灯光。它没有留下任何尾迹云。空气干燥又干净，很快就会有变化。灰林鸮仍在有规律地叫着，似乎是在证实这一准确的预测。然后我第一次瞥见了头顶上的仙后座，这是北方天空的另一个有力证明。最缥缈的低积云在这些恒星面前飘过，但它无法遮挡它们。这些薄而淡的低积云只透露出低层大气中有一点点水分的信号。在这样的低温下，不需要太多的水分就能形成一朵淡淡的云。在炎热的夏季，即使是这样一朵淡淡的云也意味着空气中的水分多很多。

七姐妹星团或昴星团出现了，她们的美丽让我的视线离开地面一秒钟之久，而我并不是第一次这样了。我的左脚踩进了一个深水坑里。我把目光投向小路，光照的亮度让我吓了一跳。我所走的那条宽阔的路在我眼前消失了。往前看去，身前大约 50 米范围内的道路清晰，然后就看不见了。我向远处望去，发现小路在更远的地方又出现了。我可以看到我脚下的地面和更远处的小路，但这条小路的中间部分从视线中消失了。仿佛我正在走向一个黑暗的峡谷。我感到一种轻微的不安，但随即回头看了看，发现了背后的元凶。我对着月亮笑了笑，这是它众多把戏中的一个：我向东北方向行进，月亮在我背后。我前面的路是下坡，没有月光能从这个下坡的坡度反射到我的眼睛里，但再往前走，也许 200 米左右，笔直的小路又开始上坡了，形成了一个良好的反射面。在我身后微弱的月光下，这条小路消失又出现是合理的，我又继续往前走，不用担心会掉进峡谷里。

每一个声音都变得更有分量。我的靴子划开雪地踩到下面的燧石上，听起来就像一把铲子被愤怒地打进碎石中。穿过一片茂密的林地，猫头鹰的叫声没有改变，但它们在我的脑海中却变成了更糟糕的东西。一根树枝在我左边折断了，我停了下来。深深的黑暗让我们的听觉变得更有优势，让我们对意外的声音有一种焦虑感，像咖啡喝多了一样。但只需稍加练习，就能将恐惧转化为精细的敏感度，而正是这种觉察水平有助于发现。我听到几团雪从树上落下，意识到气温已经超过了冰点，这是几天以来第一次出现这种情况。

小路开始上坡，我第一次注意到月光下我自己的影子领着我上山。我停了下来，向前看了看，然后又回头看了看。背对着月亮往前看，我可以看到一些树木、小路和一些雪块，但是非常不清晰——它们的边缘融合在一起，如果我再向前看 20 米以上，所有的细节都消失了。转过身来面对着月亮，就好像有人把对比度调得很高一样。这条路不仅清晰，而且我还能看清单块石头的形状，以及远在 100 米之外的积雪的明晰的边缘。

这条路把我带到了更高的地方，离开了树林最密集的地方。树木的减少使我能够清楚地看到猎户座和它东边的腰带。我花了一秒钟时间来享受寻找参宿三的乐趣，参宿三是腰带上最亮的恒星，也是在正东方向升起、在西边落下的那颗。然后我沿着猎户座的剑面向南方前进，凉爽的微风吹在我的左脸上，证实了风仍然是来自西北方向。

现在，西南天空中又出现了几朵更厚实的积云，它们与月亮联手，用明亮的边缘和白光一起把那片天空遮住了。很快，天空变得更加繁忙。一架高空飞机闪着灯穿过金牛座的犄角，就像英国的大多数飞机一样，沿着西北—东南方向的轨迹飞行。

远处传来直升机叶片转动的声音，随意得有些奇怪。直升机出现在针叶林场的黑点上空，在地平线上停留了一分钟，然后用简单的灯光表达自己的意图。当它从我身边飞走时，一个白色的频闪灯明亮地闪烁着，然后当它从右向左飞时，出现了一个单独的红色右舷灯。它转过身来，露出了它的绿色右舷灯，并在我面前从左到右移动。然后我看到了红色和绿色，知道它的声音很快就会充满整个山头，因为它径直向我飞来。在它靠近的过程中，发动机和叶片的音调升高，然后随着它的远离而渐渐下降。

随着我爬得越来越高，我喜欢看南边的山丘慢慢落下去，露出英格兰南岸城市的橙色灯火。我望着大海，寻找船只的灯光，但在沿海城市的灯光中，我无法发现任何船只的灯光。在另一个方向，构成北斗七星锅柄的三颗星在树上变得清晰可见。当晚的第一颗流星从北斗七星和双子星之间穿过，或者说是我注意到的第一颗流星，大多数时候这不是同一回事。

飞机和直升机的声音早已过去，我能够听到附近动物的微弱声音。邻近田地里羊群的脚步声将我的目光吸引到被月光照亮的白色皮毛前的几张黑脸上。

我月光下的影子比我更有力气，我看着它走在我前面，然后跑着跳到一扇铝门上。我没有一直跟着它，而是选择坐在栅栏和大门旁。我啃着燕麦棒，用北斗七星和北极星来判断时间，用南方的星星来确认日期。夜空中的星座就像大多数朋友一样，你在见过它们之后才能认识它们，但你至少要和它们在一起待上一段时间才会了解它们。我向东望去，将参宿三、一根插在地上的棍子和一根栅栏杆的顶端连成一线，向东看了看，又用同样的方法观察了西边织女星的位置。在我吃完点心的时候，参宿三已经爬到了栅栏杆上面，而织女星则沉到了下面。好用的时钟才不需要上发条呢。

现在小路把我引向南方，我的腿和皮肤都感到自己在下坡。夜晚先上坡再下坡会让人感觉很冷，几层衣服脱了又穿，因为出汗后紧跟着一种冰冷的感觉。我喜欢避开长时间连续下坡的夜间徒步，很快地势就变平了，小路穿过了一个农场。周围的动物也都知道我在那里，即便四下光线微弱，但我不禁要问，农夫是否意识到一个陌生人在不可能出现的时间里经过他的土地。最重要的线索是牧羊犬的叫声，但我可能永远不知道这个农夫是否能区分出自己的狗在夜间的不同叫声。

下一片树林是落叶树和针叶树的大杂烩。在进入树林时，我努力用鼻子闻，试图分辨出气味的不同。从空旷的牧场到农田的变化太容易分辨了，但林地的变化是一项更微妙的嗅觉测试。在夏天这比较容易，但在冬天，这个时候寒冷的空气已经把大多数气味锁在了原地。要闻到气味非常困难，我从水坑中看到了木星的倒影，强势的视觉闯进了我的大脑，在此之前我可能只闻到了一缕非常微弱的红豆杉的味道。闻不到气味也可能是反映了高压天气系统的存在，它抑制了气味的扩散。

走了几个小时后，我的夜视能力有所提高，不仅能看清树木在月光下的影子，还能看清单独树枝的影子。一群低矮的年轻水青冈在我前面的路上投下阴影，就像一个拦畜沟栅，我踩着栅栏自娱自乐，小心翼翼地避免从栏栅之间掉下去。我向西南方转身，朝向低沉的月亮，我可以数出前面的小路上有1000块石头。但很快，石头路就变成了泥巴路，然后小路就融化成了一片黑暗的泥沼泽。当同一个地方出现大量水和车辆的时候，往往会在小路上形成这些泥沼。经验告诉我，大多数徒步者不会回头，而是会找一条路线绕过这个问题。果然，我找到了“香蕉”，我喜欢把徒步者绕过这种小型泥潭的短弯路叫作“香蕉”。在白天这些“香蕉”很容易发现，也值得提前预测，然后留到晚上去发现。

天空中出现了一个缺口，我想进行一次简单的数星星测试。在北斗七星锅柄的中心确实有两颗星。更好的是，金牛座的恒星比我经常看到的要多得多，而且没有什么闪烁。这是好兆头：稳定的天气将保持。

一阵雷鸣般的蹄声和一声孤独的鹿叫声欢迎我回到林地。震动从我的脚下传来。在这段路程中，我的出现不太可能让任何动物感到意外：风吹在我的背上。然后是寂静和沉默，我和鹿在倾听对方的声音。当鹿更平静地离开时，树枝的断裂声不断。树林中的黑暗再一次让我对声音的警觉提高了。我注意到，我在石头上行走比在草地上行走更踏实。我想，这也许是因为石头发出了清脆的敲击声，有助于提升我的脚感，同时也能通过回声反映出障碍物的存在。很奇怪，我现在回到了一条我熟悉的道路上，却又害怕被绊倒。夜间徒步是把熟悉的地方变成陌生之地的绝佳方式，月光的每一次转变都会让完全黑暗的区域重新排列，从而产生全新的地形。

夜间徒步即将结束，我看着自己呼出的气在月光下渐渐离我远去。我看着一棵我自以为很熟悉的树，但它看起来与我记忆中的样子完全不同。过了一会儿，我的眼睛才找到指向南方的水平的树枝。我可能再也不会以完全相同的方式看到它了。下一次，光线的强度和角度会有所不同，景观中的一切也都会有所不同。

第十二章

动 物

——哪些蝴蝶能告诉我距离酒馆还有多远?

19世纪60年代，当天文学家弗拉马里翁乘坐他的热气球在法国乡村上空飞行时，他发现即使是在最黑的夜晚，自己也能感觉到他脚下土地的特性。

> 有青蛙就代表地面上是泥炭地和泥沼；狗表明地面上是村庄；鸦雀无声则表明，我们正在经过山丘或森林深处。

在几千英尺以下，动物们正在为热气球上的天文学家绘制地图。当我们站在地面上、我们的各种感官的功能得到充分发挥时，这种制图方式的丰富性无可限量。在这一章中，我们将研究每个徒步者在每次徒步时都能找到和解释的线索，也有一些将在未来几年内对我们构成挑战的线索。

让我们从离家近的地方开始。当我们发现猫弓起背部时，从它弓背的方式很容易看出，它发现了某种啮齿动物。它可以长时间地坐在或站在它最喜欢的树桩上，姿势很放松。然后，它的背部突然拱成一条曲线，10分钟后，我们就会在厨房里发现一个血淋淋的礼物。对于曾经养过宠物的人来说，这一切都不会让人感到惊讶，但许多人觉得出乎意料的是，在从没有和我们一起生活过的动物身上也能很容易地发现这种语言。

很少有事情能瞒过动物，所以我们很值得花时间去了解它们眼中的世界。这是一个比我们看到的更详细的世界，最简单的实验就能证明动物的警惕性有多高。如果你撕下一小块过期面包的一角，把它放在一个空旷的地方，然后退到远处观察，不久就会有昆虫或鸟类等动物来一探究竟。同样的一块面包，可能在人类注意到它之前它就发霉、分解并回归自然了。从能在数百英尺的高空发现小鼩鼱抽搐的鹰，到一朵云遮住太阳就会停止飞行的艾诺红眼蝶（*Erebia aethiops*），动物们对我们周围环境中几乎每一个微小的变化都很敏感。当它们发现任何特别有趣的事情时，它们会彼此告知。因此，如果我们能学会如何偷听这种谈话，能逃得过我们眼睛的东西就会少得多，我们就有办法发现许多比过期面包更迷人的东西。

“看那只鸽子那么大！”我低声对我儿子说，并透过我们前门的玻璃指着草坪上一只肥硕的灰色动物。

“我要去把它抓住。”他大声说道，并开始伸手去拧门把手。鸽子没有什么大的危险。门把手一转，门才开了一英寸，鸽子就飞走了，而我儿子连门都没迈出去。

一小时后，我们望着草坪上的另一只鸽子，这次我儿子咧开嘴笑了，这是心里早有计策的男孩的笑容。

“这下我肯定能抓住一只。”他再次宣称，但这次他走到了后门。我知道这只鸽子依然能见到明天的太阳，不过我认为我儿子这次可能会更接近它。然而我错了。我待在原地，透过前门的玻璃，看着草坪上的鸽子在我儿子一走出去时就飞走了，尽管他还在房子的另一头。鸽子不可能听到或看到我儿子悄悄地打开后门，但它却知道自己该起飞了。它也知道该往哪个方向飞走。鸽子在这个游戏中是处于领先地位的。我花了几秒钟才解开这个谜团，然后我向我沮丧的儿子解释。你可以试试看能否解开这个谜团。

动物的好奇心可谓是职业级的。它们把大部分时间花在绘制当地的地图上，了解它们周围的威胁和机会。它们这样做是为了让自己不断地避开捕食者，获得更多的食物和交配机会。在这方面，它们与有鲨鱼出没的海滩上的年轻游客没什么不同。就像一间不错的酒吧、餐厅或水中出现鱼鳍的消息会在度假村里迅速传开一样，动物王国内也在不断地交流和传递着关于附近地区的信息。它们用各种语言来传递消息，我们很容易偷听到这些信息。一旦我们开始这样做，我们就会意识到，我们远远没有被排除在动物交流的嗡嗡声之外，而是有机会对它们进行解读。这时候，每一次徒步都会是一个成为密码破译者的机会。

在刚才"逃跑鸽子"的故事中，我们在草坪上看到的鸽子依靠的是一种非常简单的动物警觉性和沟通方法，全球各地的人类都已经在借用这种方法了。它被称为"哨兵"法，其工作原理是这样的：我们看得见草坪上的鸽子，但我们没有发现屋顶上的鸽子。当我的儿子打开后门，走到外面时，屋顶上的鸽子听到、看到了这一幕，本能地飞走了。屋顶上的哨兵鸽子飞走，向草坪上的那只鸽子发出了一个简单而紧急的信息，即周围有某种危险，并指出了逃避危险的最佳飞行方向。

再讲回海滩上的年轻游客，他们知道自己选择了在可能被鲨鱼袭击的水域游泳，但他们还是乐意冒这个险。这是因为有一个戴着望远镜的救生员充当哨兵，准备在看到危险的第一时间向大家喊话，让大家从水中离开。

上文中，鸽子所用的是各种信息中最简单的，但还有许多更耐人寻味的东西。我们先学习最引人注目的迹象，然后才是更不易察觉的迹象。在斑尾林鸽（*Columba alumbus*）起飞前，它会开始焦急地四下观察，脖子上的白斑会变得更加明显。在起飞前不久，它通常也会露出它翅膀上的白斑，每一个迹象都代表了从容易被忽视到明显的转变过程。

如果我们对动物有足够的好奇心和警惕性，我们可以借用它们的认知，解开我们自己的无数谜团。我们不应该对这种做法感到不好意思，动物们会从我们身上借用一切可以借用的东西。许多种类的鸟，如普通麻雀，已经学会了在人类附近生活，因为我们给它们提供了一个保护区，可以避免遇到其他捕食者。花园里的鸟儿知道，花园里有很多有吸引力的地方，食物更多，而且除了猫以外威胁较少。

那些已经学会了靠土地生活的人知道动物的方言。如果生命或生计仰赖于对动物和人类行为的了解，这种技能就会被提炼为一种艺术形式。在世界上有危险的捕食者的地方，当地的所有护林员都能辨认出那些预示着危险的鸟叫声。在过去的日子里，偷猎者必须学会“戴着夜行黑帽该做什么，以及如何读懂兴奋的喜鹊和松鸦的笑声”。不喜欢错过机会的徒步者也必须学会这个技能。

动物也会透露很多信息，即使它们之间没有交流。它们的存在就是对栖息地情况的反映，而在这里面有一些线索。沼泽银斑蝶（*Calephelis mutica*）只在美国中西部沼泽地的沼泽蓟（*Cirsium muticum*）上产卵，而北方银斑蝶（*Calephelis borealis*）只在石灰质荒地的圆叶千里光（*Packera obovata*）上产卵。沼泽蓟在无遮阴、石灰质沙土和潮湿的条件下生长得最好，而圆叶千里光喜欢较干燥的地方，可以忍受半遮阴和岩石质、沙质或肥沃土壤。根据这种理解，看到这些蝴蝶中的一只，我们就可以马上对附近的阳光和水分水平以及脚下的土壤种类进行各种推理和预测。像红铜色的沼泽银斑蝶和更偏棕色的北方银斑蝶这样的动物不仅漂亮，它们还是关键线索，对于我们了解周围许多环境因素相当有用。

鸟 类

想想看，看到动物从你身边跑开是多么常见，而出其不意地抓住动物是多么罕见。在我们发现动物之前，它们早就看到或闻到了我们。通常我们之所以能近距离看到它们，只是因为它们已经决定用逃跑飞行来代替暗中离开。我们注意到动物吵闹着疯狂逃跑，但这种动物已经监视我们的举动有一段时间了。我经常被灌木丛中的野鸡吓一跳。这很容易让人以为是我们惊动了对方，但事实并非如此。它们耐心地、静静地等待着，直到它们知道我们的前进路径会让我们几乎踩到它们，它们将被人发现，在这最后一刻，它们才开始逃跑。

大多数动物意识到人类的存在，是通过接收它们周围的许多动物发出的众多警报中的一个。我们需要做的就是也接入这个警报系统，我们会注意到很多以前与我们擦肩而过的事情。

以我们的鸽子朋友为例。如果你走在一条安静的林间小路上，你会看到先是一只鸟飞去，然后另一只鸟也朝同一方向飞去。这就是所谓的“鸟犁”（bird plow）。这是一种群体预警系统。这一地区的所有鸽子现在都知道有事情发生了。不仅对鸽子，对那片林地里的其他动物来说，受惊的因素也消失了。如果附近有鹿、兔子或狐狸，它们会对你的存在产生警觉，可能也会拔腿逃跑。

似乎我们在这种情况下胜利无望，动物们每次都能在这种警觉性的游戏中击败我们。但我们可以扭转局面。我们所需要做的就是保持对这种“鸽犁”反应的关注，这样我们就能在其他人或动物导致这种反应时，将其识别出来。注意到这一点的最简单方法是一开始就保持静止。这对许多徒步者来说是一个很难的习惯，所以休息和午餐时间是练习的好机会。如果你在树林中停顿足够长的时间，让周围恢复到接近正常的状态，那么你应该很快就能发现其他徒步者，而且不需要用眼睛。鸟类的反应总是会告诉你其他人在什么时候靠近，以及他们从哪个方向靠近。（如果你渴望独处，用这种方法你可以走一整天而不会看到别人。即使你不想独来独往，尝试一下也很有趣。）

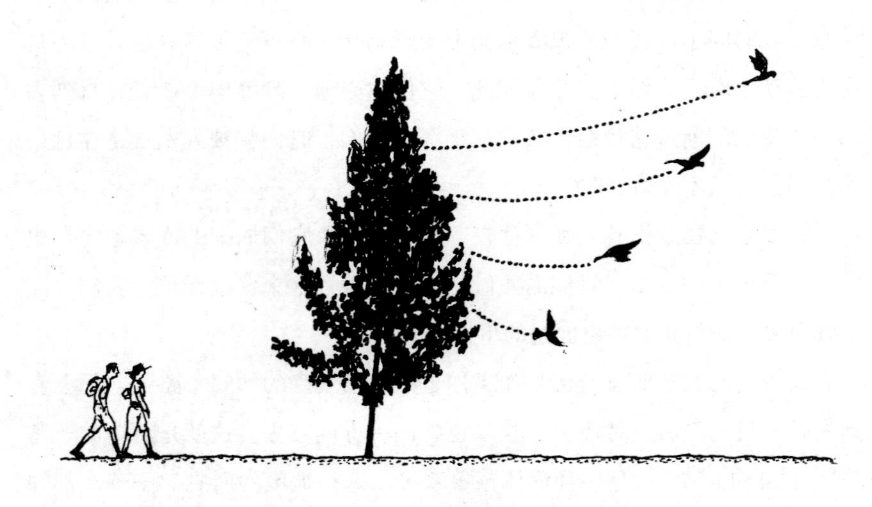

最高的鸟儿充当了其他鸟儿的“哨兵”。鸟儿起飞的方向可以提供人或地面捕食者靠近方向的线索。

如果你发现一只鸟既没有飞走，也没有在树枝上休息，而是在空中盘旋，它十有八九是在寻找地面上的猎物。你经常会在牧场、田野和高尔夫球场等空地附近看到美洲隼，发现它在盘旋着寻找食物。在盘旋的时候，鸟儿试图与地面保持相对静止，但空气可能并不静止。鸟儿要盘旋在风中，可以为你充当临时的风向标：它们的头会朝向风来的方向。

鸟 鸣

每当鸟儿发出声音，它一定有充分的理由。鸟儿没有精力可以浪费，所以它们不会毫无理由地到处鸣叫和唱歌。一旦我们了解了它们发出这些声音的主要原因，并学会识别关键的声音，我们就能理解鸟类的语言。

当大多数人想到鸟类发出的声音时，他们想到的是鸟鸣。这些优美婉转的曲调伴随着我们许多快乐的户外时光。然而，在寻找户外线索时，最大的讽刺是，鸟类发出的声音越是优美、复杂，其中的线索通常越无趣。从很多方面讲这都不失为好消息，因为识别数百种不同类型的鸟类和鸟鸣可能很麻烦，除非你在这方面已经很有经验。幸好，鸟类也会发出一系列简单得多的声音，而这些声音能告诉我们最多关于周围环境的信息。

为了明白鸟类发出的声音有什么含义，我们需要了解不同鸟类叫声的目的。当一只鸟发出任何声音时，它通常都是为了达到以下目的之一：它试图标记它的领地；让它的同伴知道它在哪里；乞要食物；吓跑不受欢迎的入侵者；警告其他动物一些事情。其中的前三种叫声占据了你能听到的鸟类发出的大部分声音，可以被认为是鸟类的背景"声道"。如果一只鸟试图阻止另一只鸟或动物进入它的领地，这通常是一个非常嘈杂和戏剧性的场面，它通常会征取其他同伴或不同物种的鸟的支持，而且这种声音你是完全不可能认错的。乌鸦和松鸦在共同试图把猫头鹰从它们的地盘上赶出去的时候，会一边围攻这个不受欢迎的入侵者，一边发出一种标志性的尖叫声。它们发出的声音是如此准确的信号，以至于人们在寻找猫头鹰的时候，通常会把它作为一条线索。

这四种声音加在一起，包括作为雄性领地标记的普通鸟鸣，所揭示的隐藏信息远不及第五种鸟鸣多，第五种鸟鸣也构成了鸟类的警报系统，也叫"报警鸣叫"。

每当鸟类发现一些值得担忧的事情，它们就会相互警告。最常见的例子可能是捕食者进入该地区，但它们对环境中的任何重大变化都会做出反应，包括天气问题。

想到不仅有数百种鸟类，而且每一种鸟类都有许多不同的声音，一开始你可能觉得头大。如果我们不是鸟类学家，怎么可能指望听到一种声音然后就能识别出来呢？实际上，这是很容易的，这里有两个原因。

首先，生物演化为我们提供了帮助。如果鸟类不能轻易区分它们的不同叫声，它们自己也会受到影响，因此我们发现所有物种都倾向于使用类似的报警鸣叫。报警鸣叫对鸟类的生存非常重要，它必须具备几个特征。幼鸟必须尽早掌握它，所以这就排除了复杂的叫声，意味着所有的报警鸣叫往往都是最简单的声音。报警鸣叫还必须具备一个棘手而自相矛盾的特征：它们必须给附近的同种鸟类一个明确的警告，但又不能给任何空中或地面捕食者透露太多的信息。科学家们研究发现，演化过程导致了中高频的短促警报声。低频的声音传得更远，所以雾号的声音是深沉的低吼，而不是高高的尖叫声。然而，一个声音持续的时间越长，就越容易准确识别它的位置。因而雾号声音很长，而鸟类的报警鸣叫却很短促。鸟类已经明智地学会了重复许多短的音，而不是发出长长的、会暴露位置的音。所有最常见的花园鸟类如果被什么东西惊扰到，悠扬的歌声或呼朋引伴的叫声就会变成更加断断续续的啾啾声、嘎嘎声甚至咯咯声。知更鸟用“tk-tk-tk-tk”的声音来警告危险。喜鹊的报警鸣叫是机枪一样的咯咯声，也是一种容易识别的声音：“rak-rak-rak-rak-rak”。在阿拉斯加州和新斯科舍半岛发现的黑喉石䳭（*Saxicola maurus*）[①]，其名字来自它的报警鸣叫，听起来像两块鹅卵石被放在一起敲击。

①黑喉石䳭，英文俗名叫 stonechat，意思是“石头聊天”。

许多需要担心空中捕食者的鸟类采用了一种通用的叫声。它听起来是“seet”的声音。这是一种短促的、嘎嘎的叫声，比其他的叫声频率高一点，它也被称为“鹰鸣”。我们可以把它作为头顶上有猛禽的明确信号，我们周围的鸟儿肯定会这样做。如果你在徒步时听到鸟儿发出嘎嘎的“seet”声，请抬头看看。

识别报警鸣叫相当容易的第二个原因是，我们只需要关注一个种类的鸟即可。每一大类鸟类都会有自己的习性——例如，猛禽的行为方式与其他鸟类不同。就我们的目的而言，我们对鸣禽最感兴趣，而在这些鸣禽中，我们将重点关注大多数人都能轻易认出的鸣禽：知更鸟、蓝鸲（*Sialia* spp.）、主红雀（*Cardinalis* spp.）、乌鸫和鹪鹩（*Troglodytidae*）。这些鸟类广为人知的原因之一是，它们每年冬天都不会消失，至少在美国南部是这样。知更鸟因为每年冬天不会迁徙到温暖的地方而在圣诞贺卡上赢得了一席之地，但是在一年中大部分时间，我们徒步时都可以看到蓝鸲、主红雀、乌鸫和鹪鹩，而且大部分时间也可以听到它们的叫声。这些鸟也有一个额外的好处，那就是它们会建立小的领地，并在地面附近筑巢。

聆听鸟鸣的三步骤

鸣禽是你可以早早地倾注注意力的最佳对象。下面有一些你应该能够很快就掌握的方法。

第一步

在你专注于使用自己的耳朵之前，确保你不会错过更明显的视觉线索。利用鸟类来了解你的周围环境第一步是，注意到鸟类在担心地面上的某些事物时，会非常明显地跳到高处的树枝上。如果它们感觉到危险，它们就会飞走，就像前面提到的鸽子一样。

第二步

第二步是注意每次徒步时鸟类的典型背景声音和没有这种声音的情况。沉默甚至比报警鸣叫更容易识别。

我们听到的很多鸟叫声都是同伴鸣叫——这是一种近乎不间断的一连串啾啾的叫声，鸟儿们用它来保持彼此之间的联系，但更重要的是作为一种安全确认的形式。徒步者发出呼唤同伴的叫声可能是在处于高度危险的情况下，比如身处狭窄的岩架上或在能见度非常差的环境下，这时我们会倾向于定期确认对方的情况。你可以想象成鸟儿不断地对对方说："我在这里，一切平安。"在一天即将结束的时候，你可能会听到一种稍微不同的但同样具有社会性的叫声，即"叮叮当当"的声音，因为乌鸫会告诉对方睡觉时间到了，并且它准备睡觉了。

这种鸣叫好的地方是，你没有必要刻意学习任何物种的同伴鸣叫，你所需要做的就是花时间来适应它的普遍特性。一旦你适应了这种背景声乐，你会发现当它突然消失时，会很容易引起你的注意。这是一个非常实用的线索，说明鸟儿们在为什么而感到担忧。当我在西萨塞克斯郡徒步时，注意到这种声音消失后，我做的第一件事就是抬头看，而我发现的往往是猛禽。这些猛禽会让下方的多数鸟类默不作声。你如果对周围活动的线索感兴趣，也可以用这种方法。我经常听到不法之徒利用这种方法的故事。

当执法机构在美国的树林中搜寻非法酿酒商和他们的非法酒厂时，他们经常只能发现被遗弃的设备，但很少发现非法酿酒商。这是因为有经验的私酒商知道，当鸟儿或牛蛙安静下来的时候，执法人员可能正在逼近。一般来说，如果一群人在野外追捕另一群人，最能适应动物习性的那群人将获得巨大优势。从不那么刺激的角度来看，当我们在森林里时，我喜欢用这种方法来"伏击"我的孩子。我利用鸣禽的沉默，和紧随其后的鸟犁现象，来掌握他们移动的位置，他们前进的方向，以及还有多久他们会到我附近。

不幸的是，我们往往是制造沉默的人。我们在徒步时发出的噪声越多，我们能听到的就越少，因为我们会强迫周围的鸟儿保持沉默。静止和沉默对我们来说是最理想的，但我们为淡化我们的痕迹所做的一切，将换来更多的认识和发现。经常尝试倾听比你所能看到的还要远的地方的声音是一个好主意。你练习得越多，就越能意识到我们每个人都有一个警觉区和一个干扰区。我们可以塑造每一个区域，让第一个区域扩大，让第二个区域缩小，这就相当于把你周围风景中声音的音量和对比度都调大了。

你越是经常尝试这种“倾听寂静”的练习，你就越能了解你所在地区的鸟叫声的整体情况。你也会了解到它随着时间和季节的变化而产生的波动。你可以下决心去发现鸟叫声会随着天气的变化而产生怎样的变化。鸟类确实对天气的波动有反应，在最近的一场大雪中，我听到所有的冬季花园鸟类发出了前所未有的喧闹叫声。

有一种观点认为，春天和夏天最适合观鸟，对于那些希望看到最多数量的鸟并听到它们歌声的人来说，这一点没错。但如果你的目的是学习在鸟类发出的声音中寻找线索，那么值得注意的是，这些季节的内容非常丰富，是最具挑战性的。仲冬时节实际上是一个听鸟的好时机，特别如果你是新手，而且一开始觉得很困惑。在一年中的任何时候，你都应该能够听到鸟类正常的背景音和寂静的声音。

第三步

一旦你掌握了感知寂静，就可以深入研究下一个层次的技能了。在心满意足的鸟类的婉转鸣叫和完全的静默之间，还有报警鸣叫。要学会读懂鸟类的警报声，最好从一片熟悉的地方开始，并充分了解这里的居民和客人。一旦你在这片熟悉的区域内掌握了这些技能，就可以直接把它们应用到更广泛的地区，但在一开始，缩小你的注意力范围确实有帮助。

每当我在自己的牧羊人小屋里写作时，我都喜欢把窗户打开，让它对全年中的所有元素都敞开怀抱，除了水平打进来的雨或雪。从这扇窗户看出去，视野是有限的——这可能是我能完成任何写作的原因——我可以看到一个鸡圈和水青冈、红豆杉和苹果树的混合林。但我还能听到这层绿色面纱之外的声音。我尽量不让自己因为鸟鸣声分心，但我喜欢因鸟儿的报警鸣叫而分心。

这些鸟对这个花园环境中的常见威胁很敏感。它们知道，以它们的标准来看，我们的狗太傻了，不会引起它们的关注。然而，我们的猫却带来了明显的、现实的危险。这意味着我通常能在看到猫之前就知道它出现了，因为花园里的鸟儿们会同时告诉同伴，还有我。它们用两种方式做到这一点。首先，我听到的是它们的报警鸣叫声。我们花园里最常见的鸟儿，知更鸟、乌鸫、青山雀（*Cyanistes caeruleus*）和煤山雀（*Periparus ater*），都会从社会性的鸣叫（同伴鸣叫）或鸟鸣（宣示领地）转向它们更短、更低、更响、更不连贯的报警鸣叫。听到这些声音时，我总是抬头看，通常会发现它们中的一些跳到更高的树枝上。这是一种明智的、实用的预防措施，对其他鸟儿来说也是一种视觉信号。这通常还伴随着它们大力摆动尾巴的动作。

一旦我听到、看到花园里的鸣禽出现了这样的行为，就会仔细聆听我们后花园以外的鸟儿的背景声。如果报警鸣叫仅仅出现在我周围的环境中，而更远处的鸟儿却没有反应，那么就证实了我的怀疑，我们的猫只是决定去进行日间散步。这种鸟类行为模式是应对局部地面威胁的典型方式，但它与我们听到的有空中威胁的情况下的鸣叫范围不同。

如果鸣禽注意到天空中的捕食者，那么它们最初发出的报警范围会很广泛，然后会逐渐缩小区域。那些在猛禽正下方的鸟儿通常会陷入沉默，那些离得较远、刚刚得知威胁的鸟儿会发出报警鸣叫，而那些更远的、没有感觉到威胁的鸟儿会继续唱歌和发出同伴鸣叫。

它们之所以这样做，是因为任何离鹰太近的声音都可能暴露出猎物的位置。当我们听到鸟儿在我们身边发出报警鸣叫时，它们在发出一种间接赞美。它们实际上是在说："哦，你好啊人类，我会让其他鸟知道你在我们的社区里大摇大摆地走过，但从整体上看，你造成的威胁是相当有限的。"

鹪鹩很容易被发现，因为它们通常是唯一一种你能从非常低和非常近的位置看到的鸟类。它们习惯性地在树下灌木丛中跳跃和飞走。鹪鹩对人们常走的路线很熟悉，如果我们像其他人一样走同样的路线，它们不会有很大的反应，但如果你或你的狗偏离了这条路，它们就会有非常明显的反应：发出短促的"tec-tec-tec"的叫声，往往随后会飞走，并爆发出一阵短暂的音调更高的鸣叫。

首先，你应该为听到单独一只鸟类的报警鸣叫感到高兴。通过练习，你将学会将其与其他行为联系起来。比如说，报警鸣叫与鸟犁一起出现，通常意味着一个人吓了鸟儿一跳。有一次，我记得我听到了一系列的报警鸣叫，然后看到了鸟犁，接下来是附近田中的羊叫声变得非常响亮。在很短的时间内，我无法弄清楚是什么造成了这一连串现象。然后我看到一个农夫正在靠近，给羊群带来食物。

进　阶

担心或忧虑的迹象可能是鸟类行为中最明显的线索，但它们也在更微妙的层面上发出信号。美国博物学家和鸟类专家乔恩·扬说得很好：

鸟儿们实际上是在为我们绘制一幅附近的景观地图：这里是水，这里是浆果，这里是僵在寒冷早晨的蚱蜢。

扬认为，鸟鸣声中包含着我们周围各种不可思议的事件的线索。一辆经过的火车或飞机、青蛙的声音、一阵风、狗的叫声都可能反映在我们听到的鸟类的合唱中。

最好从原始的反应开始，然后从那里逐步深入。注意鸟类对响亮的干扰会做出什么不同的反应。远处的猎枪声有时会让鸽子飞起来，即使它们在很远的地方，但我没有发现它会给鸣禽发出的声音带来什么影响。这也许是合乎逻辑的：很久很久以前，鸣禽就不是猎枪的常规目标了，但直到今天鸽子有时仍会发现自己处于危险之中。

一旦我们对自己能够发现的鸟类身上比较明显的反应感到满意，我们就可以把目标放得更高一些。在我的家乡，苍头燕雀（*Fringilla coelebs*）是一种非常值得了解的鸟，因为它的语言丰富，多样又迷人。苍头燕雀的叫声非常容易解释，比如常见的“seet”鹰鸣报警鸣叫。它们也有一些叫声非常奇妙神秘，比如表示下雨的鸣叫声音是“huit”。令人惊奇的是，科学家们发现，虽然大多数苍头燕雀的叫声都是一致的，不会因地区的不同而不同，但这种“huit”声的鸣叫却具有地方性，带有地区性的口音和方言。在美国，加利福尼亚州的白冠带鹀（*Zonotrichia leucophrys*）也表现出类似的地区差异：它会在非常小的距离内发生口音的变化，在某些情况下，仅仅几码[1]的距离就足以发现明显的差异。

如果你碰巧养鸡，或者认识当地的养鸡人，那么你就有一个现成的机会来研究一个物种内的叫声以及这些声音所代表的意义。一个响亮的咯咯

①码，长度单位，英制单位的 1 码相当于 0.9144 米。

声是发现地面捕食者的标志，但一个拖长音的咯咯声则是一个线索，要注意空中的危险。你最有可能触发的是食物叫声，一种柔和的低沉的“took”的声音。如果有小鸡的话，这一点尤其明显，这时母鸡会确保小鸡知道要吃饭了。

人们相信，鸡能发出多达 18 种不同的叫声，所以你不会缺乏关于它们之间所交谈内容的理论。我相信，我家的鸡在我的妻子进入它们的地盘时会发出一种叫声，而在我进入它们的地盘时则会发出另一种相似但又有细微差异的叫声。这是有道理的。我妻子通常是给它们喂食的人，而我通常是带着一车草屑或类似的东西进去。

如果渡鸦经过感兴趣的东西，比如说尸体，它们就会停止平飞，俯冲下来。鸟类非凡的视力会让我们感到惊讶，也能帮助我们，但它们的能力不止于此。长期以来，人们认为鸟类几乎没有嗅觉，但是石油公司散发出的尸体的气味，戏剧性地证明了这种观念是多么错误。

在 20 世纪 30 年代，加利福尼亚州联合石油公司的管理人员意识到，但凡他们的管道中有任何气体泄漏的地方，红头美洲鹫（*Cathartes aura*）就会围上去。他们将这一发现作为其检测管道漏损策略的一部分，但他们并不完全确定为什么这些鸟会聚集在这些地方。从石油行业从业者和鸟类研究者之间的一次谈话中他们偶然发现，从断裂的管道中泄漏出来的气体含有一种微量的化学物质——乙硫醇，而红头美洲鹫往往会通过嗅探这种化学物质的味道来寻找腐烂的尸体。这是一场横向思维的胜利，联合石油公司的高管们决定人为地提高天然气中这种化学物质的含量。结果便是，每当管道泄漏气体时，寻找漏损点的工作就会得到秃鹫的支持。直到今天，如果你在徒步时经过一具腐烂的动物尸体时，或者不小心忘了关家里的煤气，你就会闻到这种味道。

有一类鸟暗中证明了鸟类线索有多厉害。我将鸦科动物——乌鸦、渡鸦、秃鼻乌鸦、喜鹊和松鸦——放在本节的末尾是有原因的。这些鸟类表现出的极高的智力、观察力和沟通能力，意味着我们可以确定一件事：这些鸟类能注意并分享的信息比我们目前能够破译的要多很多。我们所知道的少量信息使之成为一个值得进一步调查的诱人领域，而且通过它们警觉的徒步者很可能会捕捉到迄今为止被科学界忽视的细节和信息。

鸦类是出了名的解决问题的好手。如果你对它们使用工具的能力有任何怀疑的话，那么当你知道它们在面对以下难题时的表现时，你的怀疑就会消失了。在一只乌鸦面前放一小桶食物，但食物位于一个容器的底部，这个容器设计得很巧妙，使得乌鸦的喙无法触及位于底部的食物。这个充满挑逗意味的装置上有一根细而直的铁丝。于是乌鸦用这根铁丝做了一个钩子，然后把装食物的桶从容器里拉出来。对儿童，甚至是周日一大早起床的成年人来说，面对这个问题都可能束手无策。

在西雅图的实验中，研究人员还证明，乌鸦能识别人类的面孔，并会避开甚至训斥那些过去欺负过它们或它们的朋友的人。诱捕和捆绑过乌鸦的研究人员与那些放乌鸦自由独处的研究人员相比，得到待遇大不相同。曾有一次，53 只乌鸦中有 47 只骂了一个“坏”研究人员，尽管绝大多数乌鸦都没有直接接触过这个研究员。于是科学家得出这样的结论：鸟儿们会分享应该警惕谁的信息。令人惊讶的是，对鸦类这一习性的认识改变了科学家在面对鸦类时的行为方式，导致一些人要进行一番乔装打扮。阿拉斯加大学的硕士生斯塔西亚·巴肯斯托感觉自己得戴上假胡子，把枕头塞到胸前面，才能接近她正在研究的渡鸦——她相信它们开始认识到她是个“坏”人。

埃丝特·伍尔夫森在她的家里投入了前所未有的时间来照顾她养的鸦

类，她学会了识别这类鸟的不同行为，从喜鹊表示愤怒的“竖起耳朵”，到为不同家庭成员而做的独特行为，以及它们发出的与大雪有关的声音。

无可否认，鸦类的语言很复杂。每当我听到树上有一对乌鸦的叫声，我就会想到它们在自己密不示人的恩尼格玛密码机的帮助下交换信息。总有一天，人们会将它们的密码一一破解，也许徒步者可以推动这项事业的发展。在此期间，即使它们以略为不满的眼神俯视我们，并推测我们的不足之处时，我们也不要太难为情。

***

鸟类也可以提供导航的线索。鸟类的迁徙模式有时会在天空中描出可靠的线条，就像黑雁一样，人们认为卡尔迪修士凭借着它们的指引在铅色的天空下从爱尔兰旅行到冰岛。

在英国，它们的习性也能帮到我们。每天的一早一晚，靠近海岸的鸟类会倾向于垂直于海岸线飞行，早上飞向大海，一天结束后再飞回来。鸟巢有时可以提供实用的提示，你有时会注意到鸟巢都在树的一侧。在风会吹到的地区，最常见的规律是能在背风侧找到鸟巢，因为这是遮挡最多的一面。

蝶

世界各地的自然爱好者都会坚守一个基本的信条。对于自己渴望看到的任何动物，他们都会去了解它们偏爱的栖息地，并以此来预测可能会在哪里找到自己的心头好。鳞翅目昆虫学家的这种习惯培养得非常好，有的人将这一类人称为“蝶蛾学家”，有些人认为他们只是平平无奇的蝴蝶爱好者。对户外侦探来说，这让他们的工作变得很方便，因为这意味着这些精巧生物的喜好已经被研究得很透了，使我们有机会用同样的逻辑进行反推。蝴蝶对地质学、植物、光照、朝向、水和温度条件都很敏感。它们能通过这些敏感的特性感知到周围地区的许多情况。

指名豹弄蝶（*Thymelicus acteon*）只分布于英格兰的西南海岸。我们谁都不可能经常看到这种蝴蝶，但值得对它进行简单了解，因为它让我们了解到蝴蝶为我们提供帮助的方式。每只蝴蝶的生存都依赖某些植物，我们知道这些植物在栖息地方面又有不同的要求。如果在一个地区发现了某种蝴蝶，但它赖以生存的植物或地质似乎与这个地方不相符，这就是一个线索，说明当地的环境中存在着一些不寻常的东西。指名豹弄蝶需要一种只生长在白垩土或石灰石上的草，所以当它在英格兰西南部多塞特的酸性黏土质荒地上被发现时，最初会让鳞翅目昆虫学家感到困惑。为什么一只如此依赖白垩地的蝴蝶会在两个岩石种类完全不对劲的地区被发现？答案就是在它被发现的两个地方的连线上找到的。这些指名豹弄蝶在白垩碎石上茂密的草上茁壮成长，19 世纪这些白垩碎石被运到当地作为地铁路的压道砟。

蝶类中仍然有一些值得称道的谜团。例如，著名的神出鬼没的紫闪蛱蝶（*Apatura iris*）的一切喜好和习性鲜为人知。但我们有可能遇到的大多数物种，多年来都有研究者为它们撰写非常详细的传记。我们所要做的就是集中精力研究那些乐意帮助我们探究的蝴蝶。

有些线索并不能给我们提供特别多信息。看到隐线蛱蝶（*Limenitis camilla*）意味着附近一定有金银花，但不会告诉你更多。有些提示过于宽泛因而失去了价值。

白钩蛱蝶是一种常见的蝴蝶，但是，与那些翅膀像玳瑁的蛱蝶属蝴蝶——包括黄缘蛱蝶（*Nymphalis antiopa*）、白矩朱蛱蝶（*Nymphalisvau-album*）、凯丽蛱蝶（*Nymphalis californica*）和米尔伯特蛱蝶（*Nymphalis milberti*）——类似，它们并不挑剔，所以不能告诉我们很多东西：如果你看到一只这样的蝴蝶，就几乎肯定附近有林地，但它可能已经离得非常近，你已经看到了。其他的线索就更具体了：如果你发现了银瞳珍眼蝶（*Coenonympha haydenii*），你一定在黄石公园和大提顿国家公园范围的小范围内，如果你看到了帕洛斯维德甜灰蝶（*Glaucopsyche lygdamus palosverdesensis*）——也许是世界上最稀有的蝴蝶——你就在洛杉矶附近的帕洛斯维德半岛 40 平方英里的区域内。但这些都是你可能已经知道的信息。

我们需要的是能揭示我们周围未知事物的蝴蝶，这些蝴蝶要足够常见，具有普遍价值，但又足够具体，可以提供洞见。我们可以通过像玳瑁蝶这样的蝴蝶，或者钩蛱蝶（*Polygonia* spp.）的毛毛虫来了解更多环境信息。它们通常只在荨麻附近出现（如果我们回想一下第四章），这很能说明问题，因为荨麻是一条标志着文明的线索。

线灰蝶（*Theclinae*）喜欢树木，但比白钩蛱蝶（*Polygonia c-album*）和玳瑁蝴蝶更挑剔，所以能揭示出更多信息。栎艳灰蝶（*Favonius quercus*）相当挑剔，它不会栖身于任何古老的林地中，它只待在橡树上。

蝴蝶很少会在雨中飞行，它们对温度的变化非常敏感。如果你愿意的话，你可以把每只蝴蝶看作一个奇异温度计的一部分。看到一只飞翔的银斑弄蝶（*Proteides clarus*）意味着温度已经大约超过 19℃。这种对温度的敏感性也意味着，它们能相当准确地标示出海拔区段。橙翅小黄粉蝶（*Eurema nicippe*）和黄条袖蝶（*Heliconius charithonia*）都分布于美国南部，但前者只能生活在海拔 600 米高的区域，而后者分布在海拔更高的区域，最高可达 1200 米。在美国西南地区发现的银色的莱迷灰蝶（*Ministrymon leda*），它们只生活在海平面以上的高度，大约 200 米到 1000 米。

对特定温度的需求使蝴蝶对某些方位有明显的偏好，特别是最温暖的向南的斜坡。黄粉蝶或银斑弄蝶的出现是一个强有力的线索，表明你是在一个朝南的山坡上。一些蝴蝶的迁徙习惯能提供方向的线索。小红蛱蝶（*Vanessa cardui*）在春季向西北方向迁徙，据说在秋季向南迁徙，但由于某些原因，人们通常只能看到春季的迁徙。迁徙方向相似的蝴蝶包括黄菲粉蝶（*Phoebis sennae*）、丽莎黄粉蝶（*Eurema lisa*）、马莉细灰蝶（*Leptotes marina*）、优红蛱蝶（*Vanessa atalanta*）、影弄蝶（*Lerema accius*）、尘弄蝶（*Atalopedes campestris*）和火弄蝶（*Hylephila phyleus*）。每年秋天向南迁徙的蝴蝶包括长尾钩蛱蝶（*Polygonia interrogationis*）、黄缘蛱蝶、北美眼蛱蝶（*Junonia coenia*）和女王斑蝶（*Danaus gilippus*）。而你在美国最常见的迁徙蝴蝶是君主斑蝶（*Danaus plexippus*），在落基山脉以东地区，它们通常向南穿过得克萨斯州到墨西哥，而在落基山脉以西，它们则到加利福尼亚州的太平洋沿岸过冬。

有些线索需要一些横向的思维，有些则有点专业。许多豹纹蝶无法忍受农业环境，所以如果你发现一只，你就距离被农民长期冷落的土地非常近了，这很可能意味着你靠近一个陡峭的斜坡。蝴蝶在城市环境中不太常见,但也有一些勇敢的种类。如果你在城里发现了冬青琉璃灰蝶（*Celastrina argiolus*），你完全有信心在附近找到常春藤，以及它能带来的各种奇妙的线索。

有一种分辨荨麻蛱蝶（*Aglais urticae*）性别的方法虽然不怎么有用，却非常有趣。如果你把一根棍子扔到这些蝴蝶身上，雄蝶会攻击棍子，雌蝶则会忽略它。万变不离其宗。

其他昆虫

许多昆虫确实提供了非常简单的环境线索。看到蠓意味着风很小或没有风；你只会在水边发现蜻蜓，而且是静止的水。家蝇会提供一条关于水和生命的较为笼统的线索。在生命不丰富的地方，如沙漠或海洋你很容易发现这一点。在沙漠或海上，当你越来越接近人类文明的时候，就会非常明显地发现，苍蝇的数量会成倍增加。我记得在利比亚的撒哈拉沙漠中与图阿雷格人一起走向绿洲时使用了这种技巧。最后一天结束时，我可以通过我前面的人背上的苍蝇数量来估计我们要走多远。当我们翻过最后一个沙丘、看到第一棵树时，他的背上有大约 100 只苍蝇。这种方法也可以在离英国较近的地方发挥作用，因为苍蝇突然增多将意味着附近可能有大型动物或人。

昆虫是冷血动物，因此对温度波动非常敏感。蟋蟀对温度波动的反应以很吵闹的方式体现出来，可作为天然的温度计使用。每个物种都有自己的发声鸣叫的频次：在 13℃左右时，一秒钟鸣叫一次是很常见的，鸣叫的频次随着温度的升高而增加。一旦你熟悉了自己遇到的那些蟋蟀，你会发现你听到鸣叫的次数与空气温度直接相关。在美国，有人甚至计算出，用雪白树蟋（*Oecanthus fultoni*）在 14 秒内发出的鸣叫次数加上 40，就等于当时的华氏温度。这听上去有些离奇，但却是真的。

我们可以利用昆虫对温度的这种敏感性间接帮助确定方向。如果你在北美东部地区注意到草坡上有一系列明显的凸起，大约有大鼹鼠洞丘的大小，但被草覆盖，那么你可能是在看向黄墩蚁（*Lasius flavus*）的蚁穴。这些蚂蚁在它们建造的家园中提供了一些线索。为了尽可能多地获得太阳带来的温暖，这些蚁丘往往是由西向东排列的。仔细观察这些丘陵底部周围的植物，你可能会注意到细微的差别：南侧是野百里香等喜阳植物，北侧是喜阴植物。还值得注意的是，黄墩蚁只在长期没有被翻动过的草地上安家。

如果一个山坡上有成片的裸露土地，上面有小孔，你可能看到的是地花蜂（*Andrenidae*）和角胸泥蜂（*Nyssonidae*）的家园。这些昆虫极其偏爱朝南的山坡。我也注意到类似的小孔也只出现在老木柱的南侧，但它们通常是由甲虫造成的。

哺乳动物

演化已经教会了动物很多省力的捷径。其中之一就是对其他物种的报警鸣叫声保持敏感，特别是当它们对同样的捕食者有恐惧感时。最警觉和最不安全的林地动物构成了一张警报网络的一部分，鸟类、松鼠和鹿都能接收到对方的信号。在世界各地你都能发现这种相互依赖的关系。在非洲大草原上，牛羚会与斑马混在一起，分享它们的警报。牛羚的视力差，嗅觉强，但斑马的视力好，嗅觉较弱，它们在一起就能注意到更多的东西，并互相提醒对方注意危险。

我们可能认为自己从下风处悄悄接近一只鹿是非常隐蔽的，但如果我们的行为让头顶上的鸣禽感到担忧，我们就无法接近那只鹿了。同样，在下风口的鹿可能比在低矮的灌木丛中的鷦鷯看到我们更早闻到了我们的气味，而它那类似于咳嗽的警告性叫声对鸟儿来说是非常有效的。从啮齿类动物到灵长类动物，每种动物都会有自己的语言，我们应该尽力熟悉我们接触最频繁的动物。

并非所有的动物警报都可以被我们听到，我们不能忘记肢体语言。鹿和兔子会竖起尾巴亮出它们的白旗，或砰砰地跳动它们的脚。因此，我们眼角瞥到白光一闪，就表明动物已经发现了什么，被发现的可能就是我们。

和鸟类一样，松鼠也会发出报警鸣叫声，而且会根据不同的捕食者类型而变化。科学家们发现，松鼠发出的声音取决于捕食者是空中的还是地面的，但他们也发现，在这些叫声中，松鼠也会选择一个能表达紧迫感的叫声。一只松鼠如果看到头顶上有飞行的捕食者，它的反应与发现远处的捕食者不一样。灰松鼠会发出从“chuck, chuck, cheree”到“tuk-tuk”等不同的叫声。看到地面上捕食者的松鼠会发出少量的短促的声音，但如果它们看到空中的捕食者，它们会发出大量的“churr”声。弹尾巴和跺脚是另外两个值得关注的松鼠给出的迹象。

利用哺乳动物来给我们提供方向的线索有一些耐人寻味的可能性。杜伊斯堡－埃森大学的科学家们发现，与其他方向相比，鹿和牛的身体指向南北方向五度范围以内的方位更为普遍。这听起来不错，但风也会影响它们（见第七章）。我问过的农民都笑着说，整个想法是无稽之谈。所有的徒步者都可以亲自去调查一下。

动物的躲避习惯要可靠得多。所有的哺乳动物遇到大风时都会在当地盛行风的对面避风。绵羊经常会在荆豆灌木丛的下风侧避风，这样就会让灌木丛的一部分死掉。你会在这里发现枯萎的树枝，一侧腰部高度以下寥寥无几的花朵，以及挂在树枝上明显的小羊毛线。

在灌木丛、树木和岩石的一侧往往有更多动物粪便的迹象。通常发现于下风处，动物经常在那里躲避强风或炎热天气中的太阳。这通常可以帮助解释树木周围的植物的不对称现象。

某些哺乳动物在生态系统特别健康多样的情况下才能茁壮成长。如果你在徒步时看到田鼠、兔子或鹿，你可以信心十足地认为你周围有非常丰富和多样的野生动物。所有的动物都会画出一张关于食物、水和矿物来源的区域的简单地图，而哺乳动物是最容易以这种方式监测的群体。在史前时代猎人就开始使用这种知识了。猎人知道动物去舔食盐分的确切位置，就会改进在水边守株待兔的原始方法。

你在徒步时最有可能看到的哺乳动物之一是狗。狗是如此熟悉，以至于大多数人不关注它们的行为。然而，我们往往在一些最基本的线索上犯错误。人们倾向于认为狗叫表明它具有攻击性，但实际上狗的叫声在攻击性等级中是很低的。攻击性行为存在等级之分，值得去了解，特别是如果你有时会对路过的大型犬抱有戒心。

狗最具有攻击性的行为是在沉默中奔跑和攻击。这种情况确实非常罕见，你极不可能遇到一只狗对其他狗或人做这种事。你是否看过这样的示范片：一只经过特殊攻击训练的警犬，追捕一名逃跑的“罪犯”。如果看过的话，你可能会注意到，狗只是追赶，并通过咬住包了软垫的手臂进行攻击，而不会发出吠声。你在徒步时唯一可能看到这种行为的时候，就是狗发现了兔子或其他猎物。这种无声的攻击模式很罕见，因为狗感到既有足够的攻击性又没有恐惧感的情况很少。狗和人会对不了解他们的狗产生一定程度的焦虑，这种焦虑可以从狗的行为中看出来。

排在无声的攻击后面的是龇牙低吼，狗的牙龈向后拉，露出牙齿，并发出吼叫的声音。这是一个迹象，表明狗想要攻击，只是有一点点害怕，虽然罕见，但这是一个严肃的警告信号。在这之下还有咆哮，这比一般的吠叫更长。咆哮通常意味着狗感到需要自我保护，但对攻击可能仍然有不少担忧。如果狗真的很害怕，那么它的咆哮就会变成高声的吠叫，而且会交替进行：咆哮—吠叫，咆哮—吠叫。如果狗没有攻击性，而只是警觉和警惕，那么它们就只会吠叫。在吠叫下面是完全顺从的信号，狗可能会俯下身体，呜咽和表现出小狗般的行为。希望你能看到，狗对你（或和你在一起的狗）吠叫并不值得过分担心。事实上，它可能比你更担心。

最新的研究正在帮助人类在发现这些更显而易见的信号之前，能对狗的性格有所了解。研究人员发现，有的狗善用右爪，有的善用左爪，就像我们有右撇子和左撇子一样。他们还发现，左撇子的狗往往比右撇子的狗有明显的攻击性。因此，如果你在徒步时看到一只让你担心的狗，请注意它用哪只爪子把东西按在地上，以及它出发散步时先迈哪只爪子。离奇的是，最近我们从研究人员那里得知，一只向左（从尾巴主人的角度看）摇尾巴的狗比向右摇尾巴的狗更不高兴、更焦虑。而狗也会捕捉到彼此的这一肢体语言。

许多徒步者发现自己身边有奶牛时会感到不舒服，这不是没有原因的：每年都有徒步者被奶牛伤害，有时甚至丧命。我曾与肉牛和奶牛养殖者讨论过这个问题，这里有一个具有普遍意义的建议：没有什么可害怕的，但有一些事情需要注意。最广为人知的是，田地里有公牛比只有母牛的情况可能更危险。我认识一个农民，他一生都在与奶牛打交道。他只经历过一次极其危险的情况，以至于他不得不跃过大门，即一头公牛攻击他的时候。我唯一一次觉得有必要从牛群中离开时，是因为在牛群中有一头年轻公牛。其次要注意的是一年中的某段时间：像大多数动物一样，奶牛会保护它们的幼崽，因此春天是一年中特别敏感的时段，特别是如果田里有小牛的时候。这是一个普遍的忠告，千万不要介入任何动物和它们的孩子之间。接下来需要警惕的事是，狗会让牛感到不安，而牛也会让狗感到不安，这意味着当这两种动物同时出现时，它们的行为都会变得难以预测。一位当地农民这样对我说：

“遛狗的人有一种倾向，就是在遇到奶牛的时候给狗系上狗绳。但如果牛受惊了，它们可能会冲向狗。而主人牵着狗，他们都将遇到麻烦。”

“那如果你已经避免了以上所有事情——没有狗，没有小牛，没有公牛——但仍然感到害怕呢？”

“站着别动，或者慢慢走开。”

当涉及动物时，我们必须要透过表象看问题。根据动物提供的线索很少会把我们带进一个没有结论的死胡同里；更有可能的是，它将为我们提供一些进一步的可行的路径。在美国部分地区的公园里，狗不拴绳是违法的。这是一项旨在保护野生动物和环境的法律，但由于公园很大，执法资源有限，所以很难开展严格的监管。看看你能不能想出一个巧妙的办法，让护林员通过观察灌木丛的高度，找出人们经常违法放狗的问题区域。

想要找出狗在哪些区域有被松开过绳，你需要比违法者更了解动物的习性。这些公园里的鹿会避开狗自由游荡的区域，因此灌木丛的高度是可以推测出这里是否是人们经常藐视法律放狗自由活动的区域的线索。在狗被拴住的地方，植物被食草动物啃得很矮，但在狗可以自由活动的地方，因为没有食草动物的出没，灌木丛一般长得很高。顺便说一句，这也是怀特岛部分地区灌木丛如此繁茂的原因——岛上没有鹿。

一个物种内部的社会结构越复杂，我们可能面对的线索就越复杂。猴子会对豹子、鹰、蛇和狒狒做出不同的反应。要是能发现它们对警觉的、寻找线索的人类和毫不在意的人类是否有不同的反应，那肯定很有趣。

在孩童时期，我们都学会了动物发出的基本叫声，如“哞”“嘶”“汪”“咴儿”。我有时会想，如果我们也能学到其中的一些基本含义，我们的童年是否会更丰富。对动物的各种声音一概用同一种拟声词来表达的做法，几乎就像告诉人们法国人会说“Bonjour！（你好！）”，但没有人告诉他们这意味着什么一样。像其他人一样，我在很小的时候就知道猪会发出“oink-oink”的声音，但这对我来说并没有什么意义，直到我养猪的岳父告诉我，这个熟悉的声音是猪的同伴鸣叫。猪的观察力不是很强，但像所有爱交际的动物一样，它们喜欢知道自己没有被孤立，所以在它们四处乱翻，寻觅自己的地盘时，它们不断地用这些小的“哼哼”声与彼此进行确认。这就是你的第一堂猪语课。

爬行动物和其他动物

束带蛇（*Thamnophis* spp.）捕食蟾蜍、蛙、鱼和蝾螈，它也像所有这些被它捕食的生物一样，只会出现在水中或靠近水的地方。蜗牛需要大量的碳酸钙来形成它们的外壳，所以在远离池塘的地方发现的蜗牛是白垩土地貌的线索。科学家们已经发现，玉黍螺（*Littorinidae*）可以利用太阳确定自己的朝向，有时会在太阳绕着天空旋转时留下一个椭圆形的轨迹。这就为我们提供了进行一些真正奇怪的追踪的机会：通过注意玉黍螺轨迹的方向，你可以根据太阳的角度以及轨迹与时间的关系推断出它到底是什么时候经过那里的。到了这个时候，你可能会决定是时候要少出门了。

进　阶

每次我们看见动物时都有许多线索和迹象等待发现，我的最后一个建议是，对任何不寻常现象提出质疑。然后，不要止步于一个推断，而是试着多走几步。

看到一只兔子，你可能会正确地推断出兔子的洞穴就在附近，通常在50米以内。但是，为什么你总是注意到兔洞上面有接骨木灌木丛，而附近其他地方却没有？兔子和这些植物之间有什么联系？这中间缺了一环：䳭鸟（*Oenanthe* spp.）喜欢在废弃的洞穴中筑巢，并以接骨木的果实为食，把种子排泄在离家不远的地方。

第十三章

与达雅人同行

——第一部分

在这本书的大部分内容中，我着重介绍了在自己家附近和更远的地方徒步时，容易寻找和使用的线索和迹象。然而，我多年来收集这些方法的经验告诉我，有一些迷人的零散知识离我们通常的徒步路线很远。这些迹象和线索不容易发现，原因很简单，它们的使用者是原住民，而他们不会用文字把它们记录下来，也不觉得有必要把它们传授给家人或部落以外的人。

我一直想写一本能够为读者提供尽可能全面的徒步线索的书。为了完成这项工作并收集这些非同寻常的洞见，我觉得自己必须进行一次非同寻常的徒步。我将需要与那些罕见的自力更生的人一起寻找线索。我的计划是在婆罗洲的中心地带寻找达雅族人。

我有一点恐惧，同时抱以期待，希望在婆罗洲这个了不起的岛屿上发现些什么。但我出发时并没有想到，自己会学到一些简单的经验，它们将永远改变我对我行走过的离家较近的地区的看法。这些是我们在或长或短的徒步旅行中都可以使用的经验。

在机翼下，雨林中出现了伐木者制造的伤痕，在这些黑洞洞的伤口上方,暖空气上升,堆积形成了小小的云朵。太阳的光线在飞机机翼上反射时，传播路径发生变化，不同颜色的光被区分开，红色和橙色的光照亮了机舱的一侧，然后飞机转弯，降落到巴厘巴板。从伦敦到加里曼丹的巴厘巴板旅程超过 24 小时，到婆罗洲的中心地带还需要更长的时间，但那是我必须去的地方，因为我和达雅人有个约会。

大约有 200 个部落族群生活在婆罗洲的内陆地区，他们被统称为达雅人。这些人并非故意无视现代世界，而是生活在与现代世界隔绝的部分。21 世纪的气息潜移默化地影响着这里，但其影响力还不足以让古老的生活方式彻底销声匿迹。过不了多久，我就会发现一根吹管旁边还放着一部手机。

在前往石油资源丰富的城市巴厘巴板的飞机上，坐在我旁边的是一个得克萨斯人。当我向他告别时并没有意识到，他是我在三个多星期内见到的最后一张西方面孔。

从巴厘巴板出发，需要再坐一次飞机，然后乘小船漂泊 8 天，才能到达一个叫阿保宾的村庄，在那里我将开始与达雅人一起旅行。这将是一次事实探寻历险，我等不及抵达内陆地区之后再开始搜集这个全球第三大热带岛屿所能提供的户外线索。

电视卫星天线可以分成两类：它们要么直直地朝上，要么指向水平方向，两者之间没有任何过渡。这也是意料之中的事。通信卫星的运动轨道刚好经过赤道上空。因此，当你到达赤道时，就像我刚刚做的那样，天线必须直直地指向地面，或者与地面平行，而后者将面向接近东方或西方的方位。

从巴厘巴板飞往塔拉干地区机场的途中，我看到了高耸的积云，其底部比顶部被剪切得更厉害：低空的风比高空的风更强，这很罕见，我相信我们的飞行员也注意到了这个警告信号。

在世界各地，凡是公路旅行困难的地方，支线飞机乘客都喜欢挑衅可接受的机舱行李的规则。我曾见过乘客携带大型电视机、机器零件，甚至一个备用轮胎。这一次，在我周围的人膝盖上有一些奇怪的形状，当轮子在塔拉干湿润的停机坪上着陆时，一根小稻草从头顶的行李舱里掉了下来。

我的目光被一个微笑的战士吸引住了，他正站在风扇下驱赶蚊子。这是我可以描述穆罕默德·沙迪安的唯一方式，或者说是“沙迪”，他很友好地让我这样称呼他。沙迪是这次小型冒险的关键——一个受过良好教育的加里曼丹岛当地人，他将是我的修理工、我的翻译，尤其是在我们从海上前往婆罗洲的中心地带时，他是我的同伴。这一切都没有改变一个事实，那就是在少数情况下，当他皱起眉头时他的脸呈现出一种可怕的表情，让我想起了我在印度尼西亚其他地方看到的木雕武士面具。这张可怕的脸被狂野的黑发包裹住。对我来说,幸运的是,他呈现出的气质充满耐心和善意，因为在不远的将来，有一些时候，事情会变得不顺利。

当我用真诚的语气解释说我所追求的东西时，沙迪笑了。在我们等待许多小船中的第一艘来接我们时，沙迪解释说，在加里曼丹，他们用咖啡颗粒来帮助止血，他指着一个破损的足球上的疤痕作为例子。

我们等待的船出现在我们身下混乱的一堆船只中。

“我们是并肩作战的勘探者，沙迪，你和我。我们的目标是珍品，但不是黄金、石油或钻石。”这些勘探者中的每一个都在婆罗洲留下了他们的痕迹，“我们追求的是真正的好东西：自然界中的线索，可以用来帮助理解其他东西。”

我把自然导航的概念描述为这个领域中的一个分支。沙迪的眼睛亮了起来，他开始解释说，他可以通过让他的眼睛失焦来估计早期月亮的月相。

在试图理解他的意思的过程中，我了解到，沙迪——以及他的许多同乡和穆斯林同胞——会通过让眼睛失焦，让薄薄的新月呈现出不止一个模糊的图像。他声称，教给他这种方法的老师坚定地认为，出现的月牙碎片的数量加在一起，将指示出月亮的精确月相：2 个代表 2 天，3 个代表 3 天，最多 4 天或可能 5 天。后来我试过了，至于这是否能起作用，我尚无定论。但当时我对沙迪深表感谢，因为这是我从来没有也可能永远不会在我的家乡听闻的知识。

船上的孩子们指着我笑了起来。他们的父母笑了，我也笑了。孩子们指着我笑，和我能想到的所有其他标准一样，能确定地告诉你，你已经不走寻常路了，所以我喜欢这种情况的发生。

大约 30 个当地人和我挤在一艘长约 12 米的快速但略显破旧的商船上。这艘船把我们带到了一个叫丹戎塞洛的小型地区城镇。两台快速转动的螺旋桨发动机为我们提供动力，使我们从开阔的水域进入卡扬河的河口：我们通往内陆的大门。我带了一张地图，这是我能买到的最好的地图，但它太糟糕了。它的比例尺还不到 1∶100 万，而且我在未来几周要前往的主要地点中，有十分之一连名字都不在上面。也就是说，你不需要借助地名才能找到河流出现大转弯的地方，我把手指放在一个平坦的金属表面上，用影子来跟踪我们的方向，从而在地图上找到宽阔的棕色卡扬河的转折处。

当时正值中午，我们非常接近赤道，而且当时是 2 月初：太阳仍在南半球上空，一直到 3 月底，因此中午时阴影会投向北方。在热带地区利用中午的太阳并不容易，但也是可行的。在船尾，一个印尼步兵挤到我身边，当看到我在追踪我们走到哪里时，他扬起了眉毛。在世界上有些地方，最好不要在军人面前对当地地图表现出浓厚的兴趣，但我相当确信这里不是其中之一。

我把目光从地图上移开——这些纸上的世界可能太诱人了——我注

意到，海面和陆地上形成的云层有明显的不同。海面上根本没有低云，但在陆地上可以看到一堆堆的积云，有时还形成了小塔。我眼前就能看到陆地本身，但在过去的无数次旅行中，这些白色的路标都可以为航行者指明方向。

我们在朴实无华的丹戎塞洛镇过夜，伴随着穆安津在塔楼里发出响亮的、噼里啪啦的召唤礼拜的声音，太阳逐渐西沉了。在街头市场享用了一些沙嗲烤肉和米饭后，在标志着中国农历新年的摇摆的灯笼之间，我指出了猎户座，并向沙迪展示了如何用猎户座的剑来寻找南方。这已经成为我的一个习惯，在最热衷于学习的时候尝试教一点东西，我发现这有助于思想的交流，比起试图长时间让知识只流向一个方向，这会让双方都不那么累。这很有效。沙迪解释说，他把猎户座称为“Baur”，当地人用它来估计何时种植和雨季何时开始。他们还以这种方式使用昴星团或“Karantika”。

我问是否有其他表明天气即将变化的线索，并了解到当地的青蛙在大雨前会变得相当喧闹。由于青蛙在交配时也会发出很大的声音，沙迪告诉我，当地有一个关于天气的笑话：青蛙交配是大雨的代名词。我明白了，但就像幽默故事经常出现的情况一样，这个笑话的微妙精髓在翻译中丢失了。我们仍然笑得很开心，脑海中青蛙在雨中做爱的画面已经很有趣了。

第二天早上，我们忙着做后勤工作，试图在准备向内陆合适地点驶去的长船上为我们两个争取足够的空间。沙迪成功了，但得知要到第二天早上才会离开，于是我鼓励他帮我在当地探索一番。

“我们需要找到一只聪明的老山羊。”我解释说。

“一只什么？”沙迪一脸关切。

“一只聪明的老山羊。一个知道老办法的本地人，头脑和记忆还没有被屏幕洗得一干二净的人。你知道，一个有智慧的人，知道传统上事情都是怎么做的。”

“你把这样的人叫作‘聪明的老山羊’？”

“是的，这是一种习语。”我回答。

听到这句话，沙迪的脸一下子亮了起来。事实证明，他对许多事情都非常热衷，包括天文导航，但在他种种好奇中，他头等关心的就是习语。在接下来的几周里，我随意用过的这些习语，会带着热情和浓重的口音又流回我耳朵里。

我们开始寻找我们的山羊，但当地人一看到我的肤色就认为我可能只对观光感兴趣，并把我们引向一些石灰岩洞穴。我们爬上了一些陡峭湿滑的台阶，接着又爬上了一些更陡峭更湿滑的岩石来观赏这些洞穴。然后，我们爬上了洞穴的顶部，在顶部休息，我身上流下了许多汗水，后来我还经历了许多次这样的汗流浃背。喝了一口水后，我开始寻找地衣的图案。有一种很白的地衣，喜欢生长在能照到光线的垂直表面。沙迪看着我蹑手蹑脚地走过湿滑的岩石，窥视着这些壳状地衣的形态。

“那么……”他脸上带着困惑的表情说道，“这就是你要找的东西吗？”他看起来有点担心，好像他永远不会明白是什么把这个疯狂的英国人带到他的国家的。

“算是吧。”我坐在他旁边的岩石上，我们都在欣赏河边和镇上的景色。“重点在于，我不是在找旅游景点。”我们都知道，这不会成为问题，因为我们要去的地方没有景点。“我对线索和迹象更感兴趣。”

“线索，迹象？”他的脸色稍稍一沉。我没能解释明白。这种情况经常发生，我仍然保持耐心。

“是的。”我回答，“线索。这就像有些人来到山洞，他们认为‘这很好。这很美’。然后他们互相拍了一些照片，接着就回家了。”

沙迪点点头。

“但我想这样看待事物。我们之前在车上的时候，我注意到了这些岩石，我想到的是：‘你好，石灰石……’你知道石灰石吗？”

沙迪使劲点点头：“是的，当然。”

“好吧，那么这让我想到，在有大量石灰石的地方，地面上会有洞，通常也会有洞穴系统。”

“我明白了。”沙迪回应说。

“所以我就接着想，‘这很好’。有山洞的地方就有蝙蝠，这些蝙蝠以各种各样的东西为食，包括昆虫。蝙蝠往往会导致飞虫的数量减少，其中包括蚊子。”

沙迪的表情说明，他一直在跟着我的思路走。

“对我来说，漂亮洞穴的照片并不像注意到石灰石那样有趣，石灰石表明有洞穴，而洞穴表明有蝙蝠。所有这些都表明，我今天早上注意到的白色岩石意味着我在这里得脑型疟疾或登革热的可能性，比我昨晚和你一起吃沙嗲时所担心的要小得多。”

沙迪笑了笑，揉了揉肚子，回答说：“中国人看到石灰石，就会想：‘燕子……嗯……燕窝羹。’”

“你懂了！”我对他咧嘴一笑，我们开始下山。

在我们回去的路上，我听到了树叶掉落的声音。它们又大又湿，落下时发出砰砰声。当我们在湿滑、沾满海藻的岩石上交谈时，我了解到罗望子的种子被当地人用作抗蛇毒药，但由于达雅人是技能娴熟的猎人，蛇本身也随之变得很警惕。我们经过一个胡椒和菠萝种植园，一只加里曼丹啄木鸟在我们身边跳来跳去，表现出的好奇多于恐惧。然后，沉重的湿叶落下的声音发生了变化，我们听到上面传来一阵剧烈的沙沙声。

“那里！”沙迪指了指，我看到了四肢和一片红毛似旋风一样穿过。

“猩猩？！”我低声说。

“不。看它的尾巴。是栗红叶猴。虽然看起来有点像猩猩。”

猴子们摇摇晃晃地离开了我们。

公交车把我们带回了路边的一家咖啡馆，当地人喜欢饮用的饮品在里面列队迎宾。在热带地区这些尘土飞扬的街头集市中，规则是这样的：你可以得到任何你想要的东西，只要它颜色鲜艳，在未来十年内不会掉色。

沙迪喝了一种颜色艳丽的饮料，对大多数哺乳动物来说，这样的颜色都是毒药的暗示：荧光绿的液体，里面还悬着黑色与粉色相间的块状物。一个当地人喝着他的甜茶，我惊讶地看着他左手的指甲，它从指尖起向外弯曲，长达几英寸。然而，我们最终也没寻找到我所追求的当地智者。沙迪后来解释说，我们是在一个移民村，咖啡馆里的人可能是从爪哇的城市来的。

“这里没有‘聪明的老山羊’。”沙迪补充说，他喜欢他的新习语。

公交车把我们带回了镇上，在这里我们找到了我们想要的人——一个没有牙齿但有“千里眼”的人。

“他们说，如果一只乌鸦在早晨唱歌，那么一个孩子就会死去。”他告诉我们，“它唱的时间越早，孩子就越小。”

我皱起了眉头。我们处于智慧的边缘，但在边缘处有一些糟糕的不实之词。我们坚持不懈，改变策略，谈论星辰、月亮、太阳。什么都没有。然后，他提到动物带来的一些结果。

“当火狐蝠从头顶飞过时，他们就知道水果什么时候该收获了。”沙迪解释说，“当他们看到这些蝙蝠向这边飞来时，他们就准备好迎接番石榴和杧果的到来。”沙迪向东边的天空挥了挥手。

“有一种昆虫可以告诉他们什么时候要下雨。”但不幸的是，这种昆虫的名字无法从当地方言翻译成英语。“满月会带来更多的蚊子。”

我感谢了我们的新朋友，同时沙迪给了他一些香烟，这是对方提供这些信息而期待得到的货币。然后我搂着这位智者，很高兴那天第一次拍下了一张旅游照片。

那天晚上，我们在一家当地餐馆吃了炒面和蔬菜。一位衣着光鲜的穆斯林领袖和他年轻的家人偶尔抬头看一下角落里的电视。冠军联赛的比赛结果无缝衔接到庞氏护肤霜的广告中，该广告承诺让皮肤更白。这几秒钟让我萌生了许多伤感。

长船的长度和宽度都不足以容纳我们所有人。39 个人需要进入一条 15 米长的船，而这条船的宽度只够两人并排乘坐。船主和船长不想错过任何一个黄金商机，于是派人去挑选木板，然后把木板锯成短木板，楔在船底现有的两个木板座椅之间。这让我想到了一个伦敦公交车司机在高峰期为乘客搭出更多座位的画面，我的脸上露出了笑容，但这笑容并没有持续多久。

我的目光越过破旧的木制房屋，越过脚步轻盈的瘦狗，看向一对走到水边的中年妇女。她们在把装满家庭垃圾的大垃圾袋直接往河里一倾，没有停下脚步，也没有停止谈话。当我们把袋子和各种沉重的货物装上长船时，塑料包装纸、瓶子和榴梿果皮从我们身边漂过。沙迪发现了我的不安，他解释说，他和我一样感到难过，问题出在教育上。还有一个问题是，这不是一条潮汐河——雨水像一条涌动的湿传送带一样流向一个方向，把所有东西都漂走了，所以像这样的镇民再也看不到他们的垃圾了。但其他人无疑会看到。

周围木制房屋上有黑色烟渍，孩子们穿着整齐地从它们之间穿过，走向学校。完美的白衬衫、领带和熨烫过的裙子与河边的污垢形成了愉快的对照。这是令人振奋的，如果他们对外表如此自豪的话很难想象他们的教育是如此糟糕。我希望这对河流和海洋都是个好兆头。

“蜗牛的卵标记出了潮汐水域的水位上限。”沙迪在我身后的木板上叫道，因为船滑动起来，我们开始了第二次也是最长的一次河道旅行。我不知道这个蜗牛的事实是否属实，也不知道这一小条经验珍品是从哪里来的，但我把它记了下来。在接下来的两天里，这位老人的肩膀一直和我贴在一起，当他看到我在笔记本上写下这段话时，他点了点头并咧嘴笑了。(我后来了解到，玉黍螺的行为受潮汐影响很大，因此与月相有关，但不同的物种的行为也不尽相同。有些卵壳会被产在高的潮水标记处。)

一只犀鸟从头顶飞过，我注意到，强大的河流在所有障碍物的上游聚集了巨大的浮木堆。小岛的上游一端长出了巨大的木头小山，里面有树枝，也有整棵的树。然后开始下雨，下了又下。在一艘快速行驶的敞篷船里，几个小时的大雨让人看不清东西。我们蜷缩在拼凑的斗篷和防水油布下，双腿交叉坐在一起，长时间地盯着地板上的木板，因为抬头看就意味着脸上有刺骨的雨水。雨下了三个小时，船尾的五个舵手用五个独立的舷外发动机为我们提供动力，在雨中逆流而上，这种安排我以前从未见过，但也没有质疑。地球上没有任何地方比这对河流运输的了解和依赖更可靠了。船长坐在船头，用他的手向船尾的五个人发出信号，熟练地拨动手指，表示向左、向右。他观察着水的流动，寻找水面上明显的涟漪或颠簸，这将暴露出障碍物的位置，比如被卡住的树干。如果他注意到最轻微的异常情况，他就会用手一弹，几吨重的纤细的船就会向左或向右抽动一下，让威胁从我们身边滑过。

我们经过了在树间跳跃的食蟹猕猴(*Macaca fascicularis*)，然后在一个站点短暂停留，这个站点是一块从湿滑的泥地里突出来的湿漉漉的石头。一些乘客下了船，另一些则上了船。我们越往上游走，乘客就越少。狗、枪和长矛在我们的物品中和两腿之间安家。然后我们在一个伐木工人的营地停了下来过夜，尽管蚊子云集，但我睡得很好。

早上，我先伸了伸腿，然后再让它们窝在船里踩在木质地板上。伐木营地周围堆满了巨大的新砍伐下来的树木，这并不奇怪，但它们是原始森林的树木，这让沙迪很恼火，它们中间的标志有点讽刺。它骄傲地宣称：

Lindingilah Mereka Dari Kepunahan

没有森林，就没有未来。

这个地方处于各种冲突的旋涡中央，而这旋涡由新旧势力、发展、财富、环境、政治、贪婪、传统等交织而成。我觉得自己正站在为婆罗洲的未来而斗争的中心。但我只是个过客，没有资格评判任何人。

一座尖尖的高峰映入眼帘，然后两个引擎出现了故障，因为我们发现自己处于两组激流之间。一个引擎经常在修理，船一直是在四个引擎的驱动下愉快地前进，但对于这样一艘满载货物的船来说，在湍急的水流中失去两个引擎使我们完全停止了前进，然后我们开始向后退，滑向第一组急流。我依次看了看船长和发动机。他仍然很冷静，很快我们又开始前进了。然后水越来越浅，急流对我们的大船来说太危险了。我们被迫爬出来，等待着一艘小得多的船从我们身边经过，这样的船可以应对上游湍急的水流和岩石。

我们到达了晚上休息的村庄，虽然身体僵硬而疲惫，但我很兴奋能有机会与当地人交谈，他们是我尚未有机会见到的婆罗洲内陆的第一批居民。一个身材矮小、肌肉发达的男人和他的儿子以及一个女儿坐在黑暗的木制阳台上，女儿有一双最漂亮的眼睛和一张兔唇。他是一个经验丰富的丛林徒步者，就像村里几乎所有的男人一样。

“他们三四人一组结伴而行。”沙迪跟他们一起吸了会烟后，向我解释说，“当一个人找到正确的路线或一个人走散时，他们会互相呼唤。他们割破树皮做记号，然后沿着上一组的标记走下去。”这种割树的习惯是最古老的设置路标的方法之一，所有具有森林中行走经验的土著文化都保留了某种形式的割树方法。在西方，英语用“blazing a trail”表示“开辟道路”的意思（其中“blaze”一词的意思是“在树皮上刻路标”），因此“trailblazers”也就成了“开路先锋”的意思。

我让沙迪询问线索的事情。他点了点头。

“动物们总是会回到所有盐的源头,即将盐带到地表的泉水。它们知道，通过等待和观察盐的来源，它们总是可以狩猎成功。”

我们借来的下一艘船更小，可能有四米长，宽度只够一个人坐。当水越来越浅，露出水面的岩石越来越多时，它使我们得以在这样的水中前进。它还能使我们向上游方向行驶更远，离两边的岸边更近一些。在经过某一段岩石河岸时，我注意到发动机回声的音色会随着岸边成分的变化而变化。在水面上待了好几天后，被困在这些船的底部，任何能让头脑忙一阵的东西都成了娱乐，我开始磨炼闭着眼睛看风景的艺术。最简单的线索来自发动机的回声。我现在可以很容易地判断出岸边是否有在一般情况下见到的缠结在一起的树根和泥土混合体，因为这种情况下形成的回声就像是锡箔纸在远处摇晃。如果这种回声变成一种更坚实、更有冲击力的声音，就像电锯的声音，那么我就知道我们正在经过一段石灰岩堤岸。

两只鹰在浓密的绿色山顶上盘旋。然后，我发现了事物漂浮但不随水流移动的蛛丝马迹。世界上几乎所有地方的人都会在海床或河床的底部捕捞甲壳类动物，只要那里有这些食物。这些方法在细节上各不相同，但在技术上却基本相同。人们把各种各样的盆子压在下面，然后拴上一个浮子，让它漂浮在水面上。这些浮子通常是塑料瓶，它们在水面上晃动，但不随水流移动。相反，它们会阻挡水流，形成一个V形的波浪，在湍急的水流中很容易识别。塑料浮子对船只没有很大的威胁，但连接着盆子的线会缠绕在螺旋桨上，很快就会让船危险地停下来。大多数小船的船长因此十分厌恶它们，虽然他们喜欢螃蟹和龙虾的味道。

这一次，这些浮子向我传递出了一个令人兴奋的信号——人。没有人会在离家太远的地方埋这些盆子，因为他们需要不时检查，所以在几分钟内看到几个这样的浮子，表明我们离目的地不远了。果然，一个小时后，我们来到了一片近乎垂直于水面的河岸。我们把船拴好，沿着陡峭的泥地攀登，来到了隆亚兰戈村。它被称为“日不升村庄”，起初听起来很不吉利，但我很快意识到这指的是地形。隆亚兰戈村位于一座山的西面，这使晨曦总是姗姗来迟。

我很少看到比这更漂亮的村庄。一排排的木头房子被漆成和谐的粉蓝色、绿色和淡粉色，坐落在高地和河流之间。村子的一头是稻田，另一头是学校，中心是一座光秃秃的木制教堂。在世界上任何电力供应稀少的地方，你都会发现有音乐响起，隆亚兰戈也不例外。我最先听到的声音之一是歌声，然后是吉他和弦的拨弦声。在我们那天早上出发的村子里，我很高兴地注意到，一家库存不到100件物品的商店还有吉他弦出售。

正是在隆亚兰戈，我们遇到了第一个真正聪明的老山羊。他的名字叫丹尼尔，是一个肯雅达雅人，对这个地区的情况了如指掌。他为了接受教育搬到了城市，之后返回这里建立家庭。但丹尼尔不仅仅接受了教育，他还走得更远，写了几篇关于婆罗洲生活方方面面的论文，他很乐意向我们展示。我们和他的妻子在他家的木质地板上围成一圈坐下，喝了很多甜茶和我们作为礼物带来的饼干。除了翻译之外，没有说一句英语，但第一次交流非常畅通，我的铅笔很快就写得笔尖都磨圆了。

在民间谚语中，知识的光芒初次闪现。如果拉塞尔鸟从右到左从前面经过，那么就可以继续前进，但如果它从左边来，那么你必须停下来几分钟，然后生起火。人们仍然在遵循这一规则，不过生火的艰巨工作已经演变成点烟。很难相信这只是迷信，但它是一种非常普遍的迷信——与平时内地的人聊天时，我听过好多次这种说法——这让我怀疑在这个传统背后有一些事实依据。我们很容易推测，达雅人喜欢在河流的一侧步行，并基于这一点解读鸟类行动方向背后的信息，但这只是推测，没有其他意义。更耐人寻味的是，丹尼尔谈到了一种他称之为“奥孔”（okung）的鸟，如果人们遇到麻烦，它就会出现，但后来他又说这也是疟疾的预兆，这时我对这种鸟的信心就减弱了。然后，我们得出了一些更可靠的结论。

麂（*Muntiacus* spp.），即达雅人所称的“kijang”，是婆罗洲雨林中的一种受欢迎的食物来源，因其肉的味道而颇受好评，它被广泛猎杀。达雅人对麂的习性的了解不亚于任何哺乳动物，我了解到他们能够区分麂的叫声。麂会发出两组声音，其中一组明确表示麂已经发现了人类。这对当代猎人来说是很有用的，因为要杀死一只对猎人有戒心的动物比杀死一只措手不及的动物要难得多。

了解麂方言的基本知识，在过去是生存的一个较为重要的手段，因为部落战争一直是该岛历史的一个重要部分。猎头，即攻击和斩下敌人头颅的做法，曾经在婆罗洲盛行，但被英国冒险家詹姆斯·布鲁克等人镇压。到20世纪中期，猎头行为在婆罗洲就已经停止了。然而，在那之前，如果麂的声音警告他们有人在靠近，那么要想出其不意地抓住并砍下他们的头就会难上加难。

丹尼尔还解释说，根据某些鸟类的飞行模式，如“ibu”或寿带鸟（*Terpsiphone paradisi*），可以画出表明河流位置的地图。像珠颈斑鸠（*Streptopelia chinensis*）这样的鸟类在丛林中很罕见，但在稻田和种植园附近很常见，在丛林穿行的人用它们来推测自己何时抵达村庄的边缘。

喝到第三杯茶时，我得知达雅人了解鱼的行动——最可靠的是它们在晚上前往浅滩——他们使用农历来确定农作物的种植和收获时间，以及本南人（达雅人中的一个群体，因其独特的游牧狩猎生活方式而被视为一个独立族群）因为脚和指甲是红色的而闻名。

第二天早上，我们开始徒步。在开始真正的徒步旅行之前，还需要进行几段小船航行，但需要步行一个小时才能到达下一条河。我很高兴。8天的小船旅行让我的头脑和肌肉都在抽搐，无法将一只脚放在另一只脚前面。不到 10 分钟，我就感觉到汗水从脸上滑落，10 分钟后，我在一个陡峭的泥滩上滑倒，前臂着地，重重地摔在地上。不过，能走路的感觉还是很好。

沙迪向我招手，让我去看一棵年轻的树，它处在我们沿着行走的模糊路径边缘的森林中。他从背包里拿出一把刀，从树上刮下一些树皮，递给我，说："闻闻吧。"

我犹豫不决，因为丛林会飘出从神圣到恐怖的各种气味。然后，香味顺着我的鼻孔向上爬，是肉桂的新鲜甜味，既香又涩，似乎让我的心灵得到升华。这是我所闻到的最美妙的气味之一，完全不像家里小玻璃罐里的棕色硬棒的霉味、灰尘味，这是另一个世界的味道。我的思绪刚刚平静下来，沙迪告诉我，肉桂的香味会随着海拔的升高而明显改善。

"一个新鲜的肉桂味的高度计！"我欣喜地说道。我的婆罗洲之旅的第二个徒步阶段已经开始，其方式比我想象的更令人振奋和美丽。这当然值得我们把一只脚放在另一只脚前面了。

第十四章

城市、小镇和乡村

——为什么只有街道的一侧有咖啡馆?

有一句古老的法国谚语:“有嘴就能去罗马。”当代的版本可能是:“有手机,就能去旧金山。”这两种方法有时都奏效,我们可以通过询问人们或在网上搜索,从而找到关于城镇的许多问题的答案。但是,如果我们完全依赖别人,一个城镇的大部分不寻常的线索将被我们忽略。一个陌生人或网站可能会告诉你某个公共游泳池的位置,但他们不太可能告诉你,你朝着喧闹的方向走就能找到浅水区。

当我们向人类文明靠近时,一切都会改变,就连我们看到的水坑都会发生变化。水坑会反射光线,但当有灰尘或油脂进入水中时,它们反射光线的方式就会发生变化,而当我们接近城镇时,这种情况发生得更频繁。你可以在白天看到这种现象,但它在晚上最为明显。如果你在晚上研究水坑,可以注意当你从农村环境移步到高楼林立的区域时,光线的反射是如何变化的。在乡村,水坑往往能忠实地反射光线,但在城镇,水面上的颗粒会扭曲反射形成的像,往往会发现光源处出现光柱。当你看着远处的灯光如路灯时,这种效果最明显,因为当你以接近水平的角度观察水坑中的像时,最容易注意到这种效果。但我们绝不能被水坑中的镜像欺骗。每个城镇都有很多精彩的细节,如果有一种可依靠的方法,这对我们很有帮助。

在一个新城镇寻找线索时，搜寻的顺序最好从宽到窄，然后从上到下。尽量先注意主要的自然特征：河流、山丘或海岸线。接下来寻找人造的山丘：城镇的中心部分往往由于空间压力导致租金上涨，这反过来又提升了人们对该空间的商业兴趣。其结果是，在城镇中心和大城市的金融区，建筑物越来越高。

如果你在有非常高的建筑物的城市的某些地区徒步，你会经历奇怪的、有时相当强劲的风。所有建筑物都会产生漏斗效应（funnel effect），并在其周围形成气压较高和较低的区域，非常高的建筑物发生这种效应的影响范围也会很大。研究表明，这些受建筑物影响的风已经导致位于底部的商店关闭，因为在某些地区的行人走路变得很不舒服。但更糟糕的事情已经发生了。一栋高楼底部的阵风导致了两名老年女性死亡之后，大多数当局现在要求在获得规划许可之前，要对所有高层建筑产生的风效应进行研究。

每个城镇都需要自己的基础设施网络，没有电力、供排水和交通系统，它就无法运作，而这些都可以提供线索。当你接近人类文明的时候，通信和电力线路会越来越容易看到，因为它们往往会向城镇外辐射。要找到城市中的污水管，你通常需要 X 光一样的透视眼，但在某些时候，大自然会赋予我们这种能力。在一个城市积了一层雪之后，人们走过的道路和小路上的积雪会很快被清除掉。其他最先融化的地方是在停机坪下有供排水管道通过的地方。

虽然你可能不会花大量的时间在机场停机坪上行走，但当你在城市头顶看到低空中的或爬升或下降的飞机时，它们会提供一条关于风向的线索。跑道一般是沿着盛行风方向铺设好，因为飞机需要在风中起飞和降落，所以大型飞机越低，你就越能相信它正为你指出盛行风的方向。

人流预测

一座城市中的每个人都有自己的目的地，他们有自己的个人使命，解读个体的行为可能是具有挑战性的，但大量的人的行为是可以预测的。在清晨逆着人流行走，或在傍晚顺着人流走，你会找到一个车站。（如果你来到一个对你来说很陌生的大车站，这种方法实际上可以帮助你找到出口。）在午餐时间，工人们会从高楼大厦的办公室前往公园。在去公园的路上，他们会避开那些推着婴儿车的母亲以及从家里到公园路上的狗粪。到了周六，人流就会转向零售市场。

你是否注意到，一些商店和餐馆似乎永远存在，而另一些则命运悲惨，总是开了又关？食物、产品和服务发挥了很重要的作用，但并不是全部。一个重要的因素是位置，每年许多好的零售企业破产、差的零售企业生存下来的最重要原因之一也正是如此。谁在饿了或渴了的时候，没有从最方便的地方买过东西，不管它是否寒酸？在伦敦的一条路的拐角处，我路过一家餐馆，那里似乎每两年就换一次主人，至少过去30年来总是这样。每次我看到窗户上鲜艳的新名字时，我都想找到那个不清醒的新主人，让他们坐下来喝杯酒，然后说："这杯酒算我的，我为你节省的5万英镑也算我的。不要在那个地方开餐馆。它将会倒闭的。除非你有米其林三星、一部电视剧、一支秘密军队、四辈子的经验和与魔鬼签订的协议，否则没有一个凡人能把那个地方变成一个能赚钱的餐厅！"

我们作为个人可以有自由意志，但作为一个物种却没有。作为个体公民，我们可以选择自己的路线，但作为一个群体，我们走的路线是可预测的。你可能无法精准地预测出一个人在一个路口会转向哪边，但你将能够预测大多数人的转向。在世界北部的一些地区，更多的人会走在街道的阳面，所以东西走向的街道北侧总体上比阴面的南侧更繁忙。这里的商店生意更好，随着时间的推移，租金会略有增长，租户必须赚更多的钱，商店需要出售更多的高档商品，它们的特征就发生了变化。在世界的炎热地区，如美国南部，情况恰恰相反，阴凉的地方是很重要的。

通勤者往返于车站时经常采取稍微不同的路线，因为这能让例行事务不那么枯燥。这可能会导致客流量趋于平衡，但事实并非如此。我们在回家的路上比在上班的路上更有可能买东西，因为我们下班时脑子里没有那么多的截止日期和会议。因此，如果一条路线更受出站的人欢迎，而另一条路线更受进站的人欢迎，那么前一条路线上的咖啡馆生意会不错，但后一条路线上的商店和酒吧往往会更兴隆。每条街道都有数百个类似的微观因素在起作用，大多数只有在该地区生活或工作多年的人才能体会到。你去拜访别人时，是否出现过对方甚至没有看一眼窗外，就告诉你在哪里可以找到停车位的情况？我们无法对人们施展读心术，但我们可以发现他们的习惯。

随着时间的推移，每家商店、酒吧、咖啡馆和餐馆都会反映出当地人的流动方式和习惯，从中我们可以找到线索。找到了一家医院，附近就会有一家花店。公共汽车站会增加找到报刊亭的可能性。学校附近总会有一个人行横道，这就形成了人流，反过来又会影响到附近的商店。而中学附近似乎总是有快餐店。如果你注意到在你经常走过的道路上正在开辟一条新的人行横道，请注意附近地区的商店和餐馆。它们会随着时间的推移而改变，以适应新的人流。

了解人们如何在城镇中移动极具商业价值，这导致对该领域的研究越来越多。像所有好的研究一样，它往往证实了很多我们已经有所怀疑的东西，也给了我们一两个惊喜。老人和那些背着包的人比一般人走得更慢，如果天气寒冷或潮湿，每个人都会加快脚步，这没有什么好惊讶的。但是你知道吗，当我们经过办公室，特别是银行时，一般会加速前进？我们在停车场也会走得更快，但当我们经过任何反射性良好的表面时，比如商店的镜子，就会放慢速度。性别并不是影响人们在城镇中行走速度的显著因素。

然而，的确可以从某个性别和文化角度审视行人的行为方式。如果两个人在人行道上朝相反的方向行走，并意识到他们即将发生碰撞，那么他们会采取规避行动。他们会向一侧侧身以避免相互碰撞，但转向哪个方向呢？欧洲人倾向于向右转，但在亚洲的许多地方，人们会向左转。男人倾向于转身看向对方，但女人倾向于转身背对对方。研究表明，如果空间宽松，德国人和印度人会以相似的速度行走，但一旦变得拥挤，印度人就明显比德国人走得快。

我们也可以从技术的角度解读人类在城镇的行为方式。人们在讲电话时速度会放慢，而在使用耳机时则会加快脚步。这两种情况都不会提供许多有用的线索，但有一个可能。如果你想知道为什么你所在车站外的街头小贩越来越多，而且比以前生意更好，那么现在花点时间，看看你是否能从技术层面找到答案。人们现在开始在自己以前从未去过的地方停留。在车站和火车上通常很难获得移动信号，所以人们在进入通信盲区之前，会停下来最后一次检查他们的智能手机。在人们停留的任何地方，他们都会看到自己想要的东西，也会购物。

简而言之，我们就是自己的导航工具。从每个人走在街上的方式，可以看出他们的背景和动机。在最简单的层面上，你应该很快就能通过某人在一个路口所花的时间来判断他是否来到了一片陌生的区域。

地下世界往往比忙碌的守法公民更有创造力，更了解不易察觉的线索。如果你曾质疑过盗贼判断下手机会的聪明才智，那么想象一下沃尔玛的情况。这是世界上最成功的零售企业之一。它知道小偷会试图偷东西，也知道有什么方法可以让他们难以下手。他们在安保人员和摄像头上花费了大量资金。即便如此，据沃尔玛透露，他们在一年内因盗窃而损失了30亿美元。

成功的窃贼都是人类行为和习惯的学习者。在最险恶的街区做一些像打开旅游地图这样明显的事情是个坏主意，但事实上，我们可能都会对自己在不知不觉中释放出的更微妙的信号感到惊讶。扒手使用的最反常和最狡猾的战术之一，就是非常大声地喊道："小偷！"然后混进人群中，做出追赶的样子。几分钟后，旁观者意识到他们的财产已经不翼而飞。第二个扒手正在观察路人听到"小偷"这个词时的反应。大多数人拍拍他们的口袋进行检查，这就暴露了他们最宝贵的财产的确切位置。他们实际上是在衣服上画了一张地图，供第二个小偷使用。

***

如果你看到两个人停下脚步相互交谈，那么他们之间的关系和渊源的线索就隐藏于他们彼此之间的距离中。陌生人之间的距离比相识的人之间离得更远，而相识的人给彼此的空间又比恋人更多。但这里面还有更精细的艺术。如果你看到两个人在交谈，并且怀疑他们认识对方，你实际上可以对他们来自哪里做出有根据的猜测。西欧人通常与对方相隔一臂距离，这样，他们伸出的手臂指尖就能触到他们同伴的肩膀。东欧人则会站得更近一些，这样他们的手腕就能碰到对方的肩膀。南欧人之间的距离就更近了，他们的手肘能碰到对方的肩膀。另一方面，美国人喜欢保留充足的空间：一般而言，他们在站着交谈时，彼此会保持大约 4 到 7 英尺的距离。如果你看到两个人愉快地在这一范围内的任一位置，你可以猜到他们都是来自这些地区中的同一个。但是，如果你看到两个人不自在地挤来挤去，一个往前挤一点，另一个往后挪一分，都找不到那个完美的距离，这可能意味着来自不同文化的两个人刚刚相遇，正在努力寻找一个相互舒适的交谈距离。他们不同的文化背景可能会让他们中的一个感到有点受到威胁，另一个感到有点被冷漠对待。

城镇和城市的空间压力意味着我们都要学会流利地使用肢体语言，从而保护好自己的空间。下次当你和其他人在一个拥挤的空间里时，比如在地铁列车上，可以留意有多少人会避免目光接触，戴上面无表情的“面具”。这种明显无表情的脸是不自然的，它是一个信号：人们在无声地表达，自己对互动没有兴趣。书籍、报纸和手机都是用来发出这种信号的工具。真正决意不让任何人打扰他们或入侵他们的空间的人，往往会在盯着书看的时候，把两只手放在头的两侧。这是一个强烈的信息：不要动和我说话的念头。

我们在陌生人身边的行为方式远没有我们想象的那么随机。研究表明，如果在等待区有一长串的空椅子，第一个人往往会坐在靠近一端的地方，但不会直接坐在最边上。下一个人不会坐在他旁边，也不会坐在另一端，而是更接近第一个人和与他相对的另一端的中间点。第三个人将坐在最大的剩余空间的中点，以此类推，直到人们被迫坐在彼此的旁边。

研究表明，我们为自己创造的空间是如此珍贵，以至于我们会用标记来保护它，即使我们长时间不处于这一空间内。桌子上的一堆杂志可以阻止人们侵占相邻的空位，时效为 77 分钟，但如果把一件外套披在椅背上，它至少会在两个小时内不会被别人占用。

道 路

看看任何一个大城镇的道路地图，你会很快发现主要道路都是呈放射状的。这是合乎逻辑的；这些主干道的全部意义在于使人们能够进出城市，在与心脏和身体的类比中可以很明显得知。这实际上意味着，位于城市北部的主要道路将继续向北延伸。这种模式并不完美，你肯定会想到一些例外情况，尤其是环形公路，但它会非常实用。如果你知道你在一个城市的西北部附近，看到一条巨大的中央有分隔带的分车道公路，那么它有很大的可能是沿着西北或东南方向延伸。

大约15年前，我和一位飞行教练聊天，他给我讲了一个有警示性的故事。他说有一次云层压得很低，他迷失了方向，然后就迷路了。他让自己飞得很低，从而解决了这个问题，直到找到一条高速公路，然后在旁边低空飞行，直到他能看清路标。他活下来了，还把这个故事讲给我听。作为徒步者，我们当然可以读懂路标，但要能找到路标中的路标，就更有趣了。道路网络中通常有一个秘密的编码世界。它因国家而异，但当发现和破译一个代码时，它是有意义的，有时甚至很实用。

在美国，州际公路的编号原则是基于一个有用的惯例：奇数的是南北方向的，偶数的是东西方向的。此外，南北向的高速公路从西到东的编号依次递增，所以I–5沿西海岸延伸，I–95沿东海岸延伸。东西走向的路线从南边开始编号，因此I–10将把你从洛杉矶带到佛罗里达，而I-90则连接西雅图和波士顿。

如果你学会了阅读编号的方法，一些州际公路沿线的里程标记也是有价值的线索。它们通常从该州最西边或最南边开始，每隔一英里标记一次。附近的高速路出口也常常借用这种编号系统中的名字。如果你在一条东西走向的路线上旅行，看到一个编号为15的英里标记，那么你离西部边界有15英里，你很可能接近15号出口。

可以说，外面的道路上有很多被忽视的编码。它们对司机来说可能比徒步者更有实用价值，但在美国和英国，徒步者看到的道路比我们可能选择的要多得多，所以当我们看到这些标志时，能够从这些标志中做出微妙的推断令人无比满意。

在我们远离噪声和污染之前，关于繁忙的道路再最后介绍几点。如果你走在一条快速路上，注意到路边有一束花，那么你可能会意识到，可能有人在那里失去了生命。不太受人欢迎的是，这是作为行人要格外小心的一个地方，因为汽车或摩托车在那个地方再次失去控制的概率会比正常情况更高。如果你走在城镇的人行道上，注意到石板出现了开裂和下陷，如前面所述，这可能是由于出现了土壤下沉，但还有一个原因是，这可能是一个受欢迎的货车和公共汽车的卸货点。这些车辆的司机通常很匆忙，喜欢开上路边，所以要小心，因为他们可能不会因为一双腿而延缓执行他们的任务。

如果你发现自己在夜间开车或在路边行走，不久之后就会有另一双眼睛与你相遇。许多动物能够在夜间利用微弱的光线看得很清楚。它们眼睛后面的反射层让它们得以实现这一点，它有一个很好的名字，叫“明亮的织锦”（bright tapestry，即脉络膜层），来自拉丁文“*Tapetum lucidum*”。被反射到车灯和我们眼睛中的光的颜色可以帮助你认出它们的主人。当正面看到这反射光时，大多数狗的眼睛是绿色的，马的眼睛是蓝色的，狐狸的眼睛是白色或淡蓝色的，水獭的眼睛呈现暗红色，松貂的眼睛是蓝色的。众所周知猫的眼睛呈现鲜绿色，但暹罗猫的眼睛呈现红色。如果你用手电筒在路边的灌木丛中发现了小眼睛，这些是飞蛾和蜘蛛。

建　筑

工业需要水，所以你会发现靠近河流的地方有正在进行的轻工业和高级工业区的奇怪混合物。工业也给城镇涂上了颜色和气味，在建筑物周围会出现散布不均匀的黑烟，在盛行风的吹拂下飘散。

无论你在世界何处，你都可以找到建筑师进行建筑设计和布局的简单原则。无论是古代建筑还是现代建筑，是家庭建筑还是商用建筑，热量、光线和风都会影响建筑。在北方的许多地方，人们必须建造足够温暖的建筑，因此建筑更倾向于朝南的方位。在地球上较温暖的地区，尤其是在热带地区，要努力保持建筑内的凉爽。在我去佛罗里达州坦帕市的一次旅行中，我发现这个概念在现实中的应用案例。这里是世界上相当炎热的地区，所以烟草厂——昔日繁荣的当地工业的一部分——建在东西向的轴线上，以便从阳光和微风的结合中创造良好的通风条件。这种排列方式被复制到周围的建筑中，导致整个城市的网格都与主要方位保持一致。

理想的景观特征，如公园，吸引着人们，因此，当你离公园越近，房产就会明显多起来。我注意到，房屋的漆龄与离公园的距离有关。如果你发现有例外，那么你就找到了新的线索。在任何一个大城镇或都市，那排能看到公园的房子都是非常受欢迎的。这反映在它们的价格上，所以我们发现这些房子是由富人居住的，他们往往会在房屋的维护上投资。但是，如果你发现一个奇怪的房子，那么住在里面的人可能比他们的邻居要老得多或年轻得多。在一排粉刷一新、维修整齐的门面中，一栋风化的、看起来很糟糕的房子很可能表明，住在那里的人要么不拥有它——租户一般比业主年轻，要么他们很老，在该地区贵族化之前就搬到了这里。

如果我们把注意力集中在建筑物本身，我们会发现灰泥信息和混凝土的代码，这些信息不需要有很好的建筑学基础就可以读懂。从顶部开始，看看是否有烟囱倾斜。砖砌烟囱，特别是那些用石灰和灰泥建造的烟囱，随着时间的推移有向北倾斜的趋势。这种现象产生的原因是太阳导致烟囱南边比北边吸热更多，导致南边的灰泥膨胀。

在烟囱附近，你会发现天线。地面电视天线在每个地区都会遵循一种趋势。这不是硬性规定，但大多数天线会指向最近的发射站，值得留意这种趋势指向的方位，因为如果你以后迷失方向，它可能会帮助你。电视卫星天线比较可靠。在美国的东海岸和中西部，它们一般指向西南，而在西部和西南部，它们往往指向东南。

把视线放低一点，我们就会发现，屋顶上有地衣和苔藓提供线索，这些线索可以有效地用来判断方向，衡量污染程度，以及深入了解野生动物（见第五章）。如果你注意到屋顶不对称，这可能也是一个方向的线索。锯齿形的屋顶，即一侧近乎垂直另一侧坡度较缓的屋顶，通常垂直的一侧会远离赤道，所以在北半球这一侧朝北。

太阳能电池板越来越受欢迎，并迅速在屋顶上蔓延开来。不需要费很大力气进行推理，你就能意识到，这些一定是在阳光充足的南面屋顶上最

锯齿状的屋顶可以作为指南针。

常见的，而不是在北面，因为把它们安装在北面会是一项糟糕的投资。

在屋顶下面，我们会发现高大的窗户。如果你注意到建筑物的上层有非常大的窗户，那么这就是这些建筑物的历史用途的一个线索。在没有电的时代，任何需要做细致的室内工作的人都会依赖大扇的窗户，因此从蕾丝匠人到艺术家等小众行业都在这些建筑中留下了他们的印记。伦敦西部的塔尔加斯路的南侧有一连串令人惊叹的艺术家工作室旧址，巨大的玻璃拱门向上延伸，面向北方。这些房子如今仍被称为“圣保罗工作室”。

窗户上的反光可以帮助你确定它们的年代。现代玻璃厚度均匀，表面光滑。较旧的玻璃反射出的图像会有斑驳感，有时甚至会有重影，即光线以略微不同的角度在同一面玻璃的正面和背面发生反射。当你的眼睛在阴暗的地方发现快速移动的光时，你就可以从窗户和它们的反射光中找到另一条有趣的线索。我们的大脑会把注意力集中在一切意料之外的运动或形状上，所以在阳光明媚的日子里，如果你碰巧发现一个光斑在地面或墙壁的暗影中快速移动，你可以抬头看一下并挥手示意：有人刚刚打开了自己的窗户。

现在我们的视线已经移到了建筑物下面，你可能会发现房屋或单位的门牌号。人们在为街道上的房屋编号时，没有硬性规定，但最流行的惯例是，离城镇中心越远，门牌号上的数字越大，奇数数字位于道路的左侧，偶数数字在右侧。

在前面的章节中，我们提到了与土地的形状相关的命名习惯，但在城市环境中，名字也可以很有帮助。我记得有一次，在伦敦西边的小镇斯泰因，一个陌生人问我去河边怎么走。我说我不确定，因为我不太了解斯泰因，但我指了指我认为的方向。我们当时位于布里奇街，所以我想，河水很可能在这条街的下坡的一头。车站路、堤坝、城堡街……那些负责为道路命名的人并不希望让自己或他人的生活变得困难。

有时会有一些有待发现的规律。在欧洲和美国，奇数地址号码在一边，而偶数在另一边是很常见的。在柏林，在道路一边街道地址的门牌号数字依次增加，然后在另一边减少。令人困惑的是，在日本，门牌号是根据建筑物的建造时间来确定的。

美国各地的地址中有很多线索，但不同城市的惯例不同。曼哈顿著名的网格状街道形成了一个极其直接的命名编号系统。南北向的道路大多叫“大道”（avenue），而更小的、更多的东西向的道路叫“街”（street）。大多数大道都有编号，从东到西越来越大。街道也有编号，从休斯顿街开始，向北编号依次增加。第五大道是东街和西街的分界线。因此，以具体的地址来说，西42街的一个地址位于第五大道以西，假设你要找第10街和第三大道的交叉口，你就知道你需要回到第五大道，在第三大道右转，然后往前走32个街区，到达第10街。

芝加哥的道路也是以网格为基础的，其南部的街道也遵循同样的编号惯例，靠近市中心的数字较小。比如说，你在第97街比在第25街离市中心要远得多。该市的大部分地区也是普通地址编号系统的一个完美示例，每一个街区的数字都会增加100，每英里有8个街区（800个门牌号数字）。市中心的州街和麦迪逊街的交叉口是这个编号系统的起点。因此，2400N指的是麦迪逊以北24个街区或大约3英里（2400除800）的南北向街道上的一个位置。奇怪的是，在城市的西部，有一群不寻常的南北向小路聚集，它们按从K到P的字母顺序排列。因此，当你向西走时，你会经过诺克斯、基尔帕特里克（Kilpatrick）和基廷（Keating），然后，在西塞罗这个比较繁忙的大道上休息一下，再到拉克罗斯、拉蒙、拉波特，等等。

华盛顿哥伦比亚特区是将城市划分为四个象限的一个典型例子。国会大厦是布局的中心点，西北、西南、东北和东南四个象限都是围绕它展开的。主要方向出现在城市的地址中，所以如果你迷路了，至少你会知道自己的位置与国会大厦是什么关系。街道从国会大厦向外辐射，按数字（南北向）和字母（东西向）排列。以字母排列的街道首先是单字母（如C、D、E），然后是双音节词（Channing、Douglas、Evarts），接着是三个音节（Crittenden、Decatur、Emerson），最后是植物名称（Cedar、Dahlia、Elder）。

当然，这些命名编号系统中没有一个能在全市范围内百分之百适用。城市的发展是有机的，随着城市的发展，既往的规律模式会被打乱。在旧金山，有近一打或完整或部分按字母排列的街道在其网格中被发现。它们可能对从城市的一个角落到另一个角落的导航没有什么帮助，但如果你在几个街区之外，它们会帮助你到达目的地，而且留意它们也是一种愉快的体验。

教 堂

虽然在美国并不常见，但在世界许多地方，尤其是欧洲，古老的教堂经常使用从很远的地方、甚至是从国外进口的昂贵石材建造。因此，第一条线索是有人决定在某个地方的确投入了大量资金。这反过来又提供了更多的线索。首先，该地区很可能在某个时期有很多财富，如果是中世纪的教堂，那么该地区就会有一个富裕的庄园。如果教堂是孤立的，这条线索表明该地区历史上出现过一个悲惨事件，这个事件一定曾使当地人死亡——疾病、战争或饥荒是最常见的元凶。

由于教堂的建造成本很高，它们的位置、布局和风格都是人们深思熟虑的结果，因此其中包含着重要的线索。有许多专家从这些建筑中发掘出神秘的故事，但非专业的徒步者在破译教堂线索方面也能获得很大的成功。

首先，教堂最常见的朝向是东西向排列，祭坛在东端。很常见的情况是，教堂的排列方式稍稍偏离完美的东西方位线。最流行的解释是，教堂的建造是为了对准守护神节日当天的日出方向。

教堂的南面被认为是最神圣和最受欢迎的一面。出于这个原因，教堂通常建在教堂墓地的北部，并在通往教堂的道路的北部。这样人们就可以从南面接近，通过南面的门进入教堂。门本身通常设在教堂的南侧，但更靠近西端：这使得人们可以从南侧进入，然后在找到自己座位的路上向东转，面对祭坛。教堂的塔楼通常位于西端，如果你从远处将教堂作为指南针使用，这非常有帮助，因为这些塔楼往往是在山顶上唯一可识别的特征。

甚至绘画和彩色玻璃窗也能反映出这种朝向东方的偏好。东边的窗户和绘画通常会描绘振奋人心和充满希望的场景，而西边的窗户和绘画则可能侧重于厄运或最后的审判等场景。

如果说在人的生活中方向很重要，那么死后就更重要了。墓地能提供的线索几乎和它们所毗邻的教堂一样丰富。坟墓通常是东西向排列的，墓碑在西端。这样排布的原因是有争议的，可能是为了让死者复活时面向圣地，也可能是为了让他们的脚朝向旭日，但效果是一样的。有一个不寻常的墓地线索，我从很多人那里听说过，但到目前为止只在几个地方发现过，包括在英格兰西南部的康沃尔郡发现过几次，虽然不常见，但寻找起来很有趣，所以我在这里稍做介绍：神职人员有时会以和教区居民相反的方向下葬，这样他们就会面对他们的教众，在复活时可以像牧羊人放羊一样带领着教众。

大多数人希望葬在教堂的南面，东面和西面则不太理想，北面最初是留给未受洗礼的人，以及在某种程度上被放逐的人或自杀的人。当墓地变得过于拥挤时，就有必要使用教堂的所有空地了。因此，最古老的墓碑通常会在南面，最新的则在北面。

这种埋葬偏好反映在教堂的选址上，靠近教堂墓地的北侧，以便在首选的一侧腾出更多空间，也反映在一个相当可怕的线索上。成千上万的人被埋葬在即使是一个小教堂的周围，最终地面开始有所反映。相对于教堂本身的地面水平，教堂墓地的所有部分都会上升，但有些地方比其他地方更高。教堂南部的地面被发现明显高于其他地区的情况并不少见。如果你从教堂走到墓地，你就踩在了离世灵魂的上坡之路上。

教堂的外面也布满了可以指示方向的线索。最快速和最简单的通常是顶部的风向标。更微妙的是日晷，它在教堂的南面很常见，通常在教堂入口处上方。日晷，无论你在哪里找到它们，都是面向南方的。而指时针，即投射阴影的刺刀状金属，应该指向正南方。修道会日晷[①]比日晷更简单，也更难找到，这些教堂南侧的划痕弧线也能发挥相同的作用。

我们也不能忘记大自然的线索。教堂和墓地是地衣生长的最佳场所。每个墓碑也提供一个机会，可以检看地衣对石头的类型、光线和方向的敏感程度。

教堂的地衣

总的来说，你会发现在教堂的南面有更多的地衣，因为那里有更多的光线。如果你绕着教堂一直走，你会看出一个五颜六色的指南针。你会发现朝北的屋顶上有更多的绿色苔藓，而北边的墙则是灰色的。在南面会有更多的金色石黄衣斑块，特别是在屋顶下面的部分和鸟儿喜欢栖息的地方。

①修道会日晷（Mass dial），一种中世纪简易日晷，一般出现在教堂南侧，由于有些修道会日晷是在石壁上简单划刻出来的，所以也叫划痕日晷（Scratch dial）。

看看教堂的窗户下面。你可能会发现窗户下面有一条明显的垂直条带，这里生长的地衣很少或完全不长地衣。这是一个线索，说明这些窗户使用了像铅或锌这样的金属。地衣对雨水冲刷下来的微量金属极其敏感，一点点往往就足以杀死它们。光秃秃的斑块让我们了解到，如果没有地衣的装饰效果，教堂会是什么样子——少了很多特色。

许多教堂的屋顶上也有一根避雷针。雷电通常会顺着铺设在教堂外墙的铜带向下传导到地面，这很容易被发现，因为它周围生长的地衣会发生变化。

大多数古老的教堂都是分期建造的，在石料发生变化的地方你会发现不同的地衣。你还可以在石头之间的灰泥上看到不同的地衣，特别是富含石灰的部分。还可以比较主建筑上的地衣和教堂院子周围围墙上的地衣的大小：这些围墙往往比教堂本身更早，地衣的大小可能说明了这一点。

还有一些宗教建筑能揭示出指示方向的线索。每座清真寺的墙上都有一个壁龛，可以显示出朝拜麦加的方向（基卜拉[①]）。要找到这个壁龛并不困难，因为所有做祷告的人都会朝向它。穆斯林下葬时都是右侧卧，面向麦加，因此坟墓与朝拜方向垂直。

犹太教堂里的约柜安置的方向也有讲究，即面对约柜的人会面向耶路撒冷。大多数印度教寺庙都是朝向东方的。大多数古代的敬奉场所都是参照太阳或恒星等天体线索来安排朝向的，因此它们也与罗经点方位相齐。

在城镇中最好的方法是假设一切都能提供线索。如果你想注意到更多，这种方法包你满意，但它也会让你开会迟到。

①基卜拉，穆斯林在礼拜期间进行祷告时所需要朝向的方向。

第十五章

与看不见的蛇共同漫步城市

在爱丁堡的乔治四世大桥上向北走，太阳似乎对当地的创业者进行了精挑细选。在这条高架街的西侧，商店明显带有早晨气息：一家熟食店、几家咖啡馆、一家糕点店和一座图书馆。在东边，也就是下午和晚上有阳光的那一边，有餐厅和酒吧外的桌子。大叔外卖提供烤肉串、汉堡包和比萨。

在到达皇家英里大道之前，我抬头寻找线索。卫星天线指向东南偏南方向，电视天线则指向相反的方向。一座壮观的建筑上飘扬着一面圣安德鲁十字旗，告诉我微风来自东北方向。城镇中来自隅点方向的风——东北风、东南风、西南风或西北风——很有意思，因为很少有街道与之方向完全一致。这意味着，在同一天里，人们常常感觉有两种不同的风。当我向北走时，感觉风来自北方，但当我向东转入皇家英里大道时，我脸上的微风也旋转着从东方吹来。所以云朵、旗帜、烟雾、蒸汽、风向标和其他高处的风向线索在城镇中非常有用。

在圣吉尔斯大教堂的北侧长着绿藻，一座纪念碑缝隙中的灰泥上长有一种白色地衣，但只有南侧的生长繁茂。当我在大教堂和纪念碑周围散步时，我不禁注意到两种阴影。一种是照不到阳光的区域，另一种是听不到街头艺人的电吉他声的区域。爱丁堡是一座文学之城，在这个阳光明媚的夏日里，有很多人坐在那里读书。有些人在阳光下，有些人在阴凉处，但他们都在噪声的阴影里，在很多石头的遮挡下，免受摇滚乐的影响。

迎接我的下一个纪念碑是亚当·斯密的纪念碑，真是非常应景。这位著名的经济学家提出“看不见的手”的比喻，力图解释个人在经济上如何受到看不见的市场力量的引导。如果将这个概念应用于城市周围的人流，也同样十分优雅。就这些人群流动而言，我喜欢想象自己从空中俯视，人们的队伍形成可靠的蛇形，从一个地方移动到另一个地方。我不指望“看不见的蛇”这个词能像亚当·斯密的表达那样有光辉的生命力，但它对我来说是很贴切的。

沿着街道再往前一点，我看到一个人站在街角，举着一个当地餐馆的广告牌。那天晚些时候，我看到他站在街道的另一边。他非常清楚某些规律，而我花了几分钟时间才弄明白。游客们早上从酒店林立的地区流向热门景点，傍晚时分又回到他们的酒店。拿着牌子的人知道这个城市的人潮如何涌动。

南桥与乔治四世大桥平行，但它给人的感觉非常不同。首先，它比较脏乱。一家“现金来”（英国的一家典当行）和“招租”的牌子使人们带来了不愿花现金的普通感受。出于我不知道的原因，游客们都避开了这条道路。看着一个写着“医务街”的路牌，我不禁想，这是否出于历史原因。

我决定绕道而行，去南街附近的一些大学校园里看看，这时一只喜鹊从一棵桦树的树枝上发出了警报声。它肯定是对什么事情不满意，我四处寻找它苦恼的原因，但却找不到。也许原因在我吧，我毕竟站在它的树下。

我又站到了比较高的位置，避开南桥和皇家英里大道的人流后，我躲到了科伯恩街。这条街以稳定的曲线和坡度一路转弯向下。它符合一般的规则，即大多数的活动地点都会发生在所有弯曲平滑街道转弯处的外侧。在这条街道的外侧有许多繁荣的商店、酒吧、咖啡馆和餐馆。对这条街来说，这可能是由于有更多南方的光线照射到这一侧，但从全球各地的此类街道来说，主要原因是单纯的不对称性。无论我们是步行、骑自行车还是开车，我们都会看到一条弯曲道路的外侧流量比内侧更多，而且无论我们行动方向如何，这种情况一直不变。

人流在弯曲街道上的流动可以与河流中的水流作类比，对河道来说，拐弯处外侧被侵蚀得最快。经常走某一条路的人很快就会对街道拐弯处的外侧熟悉起来。这里变得更加繁忙，生意更好，变得更有活力。可怜的拐弯内侧则不被人看见，这并不是它自己的错。

我走到了王子街花园。在这里，我遇到了一个微笑的游客，他说："对不起，你知道去城堡往哪边走吗？"

"我不确定，但我想可能是往那边走。"我边指边回答。我所知道的是，很少有城堡建在山谷里，而爱丁堡的城堡是建在一块高高的坚固火山岩上。我所能做的全部猜测是，一直往上走的岔路是一个较好的选择。

很快，我的鼻子就闻到了浓郁的玫瑰花香，不久之后，我又看到了一个长满了粉红色和桃红色花朵的美妙花坛。由于英国盛行西南风，这说明我一定是朝着接近东北方的方向行走，这一点很快得到了凸显，我看到了一棵高大的欧洲甜樱桃树，它的一侧有一片潮湿的地。洒水器打湿了一大片地方，但在这个炎热的日子里，只有树北面的小路和树阴下保留了一些水分。看着树间的地面，我发现雏菊可靠地为我指出了南方。

公园里有更大的噪声背景。一阵阵沉闷的隆隆声从上面繁忙的王子街翻滚而来，但在南边，城堡的高地屏蔽了很多声音，只剩下在我西南方向从高地上的一侧传来的警笛声和火车声。我迅速在大脑中画出了周围土地的声音地图。它只是被那些享受夏季天气的人的赞叹声弄得有点皱，尤其是那些敢于靠近洒水车的年轻孩子。我有一种感觉，阳光不会持续太久，但上面的几朵卷云在稳定地移动，没有卷层云，也没有尾迹云，预示着第二天也会阳光明媚。

有许多人躺在草地上。有几个人喜欢完全暴露在阳光中的地方，有几个人喜欢全是阴凉的地方，但最喜欢的地方是斑驳的阴凉处。比起悬铃木的浓密阴凉，人们更喜欢桦树。

在花园外面，我停下来系了一根鞋带，但随后又走到了离马路更远的地方，因为我注意到人行道上有一块断裂的石板，担心这里一定是公交车的上客点，而这些公交车使王子街的商店热闹非凡。

小路通向卡尔顿山，令人印象深刻的国家纪念碑高耸入云。一对沐浴着灿烂阳光的新郎和新娘在灰暗的石头前拍照，但我的目光越过了他们，落在了柱子上长长的深色和浅色的垂直线。污染在大多面留下了厚厚的黑条纹，但所有柱子的西南面是干净的。这里生长着金色的石黄衣属地衣，但只在西南角最高的地方。附近有废弃的罐子、瓶子和烧烤的残渣，这些迹象表明，太阳下山后，这里是一个受欢迎的聚会场所。

站在最高处你很容易分辨出爱丁堡的新城区和老城区。新城中有秩序的笔直街道和统一规划的形式与老城更加有机的蔓延生长形成了鲜明的对比，遵循了世界各地城市的秩序和历史之间的关系。

山的每一边都有教堂和相应的墓碑显示着方向。在远处，有一对巨大的罗盘，它们是巨大的火山，即索尔兹伯里峭壁和亚瑟王座。冰川流向东移动，造成这些山的西侧山体陡峭，东侧山坡平缓。一旦注意到了这种规律，这种排列方式在整个地区都是明确无误的。

我徒步的最后一段路经过了苏格兰议会，在那里我很喜欢通过水景中被微风激起的波纹感受微风。我经过荷里路德宫，然后继续上坡，进入索尔兹伯里峭壁。这里有磨损严重的小路，但在草丛中的车轴草中也有明显的捷径痕迹。

岩石和泥浆中都有红色，这表明两者中都含有铁。我听到高处的海鸥

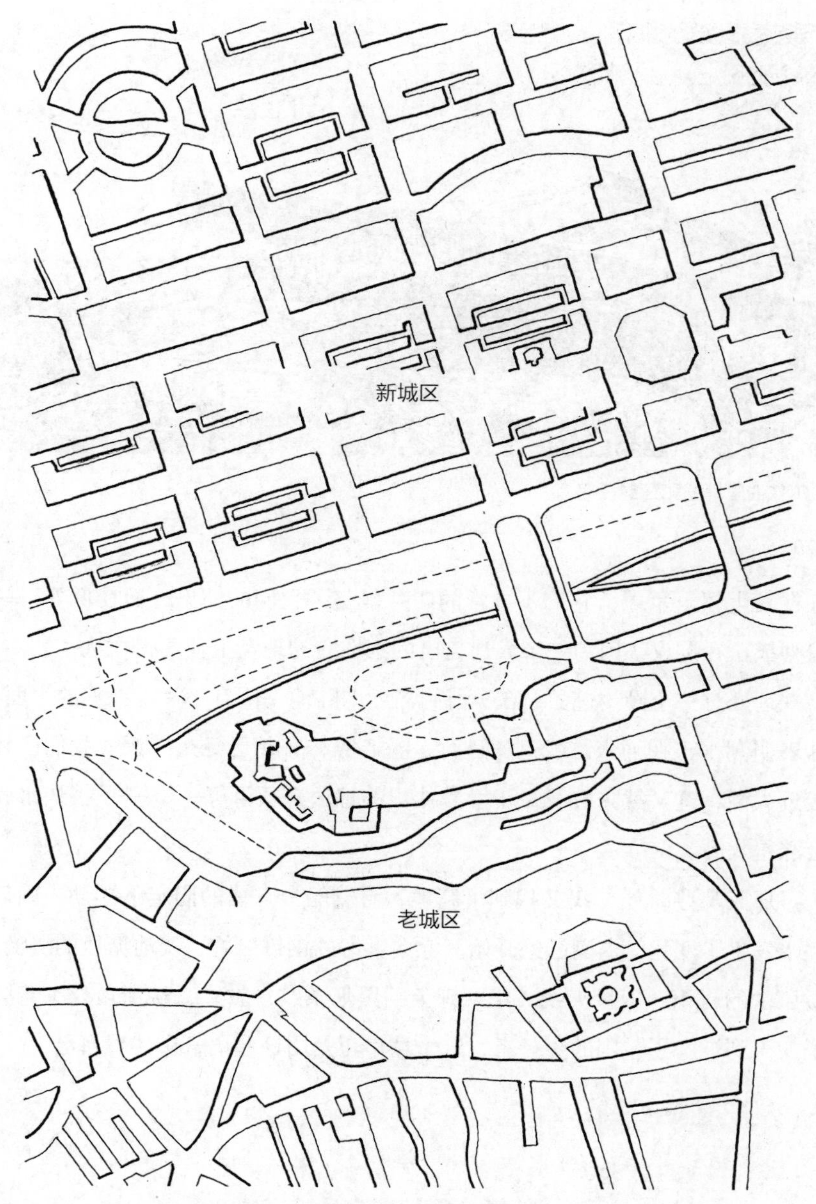

爱丁堡。一个城镇的街道越不直，该地区就可能历史越悠久。

索尔兹伯里峭壁和亚瑟王座

正在发生领土争端，它们不寻常的叫声暴露了它们的愤怒，而在低处，一只喜鹊正在抗议，因为一个人让自己的狗在它的地盘上侦察得太远了。

远处有一个潮汐迹象，在英科姆岛朝向陆地一侧有一片不平静的水面，这表明潮水正在涌入。我迅速进行一番心算，月相已经是三天，我们已经接近大潮，这又意味着我关于沿海徒步的想法必须再等一等——很快水就会涨得太高。

那天晚些时候，我又找到了高地，看着船只在锚的固定下摆动，确认潮水发生了变化，退潮已经开始。漂向大海的钢铁巨物，浅池塘里的涟漪，微风中的旗帜，卫星天线，纪念碑上的黑烟条纹，教堂，从街角处举着牌子的人到被牌子包围的步行者，这个城市正是用这些语言讲述着自己。

第十六章

海滨、河流和湖泊

——海藻是如何定位海滩的?

海岸漫步是一个描绘出坚实、熟悉的地盘与一片更狂野、更“有滋味”的世界之间的界线的机会。这个环境中充满了神秘线索。

沿海土地有其独特的生态系统，因为海盐对所有的生命都有很强烈的脱水作用，我们在内陆地区徒步时常见的大多数植物会对这里望而却步。在海边，我们只可能找到为了适应这些要求而发生进化的植物，如佛罗里达州的海边莲子草（*Alternanthera maritima*），墨西哥湾地区的海滨芥（*Cakile maritima*）及艳粉色和淡紫色的厚藤（*Ipomoea pes-caprae*），从墨西哥湾地区一直延伸到东海岸的匍匐滨藜（*Atriplex repens*），西海岸美丽的肾叶打碗花（*Calystegia soldanella*）——一种粉红色的留声机形状的花，以及加州的欧紫八宝（*Hylotelephium telephium*）——一种终年都是绿色的顽强的莲座叶植物。我们还会出于另一种原因发现稀有物种。在许多沿海地区的道路上没有放牧的食草动物，所以植物丛中会开出花朵，而不是沦为羊群的早餐。

几年前，一位苏塞克斯郡的农民向我展示了一些我以前从未注意过的东西，但现在我却十分喜欢留意它。在沿海地区，盛行风是从海上吹来的，风中含有盐分。在这些地区，靠近田地迎风一侧边缘的农作物往往比更远处的农作物生存更困难，生长得更差。你有时可以发现作物高度有一个上升的梯度，这个梯度的起始点是可以被风吹到的迎风侧的角落。

这位苏塞克斯郡的农民注意到我第一次看到这种情况时的喜悦，然后把我带到他的一块田地南边的一丛树下。在这棵树的两边，庄稼都因为咸的海风长得很矮，但在这棵树的东北方，在树的庇护下，庄稼长得高大而得意。我眼前的是一个“盐影”。

由于陆地环境转为沿海环境并没有明界的临界点，而是逐渐从内陆环境转变为沿海环境，理解了这种盐影效应，那些本来显得极为神秘的情况就变得合理。在离海很近的地方，我们只能发现沿海植物，而在内陆则只有非海生植物，但在这两个区域之间，在这几百米到几公里的陆地区域中，能发现这两类植物的混合。然而,这种混合并不是随机的。在这个中间地带，你会发现在树林、建筑物和其他障碍物的迎向盛行风一侧有更多的沿海植物，在背风一侧有更多的内陆植物。你没有必要按名称来鉴别每一种植物，但值得注意的是，要注意这些规律，并开始识别那些表现出对某一侧有偏爱的野花。很快你就会注意到，许多沿海建筑的基部都被野花装饰成了不同的颜色，这是由它们生长的方位决定的。

下次你走在沙滩上时，花点时间考虑一下沙子本身。如果沙粒粗糙，赤脚踩上去稍微有点不舒服，这就是附近有花岗岩的线索，因此也可能是高地。如果沙子是白色的，它里面含有数百万个微小的碎贝壳（你用肉眼就可以看到它们，用放大镜可以清楚地看到），这意味着该水域拥有丰富的海洋生物。因此白沙海滩在珊瑚礁附近和佛罗里达州的海岸附近十分常见，这些区域的海洋中生物非常丰富。如果沙子牢牢地粘在你的脚上，附近可能有板岩，因此可能有化石。而如果沙子是黑色的，那么不远处就有火山。当我和我的朋友萨姆在印度尼西亚活火山上经历过近乎灾难性的探险之后，我们休养生息的方式就是在黑沙海滩上躺了一天。

偶尔你会在海滩的沙子上发现一条精妙的线索。希腊提洛岛海滩上的沙子均匀得非常罕见。它是由许多不同类型的大理石组成的，这些大理石在数千年的时间里被海水冲刷成微小的颗粒。提洛岛上没有天然大理石，它来源于古希腊人在那里建造的神庙废墟。

沙滩是一个开启足迹追踪理想的环境。人、狗、鸟和马的足迹可能都很丰富。如果你想让徒步变得更好玩，可以寻找两组并排行走的人类足迹，然后试着破译出脚印制造者之间的关系。他们的行走方向是否完全平行，他们是否牵手？你能看出他们的饥饿感是什么时候出现的吗？也许随着吃冰激凌的念头冒出来，他们的步子越迈越大了？同样，可以在狗的足迹中寻找它在什么地方发现了另一只狗。

如果你细看海滩，你会发现许多其他的线索，而并非所有的线索都是美味的。一条郁郁葱葱的绿色带子从海滩的顶部延伸到海里，这是一个污水排放口的线索，在这里进行野餐可不是什么明智的选择。

在海滩顶部附近，你可能会看到一丛丛的滨草，它们起到固沙的作用，使沙丘得以形成。沙丘的形成方向与盛行的向岸风成直角，只有当风速一般达到每小时 10 英里或更快时，沙丘才会形成，所以这些沙丘是方向和有微风的海滩的线索。如果你在沙丘间行走，闻到强烈而奇怪的气味，有点像燃烧的硫黄或橡胶，你可能刚刚惊扰了一只绿背蟾蜍（*Epidalea calamita*），它用这种气味作为一种威慑手段。

沙丘是海滩顶部的标志之一，但所有海滩都可以划分出不同的区域。这是因为靠近潮差底部的环境与靠近顶部的环境有很大的不同。尽管这些区域对所有海岸生物都有影响，但有两种生物特别有助于为我们描绘出潮差变化——海藻和地衣。

在岩石岸边，你会发现不同的环境带会以不同的颜色编码，每一种颜色带都代表了不同的地衣。在最底层，在涨潮时处于水下的岩石上，你会发现一种黑色的焦油状地衣，称为瓶口衣（*Verrucaria* spp.）。每当有石油泄漏的报道时，总有几十个担心不已的人会报告说岩石上有石油——幸运的是，这些所谓的石油大部分都是坚韧的黑色瓶口衣属地衣。在这条黑带之上，生长着橙色的地衣，即石黄地衣和橙衣属（*Caloplaca* spp.）的地衣。再往上一点，地衣就变成了灰色，壳状的是茶渍衣属（*Lecanora* spp.）地衣，叶状的是树花属（*Ramalina* spp.）和梅衣属（*Parmelia* spp.）地衣。最简单的是记住，"你走出大海，进入一片沼泽"（"BOG"三个字母分别代表黑、橙、灰）。光线越强，地衣就越多，所以这种现象在朝南的岩石海岸上最为显著。

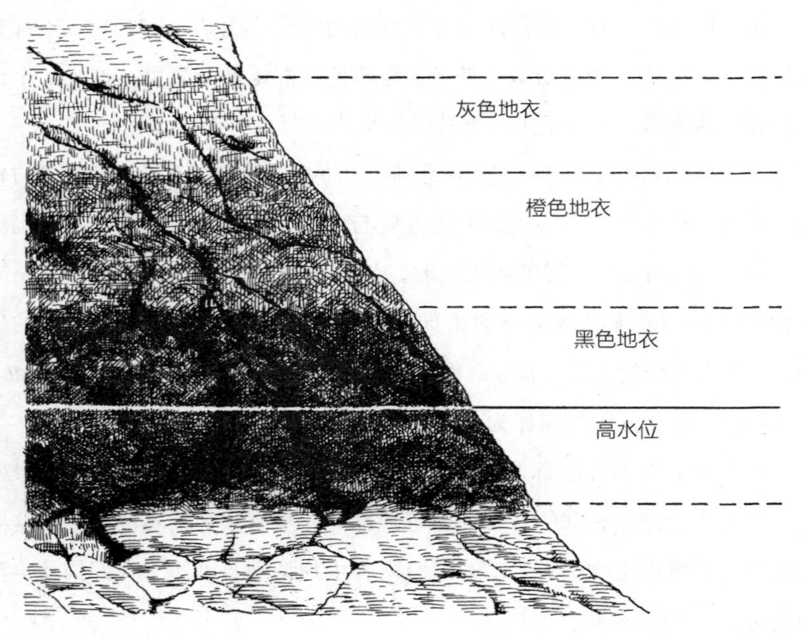

地衣分区

海藻有许多不同类型，但有三种是沿海徒步者应该认识的。鹿角菜（*Silvetia* spp.）、墨角藻（*Fucus vesiculous*）和齿缘墨角藻（*Fucus serratus*），后两种海藻十分贴心，因为它们的名字中包含了关于其外观的线索。墨角藻有囊泡，齿缘墨角藻边缘呈锯齿状。鹿角菜叶子较窄，分支不规则。在演化中它们形成了各自占据海边的一个地带的习性。鹿角菜生长在太平洋沿岸，会在海滩的高处发现。墨角藻和齿缘墨角藻都生长在大西洋沿岸，往往分布在较低的地方，齿缘墨角藻最低。

海藻也蕴含着水里整体条件的线索。墨角藻在恶劣条件下生长的气囊状物较少，而在有遮蔽的地方则较多。泡叶藻（*Ascophyllum nodosum*）只在有遮蔽的条件下生长。有一种自由漂浮的海藻，叫作“庄稼汉的假发”（crofter's wig，学名为 *Ascophyllum nodosum ecad makii*），即使潮汐来了又去，它也能漂浮在同一个地方。这种海藻是非常隐蔽的水域的一个线索。

还有许多其他可以指示不同海洋区域的指标。在高潮水位附近会发现藤壶，在离这个区域不远的地方也会发现海滨芥，因为它的种子被海水冲到这里。你第一次看到大叶藻（*Zostera marina*）时可能会觉得很奇怪。我记得在英国汉普郡的莱明顿附近发现它时，我在想：“我眼前的是陆地还是海洋？”答案是海，一点不假。大叶藻生长在 1 到 4 米深的地方，所以对这种植物来说潮汐的状态决定一切，乘船时看到这类植物要小心谨慎。

海洋的表面有丰富的细节。以你在追踪时看待陆地的方式去看待海面，它可能不像泥土那样能保留较长时间的线索，但痕迹的留存时间确实比你想象的要长。下次你飞往国外时，找一个靠窗的座位，向下看一下海面。看看有多容易辨别出船只的尾流，并注意到它是如何一直延伸到数英里之外还能被看到的。海的表面是可塑的，但它有记忆。在高处徒步时也可以看到同样的现象。你还能发现水是如何绕，并在水中形成一系列的图案。

太平洋岛国的航海家们将其升华成了一门艺术，并学会了通过周围海浪和波浪的行为方式来解读每个岛屿群的独特特征。这使得这些航海家能够在一座岛屿远未出现在眼前时，先通过在水中感受它来识别是哪个岛屿。你无须走进海里才能看到这些，在任何能够俯瞰海洋的高处，你都能发现这些特征。每一块岩石、沙嘴、海岬或岛屿都会在水面上形成具有提示意义的图案。

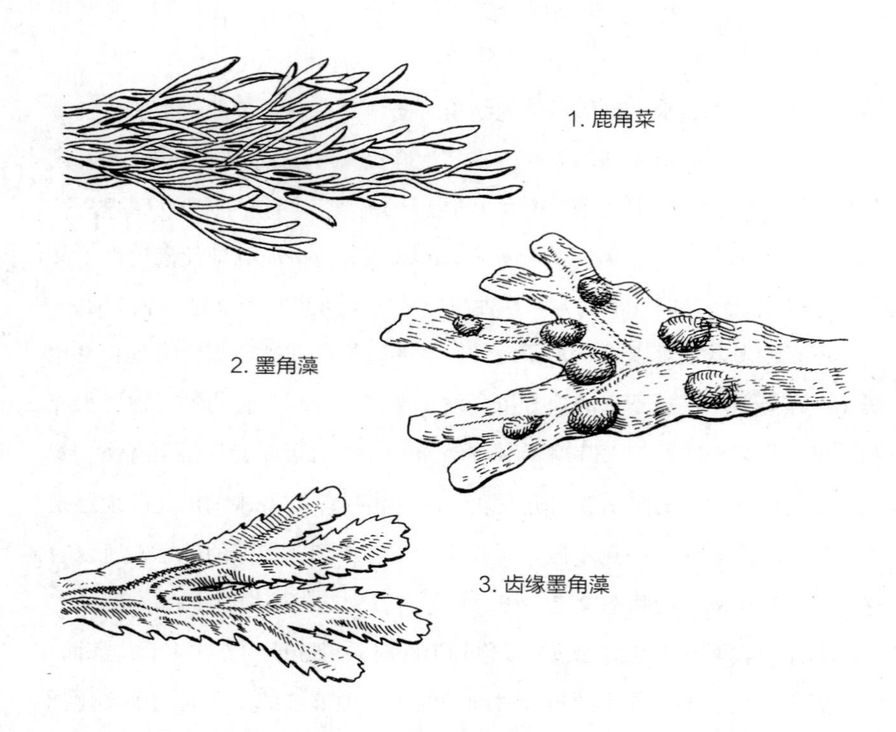

在更近的地方，海面上的风向是一张相当不错的地图。水手们习惯于阅读波纹、海浪和水花，因为除了阅读海面外没有任何方法可以更准确地预测出局地风会怎样刮。

海滩上波浪的形状反映了海床的坡度：波浪面越陡峭，坡度越大，你就会越忙得不可开交。如果波浪异常大，那么海上某个地方可能出现了风暴。暴风雨给水带来了巨大能量，这种能量从风暴本身散发出来，穿越海洋，可以抵达天气晴朗的地方。这是冲浪者的梦想，为此他们喜欢追踪大西洋风暴，从而预测这种海浪何时到来。如果每个波浪之间的时间越来越短，那么风暴就越来越近了。

眺望大海，你有时会看到鱼在跳跃。海豚这样做可能是为了好玩，但鱼类并没有爱寻欢作乐的恶名，它们可能是为了逃避捕食者。在英国，这不是一个值得关注的问题，但在世界许多地方，这个现象值得引起重视。在美国的部分地区，例如南卡罗来纳州，看到跳跃的钓饵鱼便是鲨鱼出没的线索……也是救生员该让人们从水中离开的信号。

最美丽的景象之一是太阳升起或落下的倒影。太阳会在水面上投下一道光柱，这道光柱从你身边一直延伸到地平线。这条线的有趣之处在于，太阳越低，它就越细，但海面越汹涌，它就越宽。如果水面非常平静，这条明亮的线不会比太阳本身宽多少，但如果有风扰动水面，那么这条亮线就会变得更宽，如果水面非常汹涌，它就会伸展开来，形成一个宽大的三角形。当你在沿海区域徒步时，值得留心观察这种现象。

潮 汐

我最喜欢的徒步路线之一在英格兰南部西萨塞克斯郡的海滨村庄博瑟姆附近。地图上标有一条从这个漂亮的村庄向南延伸的小路，它穿过了一些不寻常的地图符号和颜色。有时，这条虚线是一条美丽的步行道，有时，它又是一条游泳道。潮汐是对所有沿海徒步都有影响的因素之一，即使我们的路线不发生改变，它们也会改变路上出现的景色、声音和气味，因此，能够预测潮汐的能力既实用又令人满意。

很少有人真正了解潮汐节律的复杂性。我们所看到的潮汐，会被 37 个主要的独立因素影响，而影响因素总共有 396 个。其中一些最重要的因素会让很多人感到惊讶。太阳对潮汐有巨大的影响，我们看到的波动中有三分之一都是因为它而出现。当气压较低时，海水上涨的幅度会明显升高，有时甚至高达一英尺。如果水温比平时高，潮水还会升得更高。

幸运的是，在我们淹没在复杂性之前，我们可以通过关注主导因素来让事情简单化，这个因素就是月亮。如果我们了解月球和潮汐之间的关系，我们就会轻松许多，因为如时钟一样有节律的潮汐是由月球支配的。通过将月亮的一些基本知识与一点点当地知识相结合，你就可以大致预测潮汐高度的范围和时间。

每 24 小时内有两次高潮和两次低潮，每次高潮后大约相隔 6 小时会有一次低潮，反之亦然。如果出于种种原因你觉得潮水的最高或最低的水位非常令人失望，要么太高，要么太低，不适合徒步或游泳，那么 6 小时后你会发现相反的效果。

平均每一天，月亮会晚升起 50 分钟；潮汐周期与前一天非常相似，但也是差不多晚 50 分钟。如果你某天去海滩上徒步和游泳，想在 3 天后遇到相同的潮汐情况，那么你需要考虑晚几个小时去。

在新月和满月之后不久，我们会遇到潮差最大的时候，这些潮汐被称为大潮。在这些时候，水会像以往一样升得很高，降得很低。在我们看到弦月后不久，我们会遇到“小潮”，此时高潮和低潮之间的潮差是最小的。在大潮过后大约 7 天，就会出现小潮，反之亦然。

世界上每个地方都有自己可靠的潮汐规律和时钟：大潮的高潮和低潮以及小潮的高潮和低潮发生在一天中的同一时间，无论它们发生在哪一天。更简单地说，如果你知道在你最喜欢的地方，一天当中大潮的高潮出现在什么时候，那每天都将如此。我们以英格兰南海岸的朴次茅斯为例，朴次茅斯的大潮的高潮是发生在午餐时间前不久。而朴次茅斯总是在早餐前不久出现小潮的高潮。如果我在朴次茅斯附近徒步，并记得最近看到过一个长得很圆的月亮，我知道我们一定是接近大潮了，所以我可以预计自己会在正午看到非常高的潮水，而在一天的开始和结束时看到非常低的潮水。

你可能会问自己的、最常见的潮汐问题中的一个十分简单：潮水是在涨还是在落？岩石和沙子的潮湿度能提供很好的线索，但更有趣的是寻找海鸥、白腰杓鹬（*Numenius arquata*）、乌鸦和蛎鹬（*Haematopus* spp.）。这些鸟儿知道，在落潮时它们从沙子上得到的食物比涨潮时更多。

最后要注意的是潮流。在涨潮和退潮的中间时刻水在每个方向上的水平流动幅度最大。如果你要去游泳，并想尽量减少水流的影响，涨潮或退潮比两者之间的中间时刻更好。

还有一些一般因素会影响我们看到的潮汐的大小，这些因素可以帮你预测自己会在每个地区发现什么。月亮只能使海水直接上升约 12 英寸，太阳可以再使其增加 6 英寸。任何超出这个范围的潮水变化都一定有其他因素的影响，其中最重要的因素是地形。我们在海岸线上发现的大部分潮差都是当小块的水凸起遇到坚硬的障碍物时产生的。较大的潮高是水被海岸线挤压的漏斗效应的结果：在远海不会出现大的潮汐。

水体越大，当它遇到陆地时，出现大潮水的可能性就越大。地中海中的潮汐小。一些大西洋海岸会出现大潮汐。一般而言朝西的海岸比朝东的海岸潮差更大。这是因为地球的自转方向使海洋中形成了向东移动的波浪，称为开尔文波（Kelvin waves）。

布里斯托尔和洛斯托夫特是英国的港口，都通往大西洋。如果我们把上述影响结合起来，就可以解释为什么朝西的漏斗，即布里斯托尔海峡，会出现约 40 英尺的特大潮汐，而朝东的开阔的洛斯托夫特则只会出现约 7 英尺的小潮汐。

河流、湖泊和池塘

要想看到远处低矮的物体的倒影，你需要一个特别平静的水面，这就是为什么你通常不会从海中看到树木或建筑物的倒影的原因。在非常平静的静水中，如有避风的湖泊，有可能看到这些倒影，但只有在几乎没有风或水面非常平静的时候才行。将水面描述为“平静得像镜子一样”已经是陈词滥调了，但如果你看到这种现象，值得停下来欣赏一会儿，因为它不可能持续很久。最轻微的微风吹来，会使每一个靠近你地平线的倒影都消失不见。最近，我有幸在苏格兰高地的一个湖泊旁，一边享受野餐，一边看着湖中一排树和远山的倒影。树木完美地倒映在避风的静水中，但在对岸几米处，一阵风吹到水面，树木的倒影就消失了。

有一门艺术可以预测你会在湖泊和河流的何处看到涟漪。当观察一个水体时，你会注意到水面上会有深色的和浅色的斑块。你所看到的天空和陆地在水中的倒影，会呈现出明暗混合的样子。我们只会在亮斑和暗斑的交界处看到最微弱的涟漪，因为这是涟漪会将明暗混在一起的区域。下次当你看到静止的水体，你认为水面上没有任何运动时，找到明暗交界之处，你就会发现最微小的波纹。

如果你发现自己沿着一段直行的河流走了一会儿，请看一下河流的宽度是多少。任何河流的笔直区段都不会超过其自身宽度的 10 倍，河流流

你可以通过观察深色和浅色倒影的交界线，来了解平静的水面情况。

动的物理学原理不允许这种情况发生。有许多河道的直线区段距离更长，但当它们出现这种情况的时候，就是人类工程的某种线索。一条河的宽度也是一条线索，它能反映出弯道会有多急，因为弯道的半径通常是宽度的两到三倍。换句话说，河流越窄，你看到河道的转弯处就会越急。

河流中有着各种各样的杂物，从塑料瓶到树叶和树枝。当这些垃圾聚集在某个地方的时候，就给我们提供了一条关于水流方式的线索，因为垃圾将聚集在流速减慢到接近停滞的地方。有些人声称，垃圾往往会堆积在水流方向的右侧的河岸上。这种理论给出的理由是，在北半球长距离流动的所有东西都会因为科里奥利力效应（Coriolis effect）[①]而向右偏转，这对天气系统来说当然是真的，但在河流中，这种效应力可能太弱，因而无法观察到。

如果你在河中划独木舟或皮划艇，想在阅读水流时获得一些帮助，那么植物可能会助你一臂之力。植物会反映水的流动情况，就像树木可以反映风的作用一样。它们生长方向越是水平，一般水的流速就越快，所以你可以根据自己是逆流而上还是顺流而下，判断要避开或进入的水道。

关于河流与湖泊最笼统的判断之一是，河流往往会随着时间越来越深、越来越宽，而湖泊则会渐渐缩小。随着时间的推移，湖泊的边缘会填满泥沙，然后植物就会移生在这里，于是就形成了正反馈机制，湖泊的边缘逐渐被陆地占领。你如果观察一下湖泊长满灯芯草的边缘，就能明白这个过程正在进行，这里既不适合徒步，也不适合游泳。

如果你发现一个清澈的池塘并能看到底部，那么就可以享受光学现象的乐趣了。你会注意到睡莲叶片的光滑边缘的底部看起来非常不同。叶子的边缘略微抬起，水面上的张力形成了一个透镜，使光线发生弯曲，叶子的影子变得皱巴巴的。

每当阳光遇到水，它就会被折射和反射。在晴朗的日子里，向浅水区望去，你会看到底部因光线折射而产生的舞动的亮网，以及桥梁底部因反射光线而形成的舞动的亮网。如果你能找到一块白色的鹅卵石，把这块鹅卵石扔进池塘中清澈的深水区，然后退后一步，从稍远处看。你会注意到它顶部发蓝，底部发红，因为来自每个边缘的光线到你的眼睛的传播途径略有不同。

①在旋转体系中，进行直线运动的质点会由于惯性产生偏移，产生偏移的假想作用力就是科里奥利力。由于地球自西向东自转，水流也会受到科里奥利力的影响，在北半球，运动物体的运动方向会向右偏移。

可疑的鱼

在水边寻找线索的一种非常流行的形式是试图摸清鱼的习性。有两类鱼我们可能感兴趣：淡水鱼和海鱼。淡水鱼通常都有自己的领地，但海鱼则更像游牧民族，它们为了寻找食物而不断地移动。这些食物是由海流驱动着，所以海鱼通过与潮流保持一致从而找到食物。通常在潮汐的早期，上游会有更多的鱼，而在潮汐的晚期，下游会有更多的鱼。也正因如此，海洋捕鱼的最佳时机，通常是潮差范围最大、接近满月或新月时的时候。

淡水捕鱼是一个不同的游戏。这时，从静止的水面中看出最轻微的波纹就变得至关重要。把它看作一种追踪：每条鱼对水面的扰动都有自己的特征。水面上的凹痕可能是由小鱼造成的，比如说雅罗鱼，因为它们要捕食水面上的昆虫。如果你看到水面像是沸腾了一样，这可能是鲤鱼前往上游产卵。如果你听到“扑通”或“哗”的声音，可以通过搜索水面上不断扩大的波纹圈来寻找鱼的落水点。鲑鱼和鳟鱼都会做出这种跃起。继续观察同一地点，如果鱼在该地点再次跳跃，那可能是鳟鱼。如果你看到一条在水下不怎么动的鳟鱼，它是想告诉你水的流向，因为鳟鱼喜欢面向上游，等待食物冲向自己。

黄金线索

每个人都会在某个时候看到海滩上的寻宝者：戴着耳机的孤独身影，默默地在海滩上挥舞着金属探测器来回走动。对这些寻宝者的报道一般都不怎么公平，因为大多数人都没有意识到，在每一项引起人的好奇心的活动中，一定存在着某种艺术性。寻宝过程中的金属探测环节和整个过程相差了十万八千里。

优秀的寻宝者对海滩的特征有很好的把握，这一点会让许多博物学家望尘莫及。海滩会随着每个波浪发生变化，随着每场大风发生蜕变，它是一个流动的雕塑，懂得这个雕塑自有其好处。这个好处就是黄金。丢失的珠宝不是随机地散落在海岸线上，它的丢失是有规律的，然后在自然力量的作用下按照简单的规则移动。通过侦察工作就能找到它。在昂贵的度假酒店前丢失的黄金比在荒岛上丢失的黄金多，这是一条自然而明显的线索，但接下来发生的事情却更耐人寻味。

当传统的淘金者寻找黄金时，他们将泥土和金粒在水盘中晃动，直到较重的金子落到盘底。一旦一个小的重物，如金戒指，被丢到沙子里，海滩就开始了淘金过程。沙子随着海浪翻腾，重的金子穿过较轻的沙子一直下沉，直到遇到阻止其继续向下的障碍物，也就是沙子下面较硬的一层，通常是石头和贝壳形成的屏障。

黄金会聚集在沙子中垂直运动最多的地方，你可以通过观察沙子的表面找到这些地方。海滩不是一个平坦的表面，只要你发现了沙子在碎波线附近出现沉降的地方，你就找到了黄金热点。在水平方向和太阳低时观察海滩，最容易看到沙子上的这些大凹陷，这也是所有追踪者会使用的方法。这些洞往往最常出现在海浪交叉的地方。眼光锐利的寻宝者会优化发现金洞的方法，甚至不惜戴上偏光太阳镜来帮助自己将它们找出来。

准备好了吗？

通过把对沿海植物、地衣和动物的了解与潮汐结合起来，你可以找到一些非凡的机会来测试你的推理能力。如果你在下午稍晚的时候享受一杯茶，从咖啡馆向海滩望去，你如何计算出今晚是否适合进行夜间徒步？知道有多少月光是会有帮助的（详见第十章）。但如果你扫视天空却看不到月亮，你怎样才能解决这个问题？

首先，你找到岩石上的地衣，并注意到黑色、橙色和灰色的带状区域，然后你发现海滩上的蛎鹬，并意识到水位正从高潮处下降。但是，你发现水几乎没有到达黑色地衣的区域，也没有溅到橙色地衣附近，这意味着这一定是小潮——如果是春天，大潮的水位标记会更高。小潮意味着今晚的月亮将接近新月和满月之间的一半，这意味着它要么比太阳早 6 个小时（下弦月），要么比太阳晚 6 个小时（上弦月）。如果你能在东南方向的天空中看到它，它一定是上弦月，并会在前半夜给你一些月光。如果你在那里看不到它，那么它一定是在几个小时前落下的，是下弦月，而且直到黎明之前都会是一个非常黑暗的夜晚，没有手电筒的话就太黑了，人无法行走。

如果这个例子让你感觉有很多事情需要一次性完成，请不要担心。推理本应该如此，因为每多了解一些知识都意味着总体方法和推理越来越复杂了。每一个单独的推理通过练习都会变得很直观，有相当多的推理是可以的。我想给你举例说明，我们可以通过观察岩石、地衣、海水、潮汐、鸟类和月亮之间的相互联系，对徒步条件做出很少有人会想到的预测。

第十七章

雪与沙

——雪片越来越大意味着什么?

如果你发现自己在雪地或沙地上行走，有一些与方向密切相关的线索，非常值得注意。

沙子不断地随风而动。偶尔会有雪垂直落下，但更常见的是大雪随着风飘然而下。这就产生了一个充满线索的环境，因为任何障碍物包括所有自然界的障碍物，如植物，其迎风面和背风面都会留下不同的雪或沙的特征。一旦你了解了风的方向，这些规律就可以用来判断方向。

沙

从大沙漠到家附近的海滩，在世界所有的沙地上你都能发现由风创造的规律。

沙丘与山丘一样有山脊，这些山脊的两边在感觉上和外观上都不同。迎风的一面不那么陡峭，由坚固的沙子组成，可以很容易地在上面行走；背风的一面则陡峭、柔软，难以行走，这就是为什么它被称为“落沙坡”。在沙漠中选择穿越沙丘的路线时，要考虑到风通常往哪吹，这样可以节省很多时间。但你不需要去沙漠才能体验到这种效果——你甚至在比你的脚踝还低的沙丘上都能感受到它。

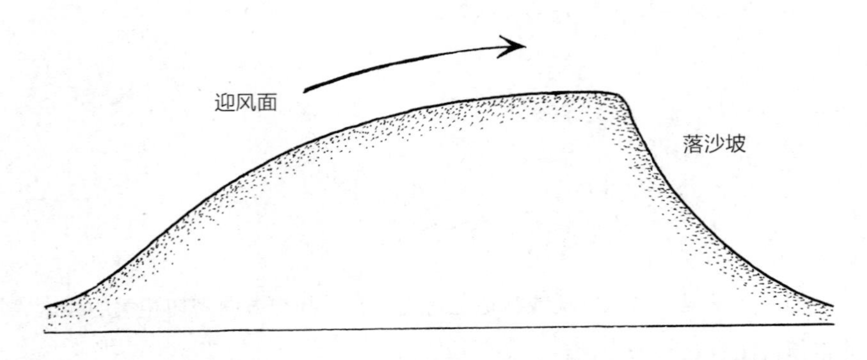

一旦了解了一个地区的盛行风，每个沙丘都能为你指示方向。无论它们是两层楼高还是两厘米高，都没有关系。

我在沙漠中开设课程时，会让人们站在沿着小沙丘带顶部延伸的山脊的一侧，然后站在另一侧。每个人都能从自己会在一侧滑下但另一侧则不然的现象中，感受到两侧的巨大差异。接下来，我们走到沙丘之间的空地上，我让每个人都趴在地上，观察站着时没人注意到的小沙丘。然后我让每个人轻轻地触摸这些小沙丘的每一边，当他们能感觉到两边的不同时，他们会感到惊讶。你可以在你发现的任何或大或小、或近或远的沙丘上尝试同样的事情。

沙子通常不会贴在障碍物的侧面，但它往往会毁坏障碍物，并留下明显的侵蚀图案。在撒哈拉沙漠中，我发现了无数的岩石，它们的一侧像被"砂纸"打磨过一样，并且人们能够将这些岩石当作可靠的指南针。

雪

障碍物的迎风面往往会有更紧密、更硬的积雪，而背风面则会有更长更柔软的积雪。其原因十分合乎逻辑：迎风一侧的颗粒被用力压向障碍物的一侧，而背风一侧的颗粒则在“风影”中更从容平缓地落下，可以形成长长的柔软的尾巴。

好消息是，你实际上不需要掌握雪形成的全部过程，甚至不需要确切地了解风的作用，就能够把雪用作指南针。所需要的只是观察，你很快就会注意到一致的规律。如果有强风，那么你可能会发现只有树的一边能形成长而薄的垂直雪条——不管是哪一边，它在大片区域内都是一致的。

在能照到更多温暖阳光的地方，雪明显会融化得更快。正如水坑在小路南侧的阴影中保留时间较长一样，雪在这些地方保留的时间往往也更长。你可以在一丛草的北侧和整个山坡上的最微小的白点中看到这一规律。

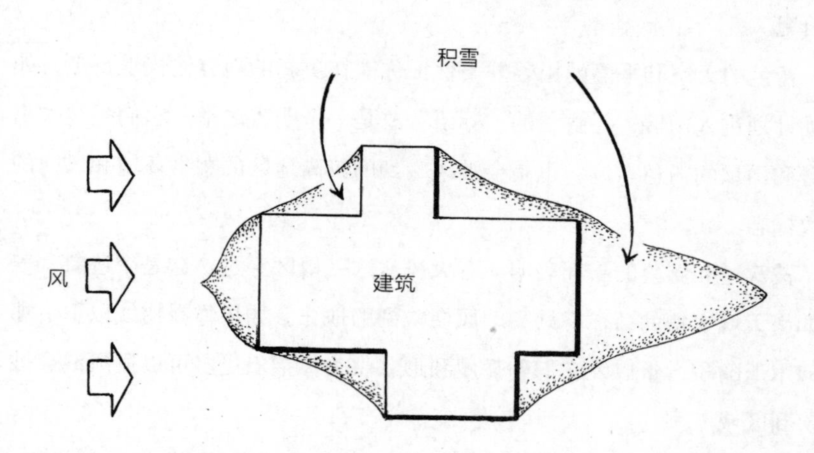

在任何障碍物（如树木或建筑物）的迎风面和背风面，积雪会呈现出不同的样子。迎风面的雪比较结实，背风面的雪比较柔软。

雪提供的其他线索

雪为追踪提供了绝佳的机会。即使是那些最小的生物也很难在雪地上不留痕迹地逃跑，而且很容易准确地从雪中读出人的动作。有一条与雪有关的追踪线索值得我们注意，不然的话它会使人感到困惑。阳光的直射会使雪升华，也就是说，直接从固体变成气体。以各种方式被压实的雪会比它周围的软雪升华得更慢。这意味着，如果雪很薄，而且太阳已经出来了，你可以在没有其他雪留存的地方发现雪脚印，或者显得比周围的雪更高的足迹。轻微的压力也会使雪更不易升华，因此你有时甚至可以在雪地上发现啮齿动物所挖的隧道的残迹，就像大白鞋带一样。

如果你注意到落下的雪花越来越大，这是雪可能即将融化的一个迹象。在最冷的空气中，只会形成微小而坚硬的雪粒，但是随着温度的升高，更大、更精致的雪花就会开始出现。一些最大和最令人印象深刻的雪花落下时温度不低于冰点。这可能看起来有悖常理，但这一点已经经过了科学而详细的研究。

蓝色的天空和平静的山谷并不保证你能在更高的地方愉快地行走。如果你计划进入山区，寻找雪的“标语”总是一个明智之举。它们是被吹离山脊和山顶的白色雪迹，也是会被风吹到的较高地区的恶劣环境和风向的有效标志。

被吹过和剥落的雪面表明，有大风从这一地区穿过。这是个迹象，表明如果天气变糟的话你身处一个风会吹到的地方。如果你在树线以下，那么树木上的积雪量以及它们的高度和形状将为你指出更多可以避风或会被风吹到区域。

雪　崩

预测雪崩是一项专业的工作，尤其是因为如果在这上面犯了错误就会有人付出生命的代价。尽管如此，了解专家们使用的一些一般线索也是无妨的。

许多人看到一个被雪覆盖的景观，认为雪景和雪景并无不同，但雪是有特点和历史的。每条线、每一层雪都是雪独特形成方式的线索，因此也是它的行为将会如何的线索。然而，一些总体规律是一致的。

第一，寒冷的雪堆比温暖的雪堆更容易发生雪崩，因为它们更有可能包含致命的薄弱层，而这些薄弱层是雪崩的关键。下次你看到雪堆中的剖面图或自己做一个小雪堆时，你会发现其中每一层都是不同的，这也是形

雪轮。湿雪崩出现的早期预警信号。

成时的条件和温度的线索。第二，背风坡也更容易出现雪崩的状况。第三，朝北的山坡上的环境往往会吸引对冬季运动感兴趣的人，而人往往是我们最需要担心的雪崩的诱因。

在这些一般规律中，有一些更具体的提示。雪地表面的裂缝是危险状况的标志。如果裂缝延伸得非常长，超过十米，风险就会变得非常高。太阳球（Sunballs），即随着气温升高从陡峭的山坡上滚下来的小雪球，它们本身并不值得关注，但如果它们越来越大，然后变成雪轮（snow wheels），这就是湿雪崩出现的早期预警信号。

我从未发现一处雪地或沙地景观，在其图案、涟漪或沙丘中没有透露出些许指示方向的线索。从阿曼到阿维莫尔，这些地貌充满了这类线索。偶尔你可能有机会同时使用到雪和沙的线索。

几年前，我在登上非洲西北部阿特拉斯山脉图卜卡勒峰峰顶的最后一段路上，停下来欣赏风景。在我的脚边，尘土和沙子的尾巴指向西南方，从岩石的背面延伸开来。太阳越来越高，在前几天的跋涉中，仲夏的温度有时很高。不过，在朝北的裂隙中，仍有无数小小的雪指南针散落在山间。

第十八章

与达雅人同行
——第二部分

燃油的成本是衡量与文明的真实距离的一个公平标准，我们为船买的最后一批燃油的价格是沿海地区的 4 倍。我们停泊在阿保宾村的游泳儿童之间，这是我规划的徒步旅行的出发点。沙迪和我花了 8 天时间在河道中穿行才到达内陆地区，这里离海岸线有一百多英里，而且一切都会变得更慢。

我们一边享用一盘炸木薯球，一边与当地的达雅族老者讨论了我们的目标。这个计划相当简单。我想跋涉到阿保宾以北的下一个村庄——隆罗游。这是一条西方人每年大约尝试一次的路线，每次他们都与来自该地区当地村庄的经验丰富的达雅向导一起旅行。从某种意义上说，这条路线简单明白，但事实是，这次徒步旅行不能完全算是成熟路线。在以前少数几支探险队中，并非所有的探险队都成功了。从理论上讲，西方人应该花大约 6 天时间来完成这趟旅程，但计划往往赶不上变化。

我后来了解到，有一支探险队在达雅族向导的带领下出发，第四天就迷路了，第八天才出现在他们的出发地。另一支探险队暂时迷路，花了四天时间才重新确定自己的位置。他们在第十天赶到了隆罗游。在那次探险之后，当地的达雅人创造了一个让我发笑的说法。“Long Layu tidak ada”，即“隆罗游并不存在”。在随后的几天中，我们发现自己会反复使用这一表达方式。

从阿保宾到隆罗游的徒步旅行对于我提前所做的研究来说是完美的。很难让达雅族导游带你走一条他从未走过的路线，这不是他们的导航方式。在没有地图、指南针或 GPS 的情况下，关于路线的知识是通过经验传递和学习的，很少有摸着石头过河的。但这条路线甚至对最有经验的向导提出了挑战。正是在这种面临考验的时刻，我希望能学到最多关于达雅人如何找到从 A 地到 B 地的路以及他们所依赖的线索。

在吃完水煮鱼头和米饭的晚餐后，我了解了村庄附近的树干是如何变化的。这与温带规则相似——景观越开阔，树就越矮越粗。还有一个共同的规律：随着你在丛林中海拔越高，树就长得越矮。简易木屋中的族长解释说，村庄近在咫尺的一个明显迹象是在河边突然出现许多棕榈树，这是我在河边旅行时注意到的事情。

那天晚上，我发现印度尼西亚军队在村子里有一个前哨站，里面有一台发电机，在晚上会为一个临时的移动电话基站供电两小时。我从装在防水背包里的防水袋中拿出防水盒，打开了我的手机，这将是两星期以来的第一次也是最后一次使用手机。当地人和年轻的士兵们挤在可以收到信号的一小块草地上，我们一起争夺那一点点带宽来发送短信。

第二天早上，我们见到了我们的导游。我们将由蒂图斯带领。要描述这个人的时候，没办法不用到一些听起来可能带有同性恋色彩的语言。我并不想道歉，因为蒂图斯是一个长得十分精致的男人，他身体的每一寸都有古铜色的肌肉在颤动。在西方，他会被误认为是一个健美运动员，在这里，他的身体是被可能会折断我的腰的工作锻炼出来的。

正是因为蒂图斯，我才飞了几千英里，并在小木船上待了好几天。他也是我乐意花几天时间离开这个达雅族村庄的简陋舒适环境的原因。蒂图斯不仅是达雅人，而且是本南达雅人。对于任何对雨林导航感兴趣的人来说，本南人是世界上最有趣的人群之一。直到最近，他们还在婆罗洲的中心地带过着游牧、狩猎、采集的生活。据说，他们现在已经全部定居下来，有些人是在 10 年前定居的。然而，在那里，我确实听到了当地人的传言，说游牧传统仍然存在，只是存在于非常小的群体中。

蒂图斯本人绝对不是游牧民族，但他有那个基因，和我在婆罗洲能找到的任何人一样，与这种生活方式紧密相连。在我们一起徒步了一周结束时，我对他的雨林技能和非凡的、不成文的资质毫不怀疑。

蒂图斯还有一名来自同一村庄的帮手，名为努斯。努斯有很多技能，对打猎有特别的热情，但你能毫无疑问地分辨出，他们两人中谁是领导者谁是专家。当天晚些时候，沙迪翻译了我的问题——他们中有没有人曾经迷过路，努斯点了点头，腼腆地笑了笑。但随后他看着蒂图斯说，他从来没有迷过路，也不会迷路。他似乎在暗示，蒂图斯会迷路的这种说法有点荒谬。

出发后不久，河水变得几乎无法航行，当蒂图斯和努斯试图挑战最后几组可怕的激流时，他建议我和沙迪下船沿着河岸走。我松了一口气。让船在这样的激流中逆流而上是我以前从不敢想的事情。我们四个人在船上的时候，船已经轻而易举地卡在岩石上好几次了，但现在岩石变得更加令人不安，我认为蒂图斯的建议妙极了。

快速的河水在石头之间涌动，船多次停滞不前。试了半天，船还是无法通过。努斯脱掉上衣，跳进白花花的水里，尽力引导船头从最狭窄的缝隙中通过。螺旋桨反复跳出水面，然后撞在岩石上，发出可怕的声音。最后，船终于过去了。我们把它拉到一边，蒂图斯把三个备用螺旋桨中的一个放在长轴的末端。然后他从岸上抓起一块拳头大小的石头，选择了一块平坦的大石头作为砧板，开始把损坏的螺旋桨砸成适当的形状。

最早让我感到震撼的事情之一是蒂图斯和努斯是多么务实。在每天从日出到日落的这段时间里，我相信自己从没有看到他们的手闲着。至少他们会抽烟和磨刀，但通常他们会利用森林里的东西制作一些东西。

我们所有人开始重新打包，在此期间，沙迪和我震惊地看着蒂图斯拿出三公斤的白糖，打完包后我们开始走上坡路。俯视着之前驶过良久的支流，离开它的感觉很奇怪。奇怪，但也很好，我们现在终于可以正式徒步了。我在笔记本上写道："支流的颜色与干流河道不同。支流——透明或蓝色，干流——淤泥，不透明的棕色。"

我有三个主要目标，它们将使我在接下来一周的徒步中十分忙碌。第一，我想尽可能多地收集关于蒂图斯如何阅读土地和导航的信息。第二，我想测试自己的导航意识，反复检查我对方向和距离的估计是否准确（为此我带着地图、指南针和 GPS）。第三，我想看看自己是否能在雨林中发现任何有关方向的线索。最后一项要求很高，因为我们非常接近赤道，而且我已经注意到，风的线索很少，而且很杂。在温带气候地区，如欧洲和美国的大部分地区，经过练习后这些线索很容易发现，因为每个景观都充满了不对称性。到目前为止，就我所知，在这片赤道雨林中，太阳和风都不容易提供任何线索。但如果我努力寻找，未必会全无收获。

我注意到的第一条自然线索是，这些树木几乎都有大量的板状根。热带地区的土地通常非常湿，这使得它非常不适合用来固定树木。当地的树木已经进化出一种解决方案：它们不依靠张力的固定作用，而是生长出巨大的板状根用于支撑。当我们爬坡的时候，我注意到坡下方的板状根都更加坚固，也更长。它们指向谷底的河流，我喜欢这种根部指向河流的想法，尽管它的实际价值有限，因为坡度本身就是更明显的线索。

在我的要求下，我们停了下来，以便我可以拍一些照片，我注意到，树上的真菌对几棵树的南侧表现出明显的偏爱。这一趋势很明确，但原因并不明显。在离赤道这么近的地方，太阳在 6 月附近位于北方天空中很高的位置,12月附近位于南方天空中很高的位置,在3月和9月附近接近头顶。为什么这些真菌会出现不对称现象?我不确定,但我很高兴这么早就发现了什么。在记下这一点后,我抬头看到蒂图斯对他那瓶食用油在背包后面滚来滚去很不满意。他挥舞着他的曼道刀,即所有达雅人使用的砍刀,从一棵年轻的基道树上割下树皮,在一分钟内将油瓶牢牢地固定住。蒂图斯和努斯背着由各种天然材料制成的背包,像一个篮子一样编织在一起,成为一个非常好用的背囊。每当背包的某个部分因任何原因让人感到不舒服或不实用时,他们就会用森林中的材料重新制作,以适应他们的需求。

穿过众多支流中的第一条时,我很快就明白了自己将要面临最大的挑战之一是什么。在河边的岩石上,各种制鞋理念发生了冲突,西方人输了。在丛林中,你必须对穿什么鞋做出决定,没有一个放之四海而皆准的方法可以让一切都变得容易。西方的方法,也就是我所遵循的,是穿上好的靴子,为脚踝提供支撑,至少在一天的开始阶段让你的双脚保持干燥。(总会在某一时刻身上到处都湿透了,但至少可以在晚上的火堆前把衣物烤干。)而当地的理念是,唯一重要的是抓地力。蒂图斯和努斯穿的是白色的软质运动鞋,鞋底有小塑料钉。他们的脚在白天长期处于湿润状态,但他们几乎从未滑倒。我的靴子在步行靴中抓地力算是很好的了,但问题是它们没有提供什么灵活性,没有机会用脚去感受地面。沙迪穿的是一些轻便的西式徒步鞋,这是这两种理念的折中之选。

蒂图斯和努斯可以通过让他们的脚踩在岩石表面来走过最滑的岩石。我的靴子不允许我这样做,所以我多次从岩石上滑落到浅浅的河水中。这充其量是有点好笑,更典型的情况是令人尴尬和有点害怕。我开始担心自己的四肢会折断,或者头撞到石头上。有些渡河之路是表面非常湿滑的倒下的树木,离其下面的水和岩石有10英尺甚至20英尺高。从其中一根木头上滑下来会给我们所有人带来很大的麻烦。在徒步旅行期间,我们将需要几天的时间才能得到各种形式的医疗帮助，而受重伤是不在我的考虑范围之内的。和以往一样，有一个解决方案是从森林里找到的。蒂图斯花了五分钟就砍下了一棵年轻的基道树，并用它制作了一根高大的手杖。我不确定我是否能想到这一点，但它解决了这个问题，充分提高了我的平衡能力，让过河变得不那么可怕了。

经过一段短而陡峭的攀登，我们走出了雨林，来到了一个长满草的山丘上，这让我非常惊讶。我们在山顶上停了下来，欣赏风景。在雨林地区很少能看到这样的景色，但在这里，这些不寻常的草地为我们提供了观察周围地区的机会。在我们的前方，北方土地的山地性质变得非常清晰，我看着一个山顶被乌云吞噬。

蒂图斯指着我们身下的一条峡谷。

“我在那里寻找蜜蜂。”沙迪翻译说。

“为什么？”

“我们用蜜蜂来帮助寻找带来盐的泉水之源。盐的源头就是动物会出现的地方。水鹿和白牛会来舔食盐。”

就在这时，三只水鹿从山脊后面探出头来，然后小跑着离开。我想，蒂图斯提到牛，一定是这里有草原的原因。放牧食草动物会阻止森林的重建：草可以在食草动物的嘴下生存，但幼树会被啃死。

我们继续走。一小时后，我们休息了一会儿，都开始了处理无处不在的水蛭的常规操作。我的左手上有一只，小腿上各有一只，肚子上有两只。斯里兰卡山蛭（*Haemadipsa zeylanica*）一直紧贴着地面，所以它们也会爬到你腿上的每一个部位。它们无痛无害，但仍然令人讨厌，因为它们会导致大量血流经你的腿上。虎纹山蛭（*Haemadipsa picta*）依附在离地面稍高的树叶上，因此会在你身体的上部找到它们。它们名中带“虎”，可能是因为它们的条纹，也可能是因为你能感觉到它们的叮咬。从各种意义上讲它们都令人不快，不过并不危险，与英国的一些寄生虫不同。例如莱姆病，在我在英国徒步的许多地区由蜱虫传播，它比令人不快更糟糕，它可能是慢性病，会让人无比虚弱。

虎纹山蛭带来的唯一严重的问题是其抗凝血剂。水蛭和大多数吸血动物一样，通过注射抗凝血剂来阻止我们身体的伤口愈合，以便它们能够轻松地大快朵颐。由于某些原因，这种抗凝血剂对我的血液特别有效。无论怎样清洗、消毒或包扎这些小伤口，似乎都无法阻止血液流出来。我的衬衫很快就被染成了怪异的深红色。

我们停下来，为我们的第一个晚上扎了营，沙迪解释说，周围丛林中的蝉声越来越大，所以蝉才有了“六点蝇”的绰号。蒂图斯和努斯努力挥舞着曼道刀，用砍倒的树苗和大油布搭建了一个精致的住所。在一顿简单的面条和米饭晚餐之后，我开始了缓慢的询问，由沙迪担任我的翻译。

“我阅读了河流和山脉的形状。”蒂图斯解释说，“如果我迷失方向，我就爬到最高点，寻找我认识的河流或山顶。如果还是不够高，看不清，那我就再往上爬。如果还是不够高，那我就爬到树顶上。然后我在脑海中计算出与每个地标的距离。山脊、山顶、河流，这些都是我所用到的线索。”

我们吃了食物，我在冷却的开水中加入了一些消毒片。现在天已经黑了，我享受地看着两只萤火虫沿着营地下面的小河河道飞舞。然后蒂图斯说了 6 个字，这 6 个字强调了他在丛林中导航的整体方法。

“如果平，肯定硬。”

在接下来的日子里，我逐渐理解了“平”这个字对蒂图斯意味着什么，这句话的重要性才真正体现出来。我们身处山区，我们的路线通常要经过陡峭的山脊。偶尔，蒂图斯会告诉我们，我们将在平地上行走几个小时。这通常会受到我和沙迪的欢迎，因为我们疲惫的肌肉对任何地形上的变化都表示欢迎。

但这之后出现的土地远非如他所说的平地，用英国人的话来说，它应该是起起伏伏的丘陵。我现在确信蒂图斯的意思是，土地没有被分成非常明显的山脊和沟壑。他说的“平”，意思不是坡度较缓，他的意思是土地开阔了一些，不再以陡峭的河谷为主导。这片土地的性质已经发生了改变。蒂图斯发现在这种情况下更难导航，因为河流和它们的支流从远处看不太明显，对土地的影响也不那么占主导地位。

我相信，河流的排列、河流的特性和水流的方向对达雅人以及地点、旅行和导航的概念有多重要，怎么强调都不为过。对我所接触的达雅人来说，南、北、东、西这些词几乎没有任何意义，也没有任何意思。他们中没有人使用过指南针，更不用说 GPS 了。然而，他们却可以轻而易举地指出方向。在 20 多个场合中，我让蒂图斯指出我们的目的地隆罗游村的方位（之前我已经自测过了）。他几乎总是比我快，而且误差总是在 10° 以内，常常十分接近我用地图和指南针所测出的准确无误的方向。他可以在山顶和谷底做到这一点。他可以在我们经历的所有天气条件下做到这一点。当我们的能见度下降到只有几米的时候，就像雨林中经常发生的那样，他依然可以做到。

他的方法主要依靠两件事。第一，他知道土地的布局：如果他在他不知道的土地上，他的方法就不会奏效。最简单地说，如果你知道一条河从 A 地流向 B 地，你从 A 地开始沿着河走，最终一定会到达 B 地。（前提是你沿着河朝正确的方向走！）他的方法的第二部分，也是更高超的技术，是不断地意识到自己相对于自然地标的位置，如河流、山脊和山顶。这比听起来要难得多，也是他必须从年轻时就开始磨炼的技能。

我让蒂图斯用一根棍子在泥土中画出我们的位置。他画了三条河，曼高河、贝劳河和鲍豪河。然后他在它们之间画了一条山脊，标出了我们的起点和目的地。毫无疑问，蒂图斯的脑子里有一张非常好的地势图。

理解蒂图斯——以及从较小程度上理解努斯——如何在雨林中保持自己方向的关键是我没有想到的，即他们使用的语言。蒂图斯或努斯轮流带头，因为他们最擅长在灌木丛中砍伐。当蒂图斯在队伍的后面时，他经常要向前面的努斯喊出简短的命令，如果没有这些友好的命令，努斯每小时至少会出几次错。我曾以为这些指令主要是“左”和“右”。但我错了。当我用拼音记下这些词，并在下一个休息点让沙迪解释这些词时，我收获到了惊喜。虽然蒂图斯偶尔也会使用“左”或“右”这样的词，但这些是例外。他最常使用的词是“上坡”“下坡”“上游”“下游”。在那一刻，我的脑海中更清楚地看到了西方航海家和达雅人看待同一条路线的方式之间的差异。

几天后，这一点以一种可爱的方式得到了印证。我们在一条河边露营，我把打火机放错了地方。远处的蒂图斯看到了它，并告诉沙迪它在哪里。

沙迪翻译给我听。“它在地上，在饭盒的上游。”

我不相信一个西方人会这样看待打火机在营地中的位置——参照于10米外的河水流动方向。对我来说，这是个微不足道的时刻。就像昆士兰远北地区的辜古依密舍人对一切事物都以基本方向为参照——例如，即使是室内的东西也会在他们的北边或西边，达雅人也对他们周围水的流动方向永远心中有数。即使它已经离开他们视线许多小时，它仍然为他们定义相对方向。

现在，当人们希望为进入山区雨林地区的探险活动做准备时，我会提出以下建议。以小组形式在丘陵地区行走一天，并轮流从队伍的后方进行导航。你可以用来指导前面的人的词汇只有上坡、下坡、上游和下游。这确实会让你以不同的方式阅读土地。即使你不打算进行任何丛林徒步旅行，这也值得你尝试一两个小时。它将极大地提高你对土地的阅读能力和认识。

清晨，我被黑叶猴（*Nilgiri langur*）在上面的树上玩耍的声音吵醒了。空气中的蜜蜂嗡嗡声越来越密。我把干衣服收拾好，穿上挂在火堆旁的因为沾了烟、血和汗而僵硬的衣服。僵硬的肌肉被早晨的第一个陡峭的爬坡吓退了。我花了几天时间才知道，每天上午和下午都会爬很长时间的坡。这是合乎逻辑的，我们总是在午餐时休息，然后在河边扎营，因此我们总是不得不把自己从那些山谷中拖回来。我很快学会了在早餐和午餐结束时多喝水。河流决定了我们每一段步行和休息的节奏。

在一个山丘的沙顶上休息时，蒂图斯解释说，他们不利用恒星来导航，但满天星斗预示着干燥的天气。他说他根本不用动物来导航，但鸟儿的各种声音意味着不同的事情：有的叫声意味着鸟儿找到了食物，有的叫声预示着战斗，还有的叫声让蒂图斯意识到这个地区有鹿。看到我对这最后一点感兴趣，蒂图斯说，松鼠发出的声音也可能表示附近有鹿。我问这些声音是否可以用来判断人是否在附近，他说，鸟类、松鼠、长臂猿和黑叶猴都会发出信号，表示有人类靠近。

我们经过一个泉水盐源，蒂图斯指着蜜蜂，并指明该地区被猴子破坏的方式。在这个地方休息时，蜜蜂在周围嗡嗡作响，然后我看到地面上开始出现巨大的红蚂蚁的海洋。其他人似乎对此不以为然，但我站起来，紧张地注视着这个地方。我大口大口地喝着加了消毒片的水，蒂图斯和努斯喝着他们的糖水。在我的肌肉变得僵硬之前，我决定探索一下当地的情况，当一只豪猪从我面前冲过时我愣住了。

我不停地努力保持平衡和避免滑倒的结果之一是，我对靴子下面的泥巴的颜色和质地以及表明前方变化的迹象变得很敏感。大多数雨林中典型的深色有机泥浆往往很滑，但我了解到，当光照强度提高时，这往往是森林变稀疏的第一个迹象，而这又往往是由更干燥、更偏沙质的土壤造成的。这些较浅的土壤提供了更好的抓地力。我在出发前从未猜到：光强度、泥土的颜色和我不受控制地从陡峭的河岸快速滑向岩石峡谷的可能性之间，竟然存在这种密切关系。

在第二晚的营地，蒂图斯组装了他非常简单的单管猎枪。蒂图斯和努斯都有使用吹管打猎的经验，努斯成功地用吹管打到了一些鸟，但当被问到猎枪和吹管哪个更好时，他们互相做了个鬼脸，然后看了看沙迪，又看了看我。如果有人问你喜欢用洗碗机还是用手洗碗，你可能就会做出这种表情。

蒂图斯从他的背包里拿出一个小塑料袋。里面装着大约10发猎枪子弹。他从袋子里拿出两个，扔在一只手上，然后把一个放回去。然后他又把它拿出来。我费劲地想弄明白他在做什么。然后，他下定决心，确定了两颗子弹，向黑暗的雨林出发了。沙迪和我看着他头灯发出的明亮光束像微风中的火焰一样闪烁，然后消失了。半小时后，远处的树上传来一声闷响。20分钟后，蒂图斯肩上扛着一只体形不小的鹿穿过浅浅的河流。这时，我才明白蒂图斯一直在苦恼什么：他打猎需要一发还是两发猎枪子弹。在学会用吹管打猎后，我意识到，用猎枪打猎可能需要第二次尝试的想法，在达雅人看来一定很奢侈。

当努斯打开头灯消失在上游时，蒂图斯在火堆旁把鹿吊起来，然后开膛破肚。蒂图斯将鹿身上没有被吃掉的部分扔进了河里，这时，努斯咧着嘴笑着回来了，他的肩膀上扛着一个满满的袋子。袋子动了。努斯把大青蛙一只只从袋子里拉出来，把它们的头拍打在河边的岩石上。青蛙总也死不掉，于是他尝试了一种不同的策略：他不是用青蛙打石头，而是用石头打青蛙。然后青蛙们都死了。

蒂图斯看到青蛙大丰收，没有说一句话，就开始用我们营地周围的树枝制作锋利的扦子。青蛙在火上抽搐、蠕动和嘶嘶作响，仿佛又活过来一般。

第二天早上，我先吃了一盘鹿内脏作为早餐。我马上吃出了肾脏的味道、质地和气味，对认不出来的部分我没有提出任何疑问。除了把它全部吃下去补充能量外，我没有其他选择，我知道得越少，可能越好。达雅人总是从实际出发，务实地思考问题。在西方，我们可能会忍住不在早上6点吃内脏，但在达雅人看来，内脏应该先下肚，所以会先吃它们。

青蛙和鹿肉在火上烤了一晚上，现在挂在蒂图斯和努斯的背包上，又臭又黑。在两个小时内，他们已经获得了足够的食物，可以让我们坚持3天。

在我们那天第一次休息时，蒂图斯详细介绍了他对河流的解读。从他的描述来看，他的方法与许多航海家所知道的“扶手”非常相似。如果你知道一个地标在你想去的方向上呈一条长线，那么如果你沿着它的线路一直走，就很难出错。然后他描述了他是如何识别各种河流的。

他用一根棍子在泥土中画出两个形状。一个是向两头伸展的、宽的U形。另一个是更窄、更小的V字形。蒂图斯解释说，通过这种方式，他可以从土地的形状和坡度的性质看出他是在沿着一条大河还是一条小河的山坡往下走，一旦他知道河的大致尺寸，他就能想起这是哪条河或小溪，从而知道自己身处何方。这听起来很简单，但亲眼看着它付诸实践才令人印象深刻，因为所有这些山坡，也许每天遇到多达20个，在我看来都非常相似。我注意到这是当地专业导航的特色之一：当没有经验的眼睛只能发现同质性的地方，他们却有注意到差异的能力。对于热衷于购物的人来说伦敦的牛津街和摄政街非常不同，但在达雅人看来可能很相似。

雨林永远不会变得单调，这里有太多的事情发生。它可能会让人感到疲惫、困惑和畏惧，但发生的事情太多，绝不会让人感到无聊。在徒步的第五天，节奏已经稳定下来。营地建好后又拆掉，脚步和汗滴一同落下，靴子、帽子、背包和水蛭随着节奏来来去去。但这种节奏中总是夹杂着惊喜。努斯落在我们身后，这并不罕见，但当他对蒂图斯反复发出的动物般的叫喊和呼唤没有反应时，蒂图斯就会把他的背包丢在地上，沙迪和我也这样做。10分钟后，蒂图斯的一声呼唤也得到了类似的叫声回应。片刻之后，努斯出现了，他身前抱着一只大猴子。一双明亮的大眼睛让我觉得它还活着，直到努斯放开手臂，猴子的身体瘫软下来。我起初担心努斯决定杀死这只猴子——有这么多肉的东西不可能不出现在他们的传统狩猎名单上，但他翻开它的头，两道伤痕告诉蒂图斯和努斯，它可能是死于一场战斗。

努斯把它翻过来，让它仰面朝天，开始摸它的乳头。他问我是否想吃它。我看着它死气沉沉的眼睛，认出它身上的DNA与我多有相似之处，摇了摇头，勉强挤出一个微笑，感谢他的提议。努斯的手指开始摸它的腹部，然后他又捏了捏它的两个立挺挺的乳头。

“它怀孕了。”沙迪解释说。

努斯的手指正用力地戳着猴子的腹部。我感到很不安，暂时地转过身去。几秒钟后，当我回头看时，努斯已经拔出了他的伊兰刀，也就是他两把利刃中较小的那把，沿着它的腹部划了一道长长的口子。他迅速而熟练地将它开膛破肚。很快我们就知道，它没有怀孕，但它最近生过孩子。努斯指着肿胀的乳头，解释说它一定还在哺乳。离这里不远的地方有一个孤儿，如果它在针对母亲的攻击中幸存下来的话。

猴子的内脏躺在它仍然温暖的身体旁边的土地上，努斯的刀割开了它的胃袋。一团明亮的绿色物质溢出来，这种半消化的绿色植物的臭味令人作呕。沙迪和我都退缩了，但努斯靠得更近，他的手指开始疯狂地扒拉这些绿色的东西。我转向沙迪寻求解释。

“他在寻找石头，也就是肚子里的卜塔特（buntat）。许多动物的肠子里都有坚硬的石头，人们认为这些石头会带来好运，并赋予拥有它们的人力量。”

我们走了几个小时，我发现只要处于努斯的下风口位置，我就仍然可以闻到他手上的味道。

蒂图斯用一片乌卜特（ubut）的叶子作为烤箱手套，从火上拿下一锅米饭。当其他人高兴地啃着烧焦的鹿排骨和青蛙腿的午餐时，我则花时间试图从我的手上拔出来一些像蓟草一样的短针。它们刺得我很疼，但我很难集中注意力，因为我眼睛和手之间的苍蝇数量几乎不会减少到足以让我看清楚的程度。我放弃了，相信我的身体会更好地把这些刺痛的短针挤出来。当我坐着不动的时候，苍蝇太烦人了，于是我用叶片做了个苍蝇拍，绕着火堆走了一圈，搜寻周围的线索。

"火堆的烟从北边吹到南边，很不寻常。"我在笔记本上潦草地写道。风向的改变通常预示着天气的变化，但说实话，我当时并没有想到这一点，也没有想到它将带来的其他大变化。

大雨突然下了起来，雨点冲破了我们头上的树冠。在雨林中，大雨开始落下时会有些许延迟。树冠会发出轰鸣声，将水挡住一两分钟，但随后重力占了上风，水会以细小的水滴和圆润的水珠的形式落到地上。

蒂图斯指着土壤中的一些水鹿的足迹。然后，森林变亮了，泥土的颜色也变得更浅了，质地更像沙子了。前面有一个开口，河水从那里蜿蜒而过。在河岸上我们都能看到三只吃草的水鹿。我们蹑手蹑脚地向前走，走到离大鹿不到 50 米的地方，然后它们听到我们的声音就跑开了。我们把背包丢在附近，在河边的沙岸上休息。我可以从沙地上看到水鹿和小一些的鹿的互不相干的足迹。

我的思绪飘到了我们能够如此接近鹿的原因上。我们的行动并没有特别隐蔽——我们的意图是行进，而不是打猎或跟踪，而且我们在发现它们之前肯定发出了相当大的声音。然后我想到了午餐时的火，这才明白过来。这很明显，但是很多最明显的东西会因为雨林徒步旅行的汗水和费力而被忽略。

微风来自北方。在我们徒步的大部分时间里，微风都不是来自北方。我们第一次直接迎着微风行走，所以动物们几乎没有机会闻到我们的气味。蒂图斯确认了这的确是我们能够如此接近鹿的原因，然后补充说："水鹿（*Cervus unicolor*）和麂能闻到我们的气味，但鼷鹿（*Tragulidae*）闻不到。"他继续解释说，在猎杀水鹿或麂时，风向和由此选择的方法至关重要，但在猎杀鼷鹿的时候，这些影响可以忽略不计。

我们沿着河道又走了一个小时，然后努斯在前面停了下来，咧开嘴笑了，对着一棵从我们周围的其他树中脱颖而出的树挥舞着他的曼道刀。它的树枝上挂着蜜瓜大小的黄色球体，有一个球体落在了两根树干的分杈处，被压得碎了一半。在专家的帮助下，我们打开了果实，我品尝着酸甜混合的味道。这根本不是蜜瓜，它的味道更接近于葡萄柚。它是如此美味，以至于我问沙迪，为什么我们现在才遇到它，它是否常见。

"不，这不是野果。"沙迪回答说。

"但是……"我说着，同时指了指周围，我们显然是在荒郊野外，而且据我所知，离最小的村庄也要走一整天。"但是，这就是野外？"

"过去这里一定有一个村庄。"沙迪补充道，并询问蒂图斯，后者证实了这个说法。这棵果树的存在是一个村庄的全部遗迹，这个村庄曾经一定存在于这个地方，但这里早已经被森林重新占领了。想到这些树木不断地霸占着村庄，但却仁慈地放过了它们中的一员，我觉得这挺有意思。

在河道变宽的地方，天空豁然开朗，我们长期处于树冠遮天蔽日的环境中，到了这些地方是一种解放。我们扎了营。那天晚上，早些时候的大雨向南边散去了，留下了一片晴朗的天空，在我们徒步的过程中，第一次出现了大量的星星。在我们吃完最后一只麂后，我让沙迪问蒂图斯和努斯，他们是否愿意让我告诉他们如何利用星星来判断隆罗游的方向。蒂图斯特别热衷于此。我必须仔细挑选我的方法，因为任何复杂的星星或星座识别都不可能突破得了翻译的障碍。

从本质上讲，我所要做的就是告诉他们如何找到北方，因为隆罗游位于我们的正北方。有一点优势在于，我们实际上是在赤道上，这意味着北极星会稳稳地落在地平线上。这使得这颗恒星本身是看不见的，这听起来并不理想，但实际上它在某种程度上让事情变简单了，因为这意味着我可以用村庄来代替北极星。

我环顾北方天空位于河两边的树冠之间可见的星辰。有一个明显的候选对象：五车二旁边的三角形。我展示了这个细长的三角形是如何指向地面的，并解释说它指的就是通往隆罗游的路。蒂图斯点了点头，他已经从对地形的认识中知道了去往隆罗游的方向。

我继续解释说，这个三角形会在夜空中移动，并不总是可见的，但如果他能找到它，它总是可靠地指向从阿保宾到隆罗游的方向。蒂图斯咧嘴笑了，但努斯却不那么陶醉。我怀疑他心中的猎人在想：“这玩意儿怎么能帮我杀死一头白牛？”

第二天早上，我在河里洗了个澡，然后我们就出发了。穿过第一条溪流，我们看到一条死蛇漂浮在河面上，蒂图斯向我展示了塔姆邦龙树（Tamban lung）。他用他的曼道刀砍了一大块，并解释说，用水煮过后可以做药，能减轻被蛇咬伤后的不良反应。

蒂图斯和努斯继续在森林中砍伐。他们这样做是为了给我们开辟一条道路，同时也是为了给自己标出一条未来的道路。每当我们停下来超过一分钟，他们就会开始在树皮上刻下痕迹。努斯在我们等待沙迪的时候在树上凿出了痕迹，沙迪前一天晚上在河里丢了一只袜子，所以用一条寒酸的粉色内裤包裹着他的脚。这是一个超现实的时刻，只是加剧了我的感官超载感。地上到处都爬满了昆虫，精神亢奋的昆虫学家能更好地描述这种场景。摇蚊成群结队，一条长长的斯里兰卡山蛭从一片叶子拱到另一片叶子上，就像一个弹簧圈玩具。

我们再次出发，我在一根过河的木头上滑了一下，及时恢复了平衡。一棵大树倒地的声音响彻森林。这是我听过的最阴森可怕的声音之一。半个小时后，这种情况再次发生。我疲惫的心开始担心整个雨林已经自暴自弃，即将在我们身上塌下来。

然后我们就迷路了。

走在前面的努斯意识到他和蒂图斯都迷失了方向，于是一言不发地消失在森林里。然后，沙迪独自出发，试图找到他们中的任何一个，留下我独自站在那里。他们把所有的装备都留在我身边，这让我感到很欣慰。整个过程既滑稽又有点吓人。蒂图斯和努斯偶尔发出的叫声在森林里飘荡。他们花了一个小时才找到对方，并走了回来。我们又花了一个小时，才重新回到我们走错路的两个山谷顶部的地方。

“Long Layu tidak ada.”我对沙迪说，我们紧张地笑了起来。

那天晚些时候，蒂图斯警告我们，前面的树上有一个蜂巢。他对景观细节的记忆力再次让我感到震惊。在我眼里，这只是另一片茂密的雨林。但通过沙迪被蜂群包围，然后脸上被严重蜇伤，证明了蒂图斯是多么正确。我问蒂图斯他上一次经过这里是什么时候。他回答说，2011年12月，一年多以前。这是他一生中只走过4次的旅程，每次都选择了一条略有不同的路线穿过雨林。

世界各地长途徒步的特点之一是，无知的人往往会问那些知情者：“我们快到了吗？”在每一个漫长的跋涉日即将结束时，背包的重量更重了，我的腿和脚都痛得想休息一下。大多数时候，我们从早上8点走到下午6

点左右，然而，无论白天有多长，光线有多暗，蒂图斯仍然完全能够估计出抵达下一个合适的河边露营地的时间。在最初的五天里，他可以做到这一点，精确到分钟。在这么长的时间里一直保持这样的水准，这很了不起。然后，令人担忧的是，这种技能在最后完全消失了。

在最后一天半的行走中，蒂图斯失去了对距离的准确把握。他告诉我们5点前会扎营，可到了7点时我们还在行走。蒂图斯的沉默让人担心。天黑了，我们开着头灯在难走的地形上步履不停。

最终，我们放弃了到达河边的希望，并扎了营。沙迪对蒂图斯很不满，我可能也是如此，除了我在小路边上注意到的一条线索。一些不属于自然的东西将我的头灯的光反弹到我的眼睛里。走出小路，我发现了一些饼干的包装纸：我们离文明越来越近了。这一点得到了蒂图斯和努斯的证实，他们指着一些树上的刻痕，并不是出自他们自己的刀片。

第二天早上，我们在6:30之前就上路了，并尽可能快地行进，但我们仍然错过了与船夫的会面，后者将带我们走完最后几英里的路程，抵达村庄。在世界上这片无法使用手机的地方，重新安排时间是做不到的。我们只能硬着头皮步行前往村庄。

我注意到一根细细的橙色塑料管从土壤中冒了出来。现在应该不远了。又过了三个小时，河水出现了。两个小时后，我们走到一个山坡上，进入了隆罗游。它确实存在，为此我十分感激。我们向蒂图斯和努斯告别，他们将以同样的方式步行返回他们的村庄。我问他们要花多长时间。

“我们要打猎。我们不知道。”

从婆罗洲的中心地带走出来并不比进入更容易。我们连续吃了三天同样的两道豪猪和黄鼠狼做成的菜后，我急切地想离开隆罗游。我们的主人慷慨至极，但我已经受够了自己身上的气味。我那被撕碎的、带血的衣服已经失去了吸引力。我想离开，但回程并非一帆风顺。

在接下来的几天里，我目睹了世界上最糟糕的道路，即使开着路虎车也完全无法通行。我被摩托车甩下来三次，后来摩托车终于彻底坏掉了。我和沙迪在晚上跟着星星步行，完成了这部分旅程。第四天，我满怀信心地走上跑道，走向引擎仍在转动的印尼军用运输机。飞行员推开窗户，回头看了看我，摇了摇头。军官们护送我回到跑道上。

“外国人不能上去。”沙迪翻译道。似乎飞行员不喜欢我的样子，尽管我试图擦去衣服和皮肤上的泥土和血迹。

两天后，我坐在一架小型传教士飞机的驾驶舱内。基督教传教士的航班往往是婆罗洲内陆和沿海城镇的最后一丝联系，看到塞斯纳飞机上熟悉的仪表盘和屏幕，我不胜感激。

我发自肺腑地感谢了沙迪，我挥手与之告别，如果没有他，这一切都不可能实现。

之后我又坐了一段船，接着又坐了一次飞机，然后我发现自己回到了巴厘巴板，三个星期以来第一次躺在床上。我很疲惫，身上有不少瘀青，但很高兴找到了我要找的达雅族智慧瑰宝。

自从在婆罗洲的那次徒步之旅后，我现在都带着一个看不见的、没有重量的指南针，它上面有 4 个点：上坡、下坡、上游和下游。我看待山脊和山谷的方式永远地改变了。我再也不会注意不到溪流中水的流动方式。

我偶尔也会不把我找到的青蛙吃掉。

第十九章

稀有的、非凡的

——对植物的热爱如何让我拥有难以想象的财富?

2009 年 7 月，一队有黑色车窗的四轮驱动汽车车队载着哥伦比亚 73 岁的“祖母绿沙皇”维克托·卡兰萨，沿着一条颠簸的哥伦比亚公路，直接遭到一场猛烈伏击。迫击炮弹和炮火杀死了他的两名保镖，另外两人也因此受伤。卡兰萨滚进一条沟里，进行还击。他最后的求生努力让他幸存下来。

维克托没有父亲，家境贫寒，从小就自己摸索祖母绿生意。他在 8 岁那年发现了第一块绿色小石头，这让他最终拥有并经营了一个商业帝国。直到 2013 年他死于癌症时，维克托·卡兰萨控制了世界上四分之一祖母绿矿石的开采。

在那些与他关系亲密的人眼中，卡兰萨是一个无情的商人，他在 18 岁时就杀死了一个试图偷他祖母绿宝石的人，但他们也相信他与宝石本身有某种联系。他有一种“直觉”，“每当他经过时，祖母绿就会跳出来”。或者，真正的秘密在于，维克托·卡兰萨掌握了一种别人不了解的阅读自然的方法。

2005 年，我驾驶着一架轻型飞机从英国出发，途经法国、比利时、荷兰、丹麦，最后到达瑞典。最终，我的路线把我带到了足够远的北方，在夏至日从北极圈内看到了午夜的太阳。这是一次非同寻常的经历，但整个旅程也因其他原因而令人难忘。

驾驶着四座单引擎的派珀飞机在压低的云层和黑色森林之间飞行，我疲惫的眼睛被奇怪而可怕的黑暗地貌所吸引。那天飞行了 9 个小时后，我只能靠肾上腺素来维持自己的注意力，而这些非自然的山脉让我感到恐惧。我以前从未在矿山弃土附近低空飞行过，这次与瑞典北部矿区的偶遇激起了我的好奇心。

这种新的好奇心将我引向了一个奇怪的事实和罕见的技能：瑞典的维斯卡利亚铜矿是以苏伊士蝇子草（*Viscaria alpina*）①这种野花的名字命名的。这种花对重金属有很强的耐受性，探矿者用它来发现区域内丰富的铜矿藏。地质上的任何异常都会导致当地生物的变化，甚至贵重的宝石和金属也会对植物产生影响。有一门艺术利用植物来寻找可能隐藏在地表下的宝贵有用的东西，被称为“地植物学勘探”（geobotanical prospecting），从罗马时代起人们就在使用这种方法了。

用于探矿的植物是指示植物。灯芯草（*Juncus effusus*）可以指示潮湿的区域，并且经常对徒步者很有帮助，但铅草（白花丹，*Plumbaginaceae*）比较罕见，正如其名称所示，它能表明土地中可能有铅。春山漆姑（*Sabulina verna*）不仅可以耐受重金属，而且在重金属存在的情况下似乎生长得更旺盛。众所周知，庭荠（*Alyssum* spp.）会富集镍元素，而淡蓝菥蓂（*Thlaspi caerulescens*）则能非常准确地标出英国的铅矿开采地区。在美国，它生长在西部地区，可以十分有效地吸收多种重金属，包括镉和锌，因此它有时被用于“植物修复”（phytoremediation），即用特定植物来帮助清理环境并

①此为该植物学名的异名，其正式拉丁学名为 *Silene suecica*。

排除有毒物质。

地衣对矿物质含量也非常敏感。青冈衣（*Lecidea lactea*）这种地衣通常呈灰色，但当它生长在富含铜的岩石上时，就会变成绿色。1826 年人们在挪威北部首次发现了这种地衣，该地区后来成为一个铜矿。

随着最近金属价格的一路走高，也许用不了多久，小偷就会从教堂的屋顶上下来，追寻野花和地衣的踪迹。与此同时，尽量不要透露问荆（*Equisetum arvense*）是可以指示黄金的植物，匙叶苞蓼（*Eriogonum ovalifolium*）可以用来寻找白银，而银白翡若翠（*Vellozia candida*）则是伴着钻石生长的。

你可能已经发现了，在本书的这一章中，我要分享一些更仅限于内行人才知道的迹象。我不能保证你在这一节中学到的线索会在你的大部分徒步之旅中都能有很大的价值，但我希望它们可以为那些旅程中的心神不安时刻增添一点色彩。

长期以来，我一直对大自然，对时间流逝的反应、衡量和指示方式感到着迷。我最喜欢的自然理念之一是“花钟”，这是由林奈在 1751 年首次提出的，也就是通过每天次第开放和闭合的花朵来判断时间。但是，在我们的脚下和高高的星空中，还有许多更奇特的现象。英仙座中的大陵五，每两天半就会有一次非常明显的亮度减弱，时间正好是四个半小时。在我所遇到的自然时钟里，最特别的恐怕要数位于水下但可以从水面上看到的那一个。

水生的武齿裂虫（*Odontosyllis enopla*）英文俗名叫百慕大火虫，到了夏天，每个月它们都会从靠近海岸的泥土洞穴中出来，进行一次灯光表演。更具体地说，它们会在满月后的第三个晚上，在日落后的 57 分钟内上演生物发光表演。科学家们对这种行为的一致性毫不怀疑，它们与太阳、月亮以及潮汐的节律完全同步，但具体如何同步却不得而知。

与百慕大火虫相比，帽贝可能是我们大家更经常遇到的生物，在大多数海滩上漫步的时候都能找到它们。但是，我们可能要花很多时间才能发现它们与时间、潮汐和光线的奇特关系。研究表明，帽贝在白天涨潮时很活跃，但到了晚上却在退潮时很活跃。

世界上最深奥的日历要数驯鹿眼睛的颜色了。随着季节的变化驯鹿的眼睛会从金色变为蓝色。人们认为，这有助于它们更有效地适应从漫长白昼到漫长黑夜的转变。

我觉得很有意思的是，帽贝的睡眠时间、人们起航的时间、我们吃复活节彩蛋的日子、穆斯林祈祷的时间、蛎鹬落在沙滩上的时间、驯鹿眼睛的颜色以及加勒比海上的百幕大火虫开始发光的准确时间都是相互交织在一起的。我们都属于一个了不起的自然时钟的一部分，如果我们用心寻找，周围都可以找到时间的迹象。

水中的奇妙感觉

上面我谈到了水中的生物发光的现象。如果你有幸时常在热带水域游泳，你可能已经注意到，有时自己在水中会产生一种奇怪的刺痛感，就像被什么东西咬了很多口，但每一口都很小，不会有任何痕迹留下。之后，如果你在晚上去游泳或乘船，你就会看到在水下发着光的罪魁祸首——浮游生物（zooplankton）。你在被扰动的热带水域中发现的生物发光现象越多，你去游泳时就越有可能感受到那种刺痛感。

旅人蕉

我有幸在一些地方看到过旅人蕉（*Ravenala madagascariensis*），其中包括伊甸园项目——康沃尔的温室建筑群，我曾经在新加坡用它来帮助我确定方向。它也有“旅行者之掌”的别号，它巨大的叶子呈西东向排列。它的形状中还有一个有趣之处：它的叶子底部形状像杯子一样，可以为口渴的步行者收集雨水。

旅人蕉

金　柏

出于商业目的，人们会将许多针叶树种植在花园里。在你可能遇到的树中，有一个亚种叫作“金柏”（golden conifer）。这些树的叶子呈现出浅黄色或金色的色调。

有趣的是，在许多这样的树木中，这种现象也具有不对称性，树木照到阳光最多的一面——在北半球就是南面——金黄色会更加明显。另一种表现出这种行为的树木是北美乔柏的一个栽培品种，即斑纹北美乔柏（*Thuja plicata zebrina*）。

我还注意到在一些叶片颜色斑驳的植物中也有类似的规律。我住的地方附近有一棵花叶槭。它南边的所有叶子都呈现出花叶中鲜艳的颜色，但北边的所有叶子仍然是普通的绿色。

桶状仙人掌

桶状仙人掌可以提供两个与方向有关的线索。它们的顶部指向赤道，和许多其他植物一样，在其分布范围的北部边界上，你会在朝南的山坡上发现它们的身影。

波浪林

如果你在高纬度地区的山区徒步，你偶尔会遇到一个有趣的现象，即“波浪林”。在风越过山嘴和朝山谷前进的区域，有时风会形成波浪，在一些地方向下吹，然后再爬上来。有趣的是，这些风的波浪往往是有规律的，所以你会发现在一些地方，地面处的风有规律地呼啸着，但在稍远一些的地方却很平静，有时没有明显的原因。有些地方，树木，通常是云杉和冷杉，可以生存，而在不远处的地方它们就无法生存。这些规律起伏的风形成了波浪状的森林，就像树林中的岛屿，虽然它们不是很常见，但其他靠近树线的树林同样适用这一规律。有树的地方，出现大风的可能性比没有树的地方要小。

然而，这些像岛屿一样的林地并不是一成不变的，它们会非常缓慢地向背风侧迁移，因为迎风侧的边缘会受到影响，而背风侧的边缘则长得更好。每年，这些树林可能平均向背风侧移动 4 厘米。

椰子树

大多数树木都会远离会被风吹到的地方，风对树木形状的影响方式也是可预测的（见第三章）。椰子树是一个有趣的反例，因为它的演化策略正好相反。如果你发现自己走在棕榈树林立的海滩上，可以留心观察这些树往往会向海洋的方向倾斜。其原因可能是由于海滩一侧的地面不稳定，或者是因为大多数海滩经常被海风吹动。无论哪种情况，都给了椰子一个优势，因为这些种子如果落在离海较近的地方，就有更好的机会漂浮到新的陆地区域。

树上的石头与弯折

在世界的一些地方，如美国，在雪地里做路标是很困难的。频繁出现的厚厚的积雪使大多数传统的路标方法变得不合时宜——在 1 米厚的雪地上寻找石堆是没有意义的。美国本土部落学会了在树枝的分杈处放置石头，以便即使在冬季最恶劣的天气也能指示路线。

这些部落中的许多人还会将树苗掰弯，因为他们知道树上的这些不正常的曲线会使逐渐成材的树像一个标志一样脱颖而出。如今在美国，你仍然可以找到许多这种奇特的树木。

蜜环菌

如果你在夜间徒步时，注意到树木上有暗淡的光芒，这可能是树木遇上麻烦的一个迹象。蜜环菌（*Armillaria* spp.）在英语中也叫靴带菌（bootlace fungus），因为它会在树皮下留下长长的黑线，在黑暗中发出光亮。美国俄勒冈州有一个蜜环菌，已经蔓延覆盖了 2000 英亩土地，据说是地球上最大的单一生物体。

沙之味

一位人类学家朋友安妮·贝斯特博士最近给我讲了一个故事。她在马里的廷巴克图北部，与图阿雷格人度过了一段时光。当她问图阿雷格人如何知道自己该往哪边走时，图阿雷格人透露的一个方法是尝一尝沙子的味道。这片地区有许多盐，直到今天那里的人还在用它来换取黄金。不同地方沙子中盐和铁含量不同，这意味着图阿雷格人可以通过沙子的味道来辨别不同地区。

白亚麻

正如我们所看到的，有许多植物显示出对直射阳光的偏爱，因此有助于指示南方在哪里。也有相当多的植物耐阴，喜欢朝北的斜坡。在美国东北部发现的白亚麻（*Linum cartharticum*）并不遵循这一规律，因为尽管在南北两个朝向中它更偏爱朝南，但稍微朝向偏西方向的山坡上长得最多，因为这种植物喜欢黄昏时候的阳光。

宝　光

宝光一词来源于德语“Heiligenschein”，意思是“神圣的光”，是一类有趣的光学现象。

下一次当你在一个阳光明媚的早晨醒来时，找一块带露水的草坪，朝你自己长长的影子看去。将你头顶阴影周围的草的亮度与离此更远处的草的亮度进行比较。现在让身体左右摇晃几下，或者试着向一边走几步再回来。你会注意到自己头部的影子周围有一片明亮的区域，像光环一样，它还会跟着你一起移动。

这种现象的出现是因为你视线方向上的草隐藏了自己的影子，所以那片草看起来更亮。露水增强了太阳光的反射效果（有时在干燥的草坪上也可以看到这种效果，但不太明显）。

这不是一个线索或迹象，但我把它放在这里，因为它会提醒我们太阳所在的方向和与之相对的方向，即反日点，这是我们应该努力保持关注的事情。

终　碛

冰川经常会将大量物质从一个地方推到另一个地方。在它们抵达的最远处，会留下一堆岩石，这个小丘被称为“终碛”（terminal moraine）。

如果你对自己所处的山谷的形状和你脚下的岩石保持关注的话，预测环境的变化就会容易得多。如果你看到一处终碛，那么你就可以自信地预测，你前面的凸起的岩石和土壤构成一定与周围不同。当你爬上这座山时，你可以肯定，树木、野花、动物和脚下路面的情况都有可能发生变化。

终碛的一个著名的例子是美国东北部的奥特兰岛，一个正在消退的冰川留下的著名的群岛，包括长岛、玛莎撒葡萄园岛、楠塔基特岛，以及科德角半岛。

指示纬度的动物

气候和环境会随纬度逐渐变化，因此物种也在变化。这一点很好理解，但不太为人所知的是，许多不同类型的物种会发生种内变化。蝴蝶是一个很好的例子。在北方，北美副王蛱蝶（*Limenitis archippus*）看起来很像君主斑蝶，而在佛罗里达，北美副王蛱蝶看上去更黑，更像女王斑蝶。在加利福尼亚，阿芬眼蝶（*Aphantopus hyperantus*）几乎是白色的，而在东部颜色则要深得多。东部的双眼蝶（*Cercyonis pegala*）“眼睛”周围有橙色区域，而在西部的同类翅膀上是没有的。

2012 年夏天，从苏格兰向北航行到北极时，我一直在留心观察我们见到的许多海鸠是否会有变化。这些鸟在其分布范围的南端是棕色的，但随着你向北走，它们的颜色会逐渐变深。说实话，我很难发现其中的差别，但观察这种现象很有趣。

伯格曼法则（Bergmann's rule）是以发现这条规律的德国生物学家的名字命名的，他描述了动物体形大小和气候之间有趣的关系。环境越冷，保存热量就越重要。体形大的动物在寒冷中失去的热量比瘦小的动物少，因为它们的表面积与体积比降低了，所以它们往往能更好地应对寒冷的气候和高纬度地区的环境。

人们发现，许多鸟类和包括人类在内的哺乳动物，都适用这种随着纬度的升高体形变得更胖的规律。在非洲有不少高高瘦瘦的人，但没有多少高高瘦瘦的因纽特人。

融凝冰柱和粉色雪

雪有一种奇怪的形态，即融凝冰柱（nieves penitente），在空气干燥、高海拔和阳光充足的朝南的山坡上会出现。在这些条件下，雪会呈高大坚硬的叶片状，而且面朝太阳。它们的高度从几厘米到几米不等。

“粉红雪”或“西瓜雪”是一种雪的绰号，这种雪中生活着一种叫作雪衣藻（*Chlamydomonas nivalis*）的顽强藻类。这种藻类在吸收一氧化碳时由绿变红，使雪呈现出粉红色的色调。人们认为这有助于保护藻类免受强烈的太阳辐射，因此这种现象是北半球朝南的斜坡的一个线索。

风暴与地震

当我们还是小孩子的时候，我母亲每年夏天都会带我和姐姐去怀特岛度假。有一年，一场雷声特别多的风暴席卷全岛，并在夜间越来越强。我清楚地记得，当我躺在下铺，看着后门的磨砂玻璃映出明亮的闪光时，我感到很紧张。

我记忆中的下一件事是，我突然噌地一下子醒过来，发现自己正与一只似乎是狼的东西进行一场殊死搏斗。经过一番挣扎、尖叫和甩动之后，那只动物松了口气，退了回去，消失了。我从头到脚都在发抖，挣扎着走到电灯开关旁。我姐姐在上铺，她看到我的床铺时尖叫起来，现在我的床铺已经被血淋淋的床单弄得一团糟，似乎到处都是血：我身上和墙上都是。我感到头晕和恶心。后门在风中疯狂地摆动，暴风雨还在继续。这就像恐怖电影里的场景。几秒钟后，我们的母亲从另一间卧室赶来，我们一起试图弄清楚发生了什么。答案就在浴室里。

我们发现一只浑身非常大、湿漉漉、不停颤抖的大黑狗躺在浴缸里。当事情平静下来，我们发现，这只可怜的动物在风暴中惊慌失措地从某个地方跑了出来，并带着严重的伤。不知何故，这只狗找到了打开我们平房后门的方法，并认为如果它沿着走廊一路奔来，然后跳到我的头上，一切都会好起来。

我讲这个故事的目的是，帮助解释我为何长期以来对于动物对风暴等重大自然现象的反应很感兴趣。事实证明，狗确实经常在风暴中跑走，但不是像有些人所说的那样，在风暴来临之前跑走。

这方面的好奇心把我从我们之前提到的动物和天气谚语的关系，引向了动物和地震之间关系这个非常奇怪的领域。简而言之，人们之间确实流传着动物可以预测地震的传闻，但科学证据却无处可寻。奶牛是对地震不敏感的一个极端例子，因为它们似乎不仅不能预测地震，而且对地震也没有什么反应，直到它们开始摔倒或顺着山坡往下滚。

显得更像那么回事的一个例子是，在 1975 年中国辽宁海城发生大地震前一个月，蛇和青蛙确实出现了从冬眠苏醒的情况。这正是那种会把科学家们搞疯掉的事情。有近百件关于这些异常蛇类行为的记录——它们本应在寒冷的冬季环境中冬眠，但由于某种原因却没有冬眠。然而，科学家们发现他们既不能反驳也不能解释这与随后发生的地震有任何联系。一位化学教授赫尔穆特·特里布奇甚至为此写了一本书《当蛇醒来》，费尽心机寻找将两者联系起来的电磁学解释。另一种可能的解释是蛇对前震（大地震前的较温和的震动）有特别精细的敏感性，但真相究竟如何至今没有人知道。

同样耐人寻味的是，至少从公元前 4 世纪开始，就有关于大地震前天空中出现奇怪光线的报道，甚至有一张 1966 年拍摄的这种光学现象的照片，YouTube 网站上也开始出现一些这样的视频。关于为何会发生这种现象的一些理论也已经浮出水面，但没有一个接近一致的科学解释。

无论你的疑虑有多重，如果在寒冷的冬天，你看到天空中有奇怪的光，地上有蛇，最好还是采取一些预防措施。

月影与无眠之夜

虽然多年来科学家一直告诉我们，月球上有山，但如果能自己推断出这一点，就更令人满意了。下次当你看到月亮一半亮一半暗（上弦月或下弦月）的时候，请仔细研究月亮上的明暗交界线。沿着这条被天文学家称为“明暗界线”（terminator）的线，太阳光突然无法到达月球表面，于是月球的这片区域就会变黑。如果月球的表面是完全光滑的，那么这条界线就会是一条完美的直线，但事实并非如此。

回想一下你看着太阳落下，自己周围的土地已经没有了阳光的照射，但你注意到自己上方的山丘仍然沐浴在晚霞中。月球上也会发生一模一样的事情，不过过程要慢得多。沿着明暗界线，你偶尔能够找到一个被黑暗包围的小亮点。这是一座高高的月球山，抓住了日落的最后一丝光线。

我们每一个人有可能看到的最大的月影是非常不同的。日食发生时，月亮直接穿过我们在地球所处位置与太阳之间。大多数情况下，月球在新月时会接近这条线，但不会直接穿过它。月食则相反，不那么引人注目，地球将自己的阴影直接投射到月球上时，就出现了月食。如果你碰巧遇到日食或月食的新闻，可以很容易地预测：你可能离下一次月食或日食只有两周左右的时间。仔细想想这是符合逻辑的：如果月球在某一点上直接位于地球和太阳之间，那么两星期后它一定会到达另一点，而在每一个端，要么是地球把自己的影子投在月球上，要么正好相反。

巧合的是，就在我写这一章的时候，科学杂志《当代生物学》上发表了一篇非凡的文章。最新的研究声称，在接近满月的时候，我们的睡眠时间会减少 20 分钟，而入睡时间则要多 5 分钟。我们出现的与深度睡眠有关的大脑活动也减少了 30%。即使我们看不到月亮，在一个完全黑暗的房间里睡觉也是如此。这听起来很奇怪，但已经得到了科学研究机构的证实。一种理论是，月亮在我们的自然时钟中产生了影响，让我们的身体与月球节律同步，特别是出于繁殖需要。也许所有的失眠终究是有目的的。

第二十章

突 破

——你将有何发现?

在这本书中，我们研究了自然界中的许多线索和迹象，这些线索和迹象可以让你在徒步时做出预测和推断。每次我们都在研究自然界中更广阔的网络中的一部分：动物、植物、岩石、土壤、水、光、天空和人，这些都是相互联系的。如果你稍微改变周围的任何一个因素，泥土中的动物的足迹就会消失。一片稍大的云会改变蝴蝶的路径，从而改变了鸟的运动方向，于是这又把猫带到了其他地方。

本书的主要内容让你的注意力集中在推理上：我介绍了你需要注意的事情和对每条线索的解释。但是熟悉这些方法就意味着，你会不可避免地开始注意到自己发现的联系，这是一个非常令人兴奋的阶段。我当徒步领队以及开设课程已经很多年了，我知道，人们在享受使用这些类型的推理方法时有两个明显的阶段。第一个阶段是你给他们指出一个新的联系，一个他们第一次注意到的联系，但他们知道自己永远都能独立运用这一联系。

三天前我才带领一群人走过一个地区，参加徒步的许多人对这片地区的了解都比我更多。我可以看出，从未有人用这些树木在他们的脑海中绘制过该地区的地图。我演示了水青冈如何过渡为梣树，然后是溪流附近的柳树，所有这些树都显示出被风雕琢过的清晰形状，并提供了无数关于方向和环境的线索。没有人注意到，每当我们离开主路去研究野花时，鷦鷯做出了怎样的反应。我可以从他们的脸上看出，他们很喜欢第一次注意到这些东西。

将我的注意力吸引到下一个阶段的通常是一封电子邮件或信件。当有人尝试使用这些方法一段时间后，就会出现一个时刻，他们会明白自己也许能亲自找出下一个方法。这个过程就是先学会了走，然后带着这些想法奔跑，并把它们带往你选择的任何方向。

一旦你知道如何在自然界中寻找线索，你就可以迅速想出，如何让以前在你脑海中从未联系在一起的两件或更多的事情产生联系。比如，月亮会告诉你大海在做什么，这又可以与海滩上的地衣、鱼类和鸟类活动联系起来，但它不会告诉你关于你在徒步时发现的树木的任何有用信息。植物可以告诉你关于岩石、土壤、水、矿物和更多的东西，但它们不会让你对城市中的人流有多少了解。幸运的是，如果重叠的部分足够多，通过使用进阶的方法，你通常很容易地从一个地区获得观察，在另一个地区进行推断。月亮似乎不能告诉你关于你面前这棵树的情况，但它可以告诉你哪边是南方，这可能有助于揭开这棵树的秘密。

我很高兴，现在收到了来自世界各地的电子邮件，他们观察和推断出的东西让我们两个人都感到惊讶和高兴，其中有在南非用鸟巢导航，还有在得克萨斯州从土路中读出秘密，以及根据伦敦的路名进行预测。

如果我找到了某种新的方法，无论多么微不足道，我都认为这个星期过得不错。通常情况下，它开始于我注意到一个奇怪和模糊的规律，并寻找其中的意义。

这一章我想表达的重点是，这本书将带你到达你自己的发现之旅的起点，而且没有什么能阻止你做出一些相当不同凡响的发现。从更宽泛的经济学角度讲，这方面你是有优势的。人们在户外知识方面的差距非常大，许多领域目前欠缺求知欲方面的投入。反观政府和产业界，则会将敏锐的头脑和数十亿美元的资金用于研究微芯片、汽车、药品和平板家具等领域。这些机构花在寻找自然界的线索上的总预算还不够出门过一个美好的夜晚的费用。所以我们需要独立的头脑来寻找这些东西，如果你正在读这篇文章，你就有资格这么做。我真诚地希望，在不久之后，你会发现自己陶醉于自己的突破中，当你真的陶醉于此时，请务必告诉我。

第二十一章

隐形工具箱

——帮你踏出第一步的清单

在你的下一次徒步中，有一些需要观察的事物。

首先观察太阳、月亮、恒星或行星。

接下来预测一下风和云的动向。闻一闻空气。

然后把注意力转向你周围土地的形状，开始“分门别类”。（第 9 页）

土　地

留心观察颜色是如何随着你看得越远而变浅的。（第 7 页）

河流或冰川是否对你所在的地区的地形产生了更大的影响？它们留下了什么线索？（第 12 页）

你附近的岩石或泥土中是否有线索？寻找人类或动物的足迹，并尝试找出其中的主角和故事。（第 22 页）

在树篱、墙壁或栅栏中寻找线索。（第 31 页）

利用岩石来预测你在徒步中会见到的植物和树木。（第 107 页）

在道路或小路的交叉口，试着判断出大多数人转弯的方向，从而找出最近的可能存在城镇或村庄的方向。（第 19 页）

当坡度变大时，要注意人行道上的“泥浆漏斗”。（第 26 页）

太　阳

利用一年中所处的时间段来计算出太阳升起和落下的大致方向。（第 177 页）

如果太阳出来了，用你的手指来检查空气质量。（第 114 页）

注意白天的影子永远不会是全黑的。（第 185 页）

如果是在一天的晚些时候，太阳很低，那么预测一下日落的时间。接下来当它变得非常低时研究它的形状，它是被压扁了还是被拉长了？颜色从上到下是如何变化的？是否有逆温层？是否有出现绿闪光的条件？（第 181 页）

在午休开始时，在一根棍子的影子末端做个标记，然后在你认为 20 分钟后太阳所在的位置再做一个标记，尽可能精确。看看你做得如何。这是一个让你深入了解太阳的习惯的好方法。（第 180 页）

月　亮

通过观察其形状或使用日期法来计算月相。它是否会为夜间徒步提供便利？（第 190 页）

如果是新月，就用这个方法找到南方。如果不是，那就试试你的视力，看看你能认出月球上的哪些地貌特征。（第 195 页）

用你伸出的手指来证明月亮在地平线上和在高处时是一样大的。（第 182 页）

天空和天气

试着鉴别你能看到的云属于哪一种，研究它们的形状并留意一切变化。（第 129 页）

使用交叉风法来预测各种变化。（第 127 页）

对一切风向的转变保持敏感。注意风向和其他天气条件是如何影响你的听觉和嗅觉的。（第 1 页）

寻找尾迹云并利用它们来判断方向。（第 131 页）

在一个晴朗的日子里，注意上方天空的蓝色是如何逐渐过渡为地平线上的白色的。（第 114 页）

如果下雨，预测是否会形成彩虹，如果有彩虹的话，具体会出现在哪里。如果你发现了彩虹，预测即将出现的天气变化，然后用它的颜色来推测雨滴的大小。（第 117 页）

树　木

寻找一棵独立的或空间开阔区域中的大树。研究树冠和树枝的形状，看看你是否能看到风或太阳带来的任何影响，并利用这些来判断方向。你能发现“对钩效应”吗？（第 45 页）

在树枝或树皮上是否生长着苔藓、藻类或地衣？它们揭示了什么信息？（第 58 页、第 98 页）

观察一下根颈。这棵树是由朝一个方向伸展的根系固定的吗？（第 55 页）

寻找山丘上会被风吹到的树木。你能发现“楔形效应”或“风洞效应”吗？或者任何“旗状树枝”或“寂寞的独枝”吗？（第 40 页）

留心观察，如果你从湿地前往干地，从树林的中心到边缘，或者反过来，树木的类型如何变化。（第 42 页）

留意真菌的线索。（第 99 页）

观察高大的冬青树丛的顶部，寻找不那么扎手的叶子。（第 43 页）

植 物

找到一些雏菊，注意它们是如何反映出阳光较好的区域的。然后走到低处，看看你是否能发现它们的茎秆向南弯曲。（第 77 页）

试着发现常春藤的六个秘密中的某些秘密。（第 83 页）

利用草和野花绘制出湿润和干燥地区的地图。（第 90 页）

留意不寻常地方的异株荨麻，解开其中的奥秘。（第 71 页）

如果你发现了一个草滩，注意野花是如何随方位变化的。（第 78 页）

动 物

留意观察，当你非常安静地逆风行走时，与风吹向你的背部，并且你发出很大的声音时相比，你会更接近动物。（第 230 页）

倾听鸟儿的声音，了解你所在地区和每年的正常“声道”。现在继续留意沉默或报警鸣叫，并利用这些来推断该地区是否存在其他人或动物。（第 217 页）

试着发现一些动物将如何通过其他动物的报警声间接地提醒你的存在。（第 230 页）

在休息的时候，看看你是否能通过鸟犁预测其他人的到来。（第 221 页）

如果你看到一只蝴蝶，试着鉴别它是什么蝴蝶，然后找出与它相关的

植物，看看那里是否有任何线索。（第 225 页）

利用动物的足迹，看看你是否能找到它们的家。（第 27 页）

城镇和城市

弄清楚城镇布局是如何受到河流或高地的影响的。（第 254 页）

判断最小的建筑编号是否离镇中心最近。（第 264 页）

理解并使用任何你能想到的路名来描绘你周围的环境。（第 264 页）

寻找主要道路方向和低空飞机的规律。（第 254 页）

注意每家商店、咖啡馆、餐馆和酒吧是如何反映出人流情况的，并尝试找到背后的原因。（第 255 页）

抬头看看烟囱、电视天线和卫星天线的方向规律。并寻找屋顶上的苔藓和地衣。（第 262 页）

根据某人在路口停顿的时间来判断他是不是外来者。（第 257 页）

仔细观察你发现的教堂，看看是否有许多天然的导航线索。（第 266 页）

海　边

寻找黑、橙、灰地衣（BOG），然后检查海滩上的海藻（CBS）。（第 280 页）

追踪沙地上的一些足迹，尝试破译它们的故事。（第 22 页）

计算出潮汐的变化，并做出预测。（第 284 页）

利用水中的波浪和图案来推测出水下海岸线的陡峭程度、风的作用，并寻找船只的痕迹。（第 282 页）

推测黄金会出现在海滩上的什么位置。（第 289 页）

在黄昏时分，证明地球不是平的。（第 184 页）

夜间徒步

使用薄暮现象来测试你的夜视能力何时启动。（第 172 页）

找到北斗七星，用它来寻找北极星。然后通过寻找锅柄中的第二颗星来测试你的视力如何。（第 149 页）

留意观察面向月亮和背对月亮时，月光会完全改变地面的样子。还要注意影子是漆黑一片的。（第 197 页）

试试用恒星寻找南方的方法。（第 158 页）

利用光污染来判断最近的城镇和村庄在哪里以及它们有多大规模。（第 173 页）

利用恒星来计算时间和日期。（第 160 页、第 166 页）

附录 I
距离、高度和角度

如何在渡河之前估算出河面的宽度？

在观察和推理之间往往隐藏着一个步骤，那就是测量。每当我们想测量某样东西时，我们就需要用一些方法来完成。在本章中，我将重点介绍多种不借助仪器测量距离、高度和角度的方法。

视力绝佳的人可以在 112 英尺的距离内分辨出 1 厘米的正方形和 1 厘米的圆形。你随时可以进行这样的测试，但我更喜欢拿两片不同形状的叶子，一片边缘有锯齿，一片是光滑的，然后走到 25 步外，看看这两个形状的相似性有多高。你最重要的工具就是自己的眼睛，一旦你对于眼睛状态良好时看到的视野感到满意，无论你是否戴着眼镜，就该了解如何更有效地使用它们了。

如果一个物体距离我们不到 30 米，我们会用双眼视觉（binocular vision）来测量它有多远。把食指伸得越远越好，然后让你的手慢慢靠近你的脸，在此过程中你的眼睛要一直盯着你的指尖，你的大脑会自动进行大量有趣的计算。其中最重要的一点是，你的大脑知道你的两只眼睛所处的角度，当你的眼睛逐渐向中间靠拢的时候，它就知道你的手指越来越近。

如果你闭上眼睛重复这个练习，你的大脑仍然几乎准确地知道你的手指在哪里——但是怎么知道的呢？它使用了另一种重要的感觉：本体感觉（proprioception），即我们在看不见的情况下感知身体每个部分的能力。我们每天都在使用这种感觉；它是我们所有感官中最重要的一种，也是最不被认可的一种。文学作品中对视野、气味、味道和质地的描述非常丰富，但本体感觉通常会被遗漏。

对于徒步者来说，每当我们坚持不低头向下看，同时把一只脚放在另一只脚前面，这种感觉就在发挥作用，这就把我们带到了理解这种感觉的经验部分。在地面状况不好的时候，你会更少注意到你周围的线索，更多地注意到你脚下的线索，反之亦然。在陡峭、湿滑、起伏不平或其他棘手的路线上，你需要经常停下来环顾四周，否则你将只注意到地质情况。在平坦、宽阔、容易走的路线上，你很可能会注意到你周围的环境，但会错过你脚下的所有线索。

让我们回到双眼视觉的问题上。用一只手拿着本书，让书本与眼睛之间保持一臂距离，然后在你的眼睛和书之间竖起一根手指。现在闭上一只眼睛，让书和手指保持稳定，注意你的手指两边能看到哪些字。现在，保持双手不动，闭上你睁开的眼睛，再睁开你闭上的眼睛。你会注意到自己的手指在文字上“跳动”了一下。这种现象叫作“视差”（parallax），它能给徒步者带来很大的帮助。它之所以起作用，是因为你的眼睛所处的位置不同，因而交替睁开和闭上眼睛的行为可以让你无须移动，就能从两个地方看同一个东西。

大多数人的眼睛之间的距离大约是眼睛与伸出去的指尖之间距离的十分之一，所以人类身体本身就自带了一个非常简单的测量角度和距离的工具。了解如何使用这个工具的最好方法是做下面这个练习，为此你需要一把尺子和一些空间。

1. 在你面前的台面上放一把尺子或卷尺。

2. 现在，站在非常靠近台面的位置，闭上你的左眼，只用你的右眼看，把你的手指与尺子左边边缘的 0 英寸刻度对齐。

3. 在不移动你的头或手指的情况下，闭上你的右眼，睁开你的左眼。

注意自己的手指沿着尺子跳动了多少。

4. 现在后退一小步，重复这个实验。

5. 再退一小步，继续重复这个实验。

6. 在空间允许的范围内一直走下去，最好一直走到你交换眼睛时，你的手指会从 0 英寸跳到 12 英寸。

7. 现在，在你的手指跳到 12 英寸时你所站立的位置做个标记，并测量你离尺子有多远。这本书的内容是关于预测的，我猜这个距离差不多是……10 英尺。

8. 对于短距离而言，重要的是要记住，你是在测量指尖到物体的距离，而不是眼睛到物体的距离。

希望你能从这个实验中清楚地看到两件事：第一，我们离某物体越远，当我们用每只眼睛交替看时，我们的手指跳动的距离就越大；第二，这个跳动的跨度是可以预测的，它是我们与被测量物体之间距离的十分之一。

这种方法非常有用。它基于非常基本的几何学原理，同样的道理，如果我们已经知道三角形一条边的长度，就可以算出三角形另一条边的长度。在实践中这就意味着：如果你知道自己距离两个遥远的物体有多远，那么这个方法能让你测量它们之间的距离。或者，如果你知道两个物体之间的距离，你可以算出你离它们有多远。

这里有两个例子。

a. 如果你在山上行走，你知道自己看到的远处的一座教堂离一个湖的边缘有 0.6 英里，那么如果两只眼睛交替看的时候，你的手指会在教堂和湖的边缘交替跳，你一定离它们大约 6 英里。

b. 如果你知道自己离一个小镇距离 3 英里，并且可以看到镇子里有两座高楼，如果你的手指从一座跳到另一座，那么这两座楼一定相距约 1600

英尺（3 除 10 英里）。

在现实中，你的手指很少能一丝不差地从一个地方跳到另一个地方，所以这就是为什么上面的实验是有帮助的，因为你要记住你越远，你的手指跳得越多。如果在上面的例子 a 中，你的手指跳的距离是教堂到湖边的 1.5 倍，那么你一定在 9 英里以外。如果在例子 b 中，你的手指跳过了建筑物之间距离的一半，那么它们之间的距离只有 820 英尺。

如果你喜欢这种方法，还值得知道的是，它在垂直方向和水平方向上一样有效，你只需要把自己的头倒向一侧即可。例如，如果你知道你离一座大教堂有 0.6 英里，而你的手指从大教堂的底部跳到它的尖顶，你就知道它一定有大约 330 英尺高。如果你知道一座山高于海平面 3600 英尺，而你的手指从海面跳到山顶，那么你一定在 7 英里以外。

如果你想对这个方法进行优化，使其更加准确，你只需要做一些更全面的户外实验。标记出精确的 30 英尺两头，并精确测量当你的手指从一头跳到另一头时，你与这段线段的距离。这将给你提供精确的系数，以便在今后所有的测量中使用。

利用完全相同的原理，你还可以测量角度而不是距离。由于从我们的眼睛到我们伸出的手的距离是恒定的，而且由于手和手指大的人往往手臂也很长，我们发现我们都可以使用一套相同的近似方法：

伸出一个指尖，其宽度大致相当于 1°（在证明低垂的月亮实际上没有变大时很有用，见第九章）。

伸出拳头，拇指扣在上面，其宽度是标准的 10°。

伸出手，伸展拇指和小指，两个之间的宽度 20°。

你可以在室内轻而易举地验证这些方法。自下向上移动 9 拳宽度，你的视线就从水平方向变成了直接看向头顶正上方，也就是视角变化了 90°。18 个伸展的手宽可以让你绕着房间转一圈，即 360°。

对于测量北极星在地平线上的角度，从而测量你所在的纬度（见第八章）或测量离日落还有多长时间（见第九章）等任务，这种“人体六分仪”方法非常有用。事实上，它们是如此实用，以至于北半球的每一种文化都发展出了这种方法，历史上，欧洲、太平洋、中国、北极和阿拉伯等地的文明中都有描述这些手势角度的词汇。

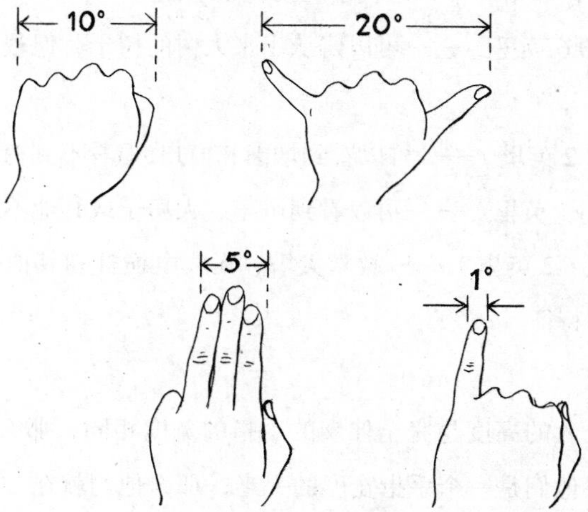

如何利用手测量角度

在一些情况下，能够实际测量高度和距离特别重要，因为大多数人往往会低估较长的距离，而高估了高度。下次你在晚上看到一串路灯在长长的路边伸向远方时，试着测量一下与较近的路灯距离多远，然后是稍远的路灯，然后再远一点。在大约 170 米（560 英尺）的距离内，它们似乎都是同样的距离。

因为这个领域对我们的感官有挑战，所以值得了解一些现成的测量结果：

100 米（330 英尺）——可以清楚地看到一个人，人眼睛的样子是一个圆点。

200 米（660 英尺）——可以看出皮肤、衣服和背包的颜色，但无法辨认面部特征。

300 米（约 1000 英尺）——可以看清人的轮廓，但看不出其他东西。

500 米（1640 英尺）——人的轮廓模糊，顶部颜色比较浅。可以辨认出较大的动物，如牛和羊，但较小的动物则不能。

1 公里（0.6 英里）——可以辨认出来大树的树干，但很难辨认出人的轮廓。

2 公里（1.2 英里）——可以看到烟囱和窗户，但看不到树干、人或动物。

5 公里（3.1 英里）——可以看到风车、大房子或其他不寻常的建筑。

10 公里（6.2 英里）——教堂尖塔、无线电桅杆和其他高大建筑是唯一容易识别的特征。

如果一个人的高度与完全伸展的手指的宽度相同，那么他大约在 100 米之外。如果他们是一个手指宽度的一半，那么他们就在 200 米之外，如果是四分之一则在 400 米之外，以此类推。

有一些因素会影响我们衡量距离的能力，这些因素是值得注意的。当光线明亮且光线从你身后照射过来时，或者当你所看的物体与周围环境相比相对较大时，远处的事物会显得更近。反之亦然。

上述测量距离的方法是很好的工具，但它们确实依赖于某个已知的距离或记住一些东西。幸运的是，如果你没有这些信息，有一些方法在没有设备或指示储备的情况下也能派上用场。

其中第一个是计步。我相信，自从亚历山大大帝的军队中设有专门的步伐测距员（bematist）以来，我数过的步伐数量比任何人都多。计算自己的步数既简单又非常有效。如果小心使用，它确实有效——亚历山大大帝的步兵能够在长距离内保持98%的准确率，但我不能说这是一种非常有趣或在智力上有挑战的方法。我所能提供的最好的评价是，它可以成为一种奇怪的冥想形式，它会用一项需要持续的、不费力的思考的任务占据你的大脑。这似乎也是一个非常自然的过程，我的意思是它可以在大自然中找到类似的行为。人们发现箭蚁（Cataglyphis）可以通过计算它所走的步数来计算距离。这也是一种被证实的历史上使用过的方法，不仅古希腊人会使用，罗马人和埃及人也同样会用这种方法。

在艰难的自然导航练习中，我曾数过成千上万的步数，并多次依靠这些步数来保证自己的安全，但我想不起有哪一次我既能准确地数步数，又能与同行者进行饶有趣味的交谈。我有时不得不向垂头丧气的记者解释背后的原因，特别是在他们发现自己和一个拒绝与他们交谈的人在荒郊野外时。

步数计算法简单而美观，以下就是其全部过程：如果你知道自己走完100米需要多少步，那么你可以通过做一点算术来测量任何你感兴趣的距离。要想算出你的码尺（也就是你个人走过一段距离需要的步数），你只需要走过一个已知的、固定的距离，然后计算你的步数。因为这对我所做的一些工作非常重要，所以我喜欢在使用这个工具之前，先到一个缓和的斜坡上，朝两个方向各走500米，以获得上坡和下坡的数字，但在平地上走100米就足以满足大多数时候的要求。我可以给你的最省力建议是：习惯于只数一条腿迈的次数。如果你发现自己数不清，可以收集一些小石子、硬币或松果，在你每走完100米时将它们从一个口袋转移到另一个口袋。你有时会发现板球裁判员也会使用这个技巧，他们只想记下6个球的情况。

有几个因素值得注意。你走100米所需要的步数会随着坡度、脚下路面的情况、背上的重量、风速和风向、气温、你是否独自一人、你是否在别人前后左右、你是否在说话或喝酒或吃零食、你的生理和心理状态、你的鞋和中国的大米价格而变化。幸运的是，这些因素中最关键的因素可以通过在出发前，在当天的条件下进行校准练习来“重置”。这些因素中的其余部分只会对它产生轻微的影响。

计步法可以与你测量角度的能力结合起来使用，以解决许多实际问题。想象一下，你走到一条河边，你需要算出它有多宽，这样你才能知道用50米长的绳子过河是否安全。方法是这样的：为了计算角度，你可以使用恒星、太阳和本书中提到的其他几十种方法，或者你坚持的话也可以使用指南针。最简单的方法是如上所述，使用你伸出的拳头。

首先在对岸选一个地标，比如一棵明显的树，我们称之为A点。现在让自己站在与这棵树正对面的岸边，尽可能靠近它，并在地上放一根棍子，这就是B点。接下来朝河岸的一侧走，直到树和你在B点放下的第一根棍子之间呈45°角。在这里的地面上放下另一根棍子，这就是C点。现在转过身来，朝相反的方向走，走过第一根棍子，直到A点的树和B点的棍子之间又呈45°角，在这一点上再放一根棍子，这就是D点。

这是一个非常简单的方法，真正用起来比描述的要简单得多。希望你能从上面的插图中看到，你已经成功构建出一些三角形和已知的角度。现在你需要做的是计算从D点到C点的步数，并将其单位换算成米。河流的宽度是这个数字的一半。（如果你很着急，这个方法只用一根棍子就可以了，要么找到C点，要么找到D点，然后就不需要把数字减半了，但这样做的

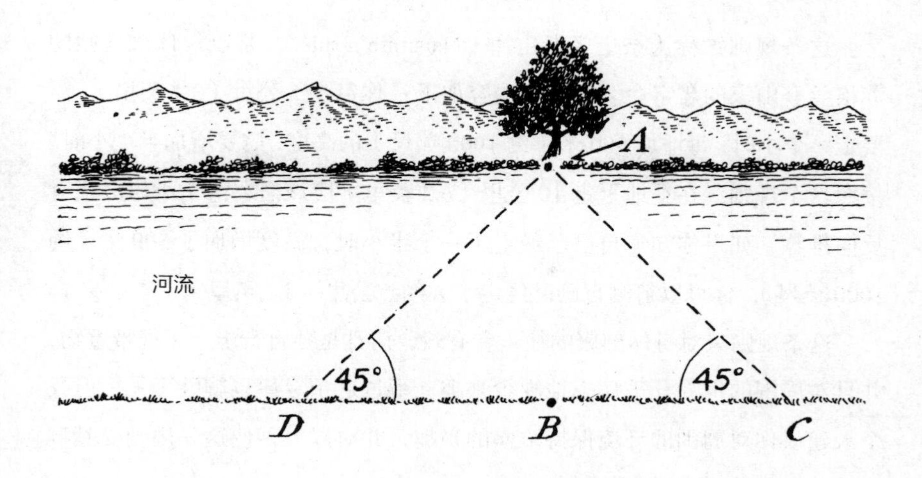

准确度比较低。)

如果你从上面的例子中的D点走到C点，数了80步。你知道走100米需要100步，那么你知道从D到C的距离一定是80米。河的宽度是这个距离的一半，所以是40米宽。那么，用绳子过河安全吗?

你的绳子有50米长，但是水很冷而且流速很快，所以你做出了一个明智的决断，也就是不过河，这完全是基于以上这些事实，而不是因为酒吧其实与B、C和D点在河的同一侧。

另一个流行的测量距离的工具是利用时间表示距离。这是每个人在走路或使用任何其他交通工具时都曾使用过的技巧，准确程度不一。当我的妻子告诉我她还有半个小时的路程时，我知道她认为自己还有半个小时的路程，我可以利用这一线索，加上我丰富的经验，算出她可能到达的时间。

使用时间与计算步数的原则是一样的：你只需要知道你个人走一段距离需要多长时间。所有相同的因素，如坡度和风，也同样会产生影响。如果你不知道自己的速度，那么有一个一般规则可以给你一个非常粗略的数字。这条规则被称为奈史密斯定律（Naismith's rule），是以设计该规则的苏格兰登山家的名字命名的，其内容如下：你每走 5 公里（3.1 英里），需要走一个小时，每增加 300 米（约 1000 英尺）的高度，需要增加半个小时。按照这个规则，在平地上走 10 公里（6.2 英里）应该需要两个小时。或者反向推算，如果你知道自己已经走了一个半小时，高度增加了 300 米（约 1000 英尺），你可以猜测自己已经走了大约 5 公里（3.1 英里）。

这条规则只对身体健康的徒步者有效，而且是独自行走，不携带重物，并且对周围的世界几乎病态地缺少兴趣。不过这条定律也聊胜于无，但我个人建议你对周围的环境保持浓厚的兴趣，并对以一种使这一规则受到嘲弄的速度前进而感到非常自豪。

与地平线的距离

你可能还记得第九章，我们通过在沙滩上跳起来证明地球不是平的。地球的表面以相当均匀的曲率弯曲，我们可以利用这一事实来估计我们离地平线有多远。我们的位置越高，我们就能看得越远，如果视野清晰，没有大块的土地、建筑物或树木的阻挡，就可以很准确地计算出来。从高处看，效果非常好，从海上看，效果也近乎完美。假设你的地平线将在 X 英里之外，其中 X 是你在海平面以上身高 1.5 倍的平方根，单位是英尺。

公式：

$$\text{距离地平线的英里数} = \sqrt{1.5 \times \text{身高英尺数}}$$

比如，身高 6 英尺的人站在海滩上，可以这样计算自己到地平线的距离：

$1.5 \times 6 = 9$

$\sqrt{9}=3$

地平线在3英里之外。如果这个人爬到树上后再次眺望海面，此时他的高度是24英尺，他能够看到的地平线位于……

$1.5\times 24=36$

$\sqrt{36}=6$

……6英里外。

站在山顶上时，估算方法也是一样。珠穆朗玛峰大约有29000英尺高，在完美的条件下，理论上可以让山顶上的人看到大约200英里。本尼维斯山有4409英尺。

$1.5\times 4409\approx 6614$

$\sqrt{6614}\approx 81$

从本尼维斯山顶望过去，在能见度极佳的情况下，你将能看到81英里外的海平面地平线。然而，当我们在山上的时候，很可能不远处还有其他的山，你可以把这两个距离加在一起。一个在本尼维斯山顶的人可能会看到80英里外的一艘船，但会看到更远的高地。这就是为什么有些人报告说从本尼维斯山顶看到了北爱尔兰，这是不列颠群岛的最高峰，尽管它比80英里远得多，北爱尔兰有超过2500英尺高的陆地。

科学家们估计，由于大气层的影响降低了对比度，也就是说，事物随着距离的增加而变得越来越模糊，理论上我们能看到的最远距离是205英里，但这只是理论上的，并不是经常可以实现的。如果你得到的结果让你大吃一惊，那么可能是因为大气的影响，这是有波动的。在正常情况下，光在大气中的折射通常会使你的观察范围提高8%，但如果大气中的温度不正常，那么就会产生各种奇怪的光学效应。1987 年 8 月 5 日，许多人报告说从黑斯廷斯看到了法国，有人怀疑维京人之所以会发现冰岛，是因为这种效应让他们能够从法罗群岛短暂地看见冰岛。在 1939 年 7 月 17 日：

> 约翰·巴特利特船长清楚地看到并确定了斯奈山冰盖的轮廓，这是一座位于冰岛西海岸的 1430 米高的山，位于距离他的船东北方向 500 多公里的位置。

这些测量距离、高度和角度的方法，如果与全书中的方法结合起来使用，可以极大地帮助你解决在徒步时发现的许多难题。

附录 II

喜阳植物

鬼针草 *Bidens* spp.

刺槐 *Robinia pseudoacacia*

舌唇兰 *Platanthera* spp.

列当 *Orobanche* spp.

荞麦 *Fagopyrum esculentum*

大多数蝇子草 *Silene* spp.

菊苣 *Cichorium intybus*

车轴草 *Trifolium* spp.

雏菊 *Bellis perennis*

酸模 *Rumex* spp.

月见草 *Oenothera* spp.

飞蓬 *Fleabanes* spp.

龙胆 *Gentiana* spp.

大多数禾本科植物 *Poaceae*

宝盖草 *Lamium amplexicaule*

北美刺茄 *Solanum carolinense*

北美山梗菜 *Lobelia inflata*

葛 *Pueraria montana*

藜 *Chenopodium album*

大多数锦葵科植物（很多物种的叶片喜欢朝向太阳的方向）

苜蓿 *Medicago* spp.

草木樨 *Melilotus* spp.

唇形科植物 *Lamiaceae*

圆叶牵牛 *Ipomoea purpurea*

毛蕊花 *Verbascum* spp.

车前草 *Plantago* spp.

垂序商陆 *Phytolacca americana*

大苞野芝麻 *Lamium purpureum*

豚草 *Ambrosia* spp.

千里光 *Senecio* spp.

芒柄花 *Ononis* spp.

岩蔷薇 *Cistus* spp.

蔷薇 *Rosa* spp.

萹蓄 *Polygonum* spp.

婆婆纳 *Veronica* spp.

蓝瑰花 *Scilla* spp.

紫罗兰 *Matthiola incana*

景天 *Sedum* spp.

向日葵 *Helianthus* spp.

铁苋菜 *Acalypha* spp.

野豌豆 *Vicia* spp.

蓝蓟 *Echium vulgare*

欧夏至草 *Marrubium vulgare*

豆瓣菜 *Nasturtium officinale*

起绒草 *Dipsacus fullonum*

耐阴植物

欧活血丹 *Glechoma hederacea*

垂铃草 *Uvularia* spp.

总序升麻 *Cimicifuga racemosa*

唐松草状红毛七

Caulophyllum thalictroides

筋骨草 *Ajuga* spp.

繁缕 *Stellaria media*

泡叶冷水花 *Pilea nummulariifolia*

露珠草 *Circaea* spp.

岩穗 *Galax aphylla*

葱芥 *Alliaria petiolata*

幽灵兰 *Dendrophylax lindenii*

水晶兰 *Monotropa uniflora*

人参 *Panax* spp.

金千里光 *Packera aurea*

欧活血丹①

杓兰 *Cypripedioideae*

欧铃兰 *Convallaria majalis*

北美桃儿七 *Podophyllum peltatum*

山薄荷 *Pycnanthemum* spp.

北美山葱 *Allium tricoccum*

绒序斑叶兰 *Goodyera pubescens*

总序鹿药 *Smilacina racemosa*

黄精 *Polygonatum* spp.

白蕊猪牙花 *Erythronium grandiflorum*

三色堇 *Viola tricolor*

水叶草 *Hydrophyllum* spp.

加拿大艾麻 *Laportea canadensis*

酢浆草 *Oxalis* spp.

车叶草 *Asperula* spp.

植物与海拔

所有植物的生长都会受海拔所限，因此植物可以作为指示海拔的近似指标。如果你想深入了解这方面信息，可以浏览这个网页：bsbi.org.uk/altitudes.html。

①原文是 Ground ivy，跟 Ale hoff 是同一种植物，都是欧活血丹，可参考：https://plants.ces.ncsu.edu/plants/glechoma-hederacea/。

附录 III

周期性流星雨（流星）

粗体字表示的是那些通常最引人注目的流星雨。6 月前后的流星雨更难看到，因为夜晚的时间比较短；同理，12 月前后的流星雨更容易看到。流星雨每年出现的日期都不尽相同，但下表可以作为常规年份的总体指南。

名称	常规极大日期	时间范围
象限仪座流星雨	**1 月 3 日**	**1 月 1 日—6 日**
半人马座 α 流星雨	2 月 8 日	1 月 28 日—2 月 21 日
室女座流星雨	4 月 7 日—15 日	3 月 10 日—4 月 21 日
天琴座流星雨	4 月 22 日	4 月 16 日—28 日
宝瓶座 η 流星雨	**5 月 6 日**	**4 月 21 日—5 月 24 日**
白羊座流星雨	6 月 7 日	5 月 22 日—6 月 30 日
六月牧夫座流星雨	6 月 28 日	6 月 27 日—30 日
摩羯座流星雨	7 月 5 日—20 日	6 月 10 日—7 月 30 日
宝瓶座 δ 流星雨	**7 月 28 日—8 月 8 日**	**7 月 15 日—8 月 19 日**
南鱼座流星雨	7 月 28 日	7 月 16 日—8 月 8 日
摩羯座 α 流星雨	8 月 1 日	7 月 15 日—8 月 25 日
英仙座流星雨	**8 月 12 日**	**7 月 23 日—8 月 22 日**
御夫座 α 流星雨	9 月 1 日	8 月 25 日—9 月 7 日
天龙座流星雨	10 月 8 日	10 月 6 日—10 日

猎户座流星雨	10 月 21 日	10 月 5 日 — 30 日
金牛座流星雨	11 月 4 日 — 12 日	11 月 1 日 — 25 日
狮子座流星雨	11 月 17 日	11 月 14 日 — 21 日
双子座流星雨	**12 月 14 日**	**12 月 6 日 — 18 日**
小熊座流星雨	12 月 22 日	12 月 17 日 — 25 日

附录Ⅳ
利用星星和月亮寻找南方的高级方法

警告：仅适用于自然导航狂热爱好者！

从北半球来看，无论什么时候，用恒星或月亮来判断南方的方法，实际上都是指向“南天极”，这是太空中正对南极的那一点。从北半球看，这个点是看不见的，它在地下，就像从南半球看不见北天极（即北极星）一样。

在北半球，当这些指向南方的方法指向地平线上恰好在南天极上方的地方时，唯一的时间就是它们与地面垂直时。在这些时候，方法很简单，不需要额外的工作，因为线是以星座或月亮为起点，向下穿过地平线上你南面的一个点，一直到南天极。

然而，这些指向南方的方法也可以在其他时候使用，当它们不形成一条垂直于地面的线时，可以将线一直延伸到地下的南天极。南天极在地下的度数与你在北半球的纬度数相同。

一旦你在地下沿着你的线走到了所需的深度，你就可以垂直向上画出这条线，你的地平线上就有了正南方的点。这听起来很烦琐，但参照下图稍加练习，你就会发现它很容易使用。要做到完全准确并不容易，因为你需要目测一条在地下的线，与地面下几个拳头大的假想点相连（关于如何用拳头测量角度，见《附录Ⅰ》）。

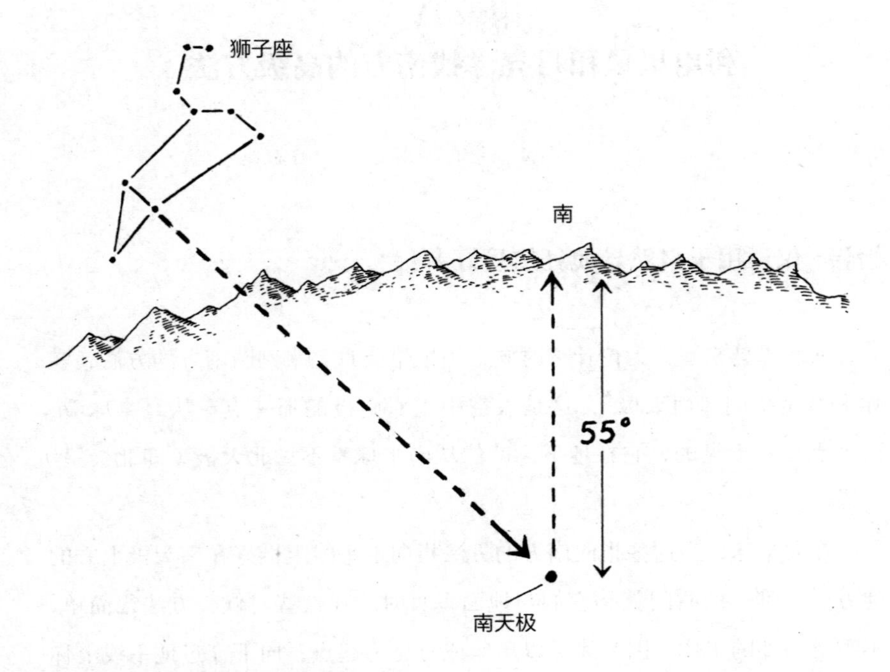

从北纬 55 度，利用南天极寻找南方。

出处、注释与拓展阅读

第二章 地面

引述理查德·欧文·道奇上校的内容：引自 *Our Wild Indians*，p.552.

“你会注意到人类的扁平的脚会把土壤压实，而动物的蹄子会把土翻起来。……在平坦的路段上宽阔的道路，延伸到上坡的路段上会变窄成单行道。”： Mitchell, *Quirky* 2, p.129.

“在桑族人中通奸是一个挑战，因为人们能认出每个人的脚印。”： Wade Davis, p.23.

“在他们追踪一只受伤的袋鼠时，父亲一直陪着他们……”： Tom Petrie's *Reminiscences of Early Queensland* by Constance Campbell Petrie, 1904, 出处见 Doug Sadler,p.19.

埃尔卡洪边境巡逻队的故事： Kearney, J., p.12–14.

“我们从同伴的行动方式中立刻看出了……”： Thos. Wm. McGrath 1832, 引自 Sadler p.74.

“大量反映殖民者或美国本土特色的地名……”： Tooker, *Indian Place-Names*，以及与马克·蒙莫尼尔的书信。

“你会发现这里长着一千多棵橡树……”： UC Santa Barbara Geography Dept.'s “Toponymy: What's in a Name?” http://www.geog.ucsb.edu/events/department-news/745/toponymywhat-s-in-a-name/.（于 2015 年 2 月 15 日访问。）

第三章 树木

本章内容引用了许多不同的资料，作为对我自己的观察的补充，包括艾伦伯格指数（Ellenberg Indicator Value），不过我发现拉克姆、托马斯和韦塞尔斯的著作尤其有用。

“在炎热的美国中西部……”：Thomas, p.166.

“许多树木，包括大多数针叶树，如果被砍伐就无法存活……”：Rackham, p.16.

“包括美国在内的一些地方，会出现明显因风暴倒下……”：Wessells, *FF*, p.71.

“你会注意到，针叶树通常会从其顶端重新生长，但落叶树则从其最低的活枝处开始生长。……”：Wessells, *FF*, p.118–119.

“只有这片土地上没有牲畜出没……美国的一位护林人声称在新英格兰发现了这些形状……”：Wessells, *FF*, p.8–9.

“年轻的大树比古树更容易被吹倒……”：Rackham, p.19.

“每棵树都会投下一片雨淋不到的影子，或者从雾气中获取水分……”：Rackham, p.124.

“最好的描摹应该是像一个杯脚埋在土里的酒杯……”：Thomas, p.72.

“给 84 棵成年欧洲云杉、欧洲冷杉和欧洲赤松套上绳子……”：Anchorage of mature conifers: resistive turning moment, root–soil plate geometry and root growth orientation: Tor Lundstrom, Tobias Jonas, Veronika Stockli and Walter Ammann.

“松树、橡树、胡桃树和山核桃树在幼苗期确实有直根……”：Thomas, p.74.

“橡树、榆树和椴树的板状根虽然没有这么夸张……”：Thomas, p.108.

“在地下水位较高的地区的钻天杨……”：Mattheck, *Body Language*, p.108.

“这些野蛮人在美洲大陆的森林和广阔的草原上……”：Lafitau,from Gatty, p.118.

“你经常能发现类似于扭曲的‘肋条’的东西……”：*Mattheck, Body Language*, p.48.

“我们在树叶中看到的颜色……”：Minnaert, p.335.

“树木主要有两种树叶：向阳叶和背阴叶……”：Thomas, p.15 以及与安德鲁·博的私人书信。

“松针褐斑病和油松落针病……”：Heimann and Stanosz paper.

“1975 年对树木来说是糟糕的一年，接下来的一年则更加糟糕……”：

Rackham, *Woodlands*, p.42.

“一些常绿树，如智利南洋杉和狐尾松……海拔越高或土壤越差，常绿树的叶子寿命就越长。”: Thomas, p.28.

“每一年，枝条不是从末端或芽的位置长出来，而是从靠近末端处长出来，形成一个新的拱形……”: Thomas, p.187.

美国的森林大火数据：

http://www.epa.gov/climatechange/science/indicators/ecosystems/wildfires.html.（访问于 2015 年 2 月 20 日。）

“如果你身处丘陵地带，发现树木靠近上坡一侧的基部有树皮被刮掉的三角形疤痕……中年树木的匮乏”: Wessells, *RTFL*, 27.

“槲寄生的出现意味着它是外来树木或至少是稍微不寻常的树木……”: Rackham, p.257.

第四章 植物

“询问了当地的一位护林员后……”: Rob Thurlow, 私人谈话。

“白人的脚印”: Duke, *Handbook of Edible Weeds*, p.150.

“人类的生活和死亡方式将导致这类矿物质在某个地区的含量变得更加丰富……”: Rackham, *History of Countryside*, p.108.

“如果看到了大量的常春藤……则说明你在比较新的林地中……”: Rackham, *History of Countryside*, p.108, and Marc Williams.

“不过它也会利用火车本身在边缘播撒种子……”: Countryside Detective, *Reader's Digest*, p.200.

“长期以来，毛蕊花以其药用价值而闻名……”: http://www.alchemy-works.com/verbascum_thapsus.html.（访问于 2015 年 2 月 26 日。）

“毛泡桐也能在边界上茁壮成长……”: http://www.ncsu.edu/goingnative/howto/mapping/invexse/princess.html.（访问于 2015 年 2 月 26 日。）

“臭椿的树皮呈浅灰色……”: http://www.nature.org/ourinitiatives/regions/

northamerica/unitedstates/indiana/journeywithnature/tree-of-heaven-1.xml.（访问于2015年2月26日。）

“原因再清楚不过了：它们有毒……”：Mitchell, *Quirky 1*, p.94.

“东北地岛峡谷，90.305”：引自 RGS *Hints to Travelers*, p.279.

“欧洲蕨风力表……”：Mitchell, *Peak*, p.30.

“许多花，如锦葵……番红花……”：http://jxb.oxfordjournals.org/content/54/389/1801.full.（访问于2013年8月8日。）

“杜鹃花的叶子对温度有反应……”：http://www.arnoldia.arboretum.harvard.edu/pdf/articles/1990–50-1-why-do-rhododendron-leaves-curl.pdf.（访问于2013年5月2日。）

“叶子顶端和中脉发黄……”：*Soil Science Simplified*, p.119.

“禾本科的草类茎上有节”：Jim Langley, 私人书信。

鬼蜡烛、眼子菜和睡莲：Countryside Detective, *RD*, p.146–147.

“因纽特人知道，当挪威虎耳草开花时……”：Mitchell, *Quirky 1*, p.137.

“树林中的牛唇报春花或草原上的欧白头翁”：Rackham, *Countryside*, p.20.

第五章 苔藓、藻类、真菌和地衣

“地衣的英文 lichen 来源于希腊语……”：Baron, G., p.76.

“槭斑痣盘菌很容易认，桐叶槭树叶上的黑点就是它……”：C. Mitchell, *Quirky 2*, p.36.

“黑红菇，它在被割伤或擦伤后13分钟就会变红……”：Mitchell, C., *Quirky 2*, p.45.

“人们用这种方法确定冰川消退、建筑物和复活节岛上雕塑的年代……”：Purvis, W., p.91.

“在南极，南纬78°的地区中生存着28种地衣……”：Purvis, W., p.72.

第七章 天空和天气

手指测试和光环效应……红色天空效应：这一部分要感谢 John Naylor 的优秀著作，*Out of the Blue*. Naylor, J., p.12–14.

“四旬斋前的第二个星期日，天上出现了七重日的奇观或七个太阳狗（sun dogs）……”：http://en.wikipedia.org/wiki/Johannes_Hevelius.（访问于 2013 年 10 月 17 日。）

“太阳狗是最容易出现的一种……”：Peter Gibbs, 私人谈话。

“天空中这段偏暗的圆弧叫作‘亚历山大暗带’……”：Schaaf, F., p.53.

“一种让闪烁现象更明显的方法……”：Minnaert,M., p.68.

“海风吹向内陆，但随着时间的推移和温度的变化，海风的方向会发生一些变化……”：Peter Gibbs, 私人谈话。

雪粒和钻石尘：Mitchell, C., *Quirky 2*, p.71.

风暴：这部分内容参考了杰夫·伦纳的研究，引自他的优秀著作 *Lightning Strikes*。

“我爬到了保罗身边。他仰面躺着……”：同上 , p.17.

“当头发软趴趴……”：本章谚语的出处来源多样，其中包括与彼得·吉布斯的私人书信；埃里克·斯隆的《天气年鉴》以及罗宾·佩奇的《天气预报》《乡村之路》等，都给予我很多帮助。关于谚语的解读是我自己提供的。

第八章 星辰

“澳大利亚东北部的马里原住民知道……”：Aveni, p.76.

“猫柳上的柔荑花序将从银色变成金色……”：Derwent May.

“……能够看到大约 500 万种颜色，注意到四分之一英里外的一支铅笔……‘转移视线’”：Schaaf, *The Starry Room*, pp.170 and 191.

“你可以把太阳系看作一个巨大的时钟……”：Schaaf, p.138.

光污染 / 城镇距离数据：Dr David Crawford’s research using *Walker’s Law*, cited in Schaaf, p. 209.

第九章 太阳

“令人难以置信的是，科学家们花时间研究了……”：Naylor, p.78

山的影子：Naylor, p.79.

“空气光”：Naylor, p.5.

割过的草坪：Minnaert, p.343.

第十章 月亮

“在只能看到天上的云……”：Niall, p.19.

月相计算：Gatty, p.220.

“我们可以用月亮来测试自己的远距离视力”：Schaaf, *Starry Room*, p.182.

第十二章 动物

“有青蛙就代表地面上是泥炭地和泥沼……”：Flammarion, in *Travels in the Air*, London, 1871, pp.183–184, 出处见 Holmes, M., p.238.

“……戴着夜行黑帽该做什么，以及如何读懂兴奋的喜鹊……”：Niall, I., p.4.

“沼泽蓟在无遮阴……”：http://www.illinoiswildflowers.info/wetland/plants/sw_thistle.html.（访问于 2015 年 2 月 27 日。）

“圆叶千里光喜欢……”：http://www.illinoiswildflowers.info/savanna/plants/rl_ragwort.html.（访问于 2015 年 2 月 27 日。）

“这些鸟也有一个额外的好处，那就是它们会建立小的领地……”：Young, J., p.19.

“这恰恰就是科学家要给鸟类设计的东西……”：Marler and Slabbekoorn, p.140.

“尝试倾听比你所能看到的还要远的地方……”：Young, J., p.58.

“警觉区和一个干扰区……”：Young, J., p.64.

“如果渡鸦经过感兴趣的东西……”：Young, J., p.4.

“鸟儿们实际上是在为我们绘制一张附近的景观地图……”：Young, J., p.4.

“扬认为，鸟鸣声中包含……”：Young, J., p.56.

苍头燕雀：Marler and Slabbekoorn, p.134.

"加州的白冠带鹀也表现出类似的地区差异"：https://web.stanford.edu/group/stanfordbirds/text/essays/Vocal_Dialects.html.（访问于 2015 年 2 月 24 日。）

鸡叫：个人经历，启发来自 Marler and Slabbekoorn, p.134.

联合石油公司：Birkenhead, T., p.141.

埃丝特·伍尔夫森（Esther Woolfson）：Woolfson, E., Corvus.

蝴蝶部分出现的北美洲蝴蝶参考了一本不可或缺的资料：J. Glassberg, *Butterflies of North America*.

指名豹弄蝶：Heath, Pollard & Thomas, p.20.

"跟随樵夫"：Heath, Pollard & Thomas, P., p.114.

"帕洛斯维德甜灰蝶"：http://explorer.natureserve.org/servlet/NatureServe?searchName=Glaucopsyche+lygdamus+palosverdesensis.（访问于 2015 年 2 月 27 日。）

"银斑弄蝶"：Barkham, P., p.12.

"能相当准确地标示出海拔区段"：www.learnaboutbutterflies.com/.（访问于 2015 年 3 月 9 日。）

"小红蛱蝶"：Barkham, P., p.104.

"你在美国最常见的迁徙蝴蝶是君主斑蝶……"：http://www.fs.fed.us/wildflowers/pollinators/Monarch_Butterfly/migration/index.shtml.（访问于 2015 年 3 月 9 日。）

"荨麻蛱蝶……棍子"：Barkham, P., p.41.

"在非洲大草原上，牛羚会与斑马混在一起……"：Sadler, D., p.27.

犬吠：Dogwatching, Morris, D., pp.14–16, 38.

善用左爪的狗：萨拉·米德姆及其小灵狗艾薇的对话。以及 http://www.telegraph.co.uk/lifestyle/pets/10093456/Left-pawed-dogs-found-to-be-more-aggressive.html.（访问于 2013 年 8 月 15 日。）

"一只向左（从尾巴主人的角度看）摇尾巴的狗……"：http://www.cell.com/current-biology/retrieve/pii/S0960982213011433.（访问于 2013 年 11 月 6 日。）

“在美国部分地区的公园里，狗不拴绳是违法的。这是一项旨在保护野生动物和环境的法律……”：Young, J.,p.177.

雪白树蟋：http://en.wikipedia.org/wiki/Cricket_ (insect) .（访问于 2013 年 7 月 3 日。）

猪的同伴鸣叫：Rod Kent, 私人谈话。

第十四章 城市、小镇和乡村

“研究表明，这些受建筑物影响的风……导致了两名老年女性死亡”：Pedestrian wind conditions at outdoor platforms in a high-rise apartment building: generic sub-configuration validation, wind comfort assessment and uncertainty issues. B. Blocken and J. Carmeliet.

“要找到城市中的污水管，你通常需要……”：Richard Webber, 私人书信。

行人人流的规律：Why We Buy. http://www.economist.com/node/21541709 and http://researchrepository.napier.ac.uk/2749/1/AlAzPhD406626.pdf.（访问于 2013 年 8 月 14 日。）

“公共汽车站会增加找到报刊亭的可能性……中学……快餐店”：感谢约翰·帕尔和布鲁斯·斯坦利提供的炸鸡块。

站立距离：Morris, D., p. 131.

美国人的站立距离：Nina Brown, “Edward T. Hall:Proxemic Theory, 1966,” http://www.csiss.org/classics/content/13.（访问于 2015 年 2 月 25 日。）

“男人倾向于转身看向对方……” 以及 **“所以人们在进入通信盲区之前，会停下来最后一次检查他们的智能手机。”**：http://www.slate.com/articles/life/walking/2012/04/walking_in_america_what_scientists_know_about_how_pedestrians_really_behave_. html.（访问于 2013 年 8 月 15 日。）

“据沃尔玛透露，他们在一年内因盗窃而损失了 30 亿美元”：http://www.azcentral.com/business/consumer/articles/ 0613bizwalmarttheft13-ON.html.（访问于 2013 年 8 月 14 日。）

“砖砌烟囱，特别是那些用石灰和灰泥建造的烟囱……”：James Barnett, 私人书信。

美国城市的街道规律来自我的美国编辑的一手经验，以及艾伯特·迪·曾佐的文章 North by Northwest Side, “‘K’ Street Conundrum,” http://www.chicagonow.com/north-by-northwest-side/2012/02/kstreets-conundrums-not-the-k-car-k-streets/, 马特·约翰逊的文章 Greater Greater Washington, “Washington’s Systemic Streets,” http://greatergreaterwashington.org/post/3151/washingtons-systemic-streets/ 以及 SFGazzetteer 的文章 “San Francisco：Alphabet City,” http://sfgazetteer.com/alphabetsin-san-francisco-street-names.html all.（访问于 2015 年 2 月 25 日。）

“甚至绘画和彩色玻璃窗也能反映出这种朝向东方的偏好……”：Richard Taylor, *How to Read a Church*, p.23.

“最流行的解释是，教堂的建造是为了对准守护神节日当天的日出方向”：Clive Fewins, *The Church Explorer’s Handbook*, p.17.

“反射到车灯和我们眼睛中的光的颜色……”：Countryside Detective, *Reader’s Digest*, p.209.

第十六章 海滨、河流和湖泊

“加州的欧紫八宝”：http://www.greenzonelife.com/alpine-and-rock-garden/sempervivum.html.（访问于 2015 年 3 月 9 日。）

“一条郁郁葱葱的绿色带子从海滩的顶部延伸到海里……”：Countryside Detective, *Reader’s Digest*, p.324.

绿背蟾蜍：Secrets of the Seashore, RD, p.16.

“墨角藻在恶劣条件下生长的气囊状物较少……”：Mitchell, C., *Quirky 1*, p.34.

“有一种自由漂浮的海草，叫作‘庄稼汉的假发’……”：Mitchell, C., *Quirky 1*, p.26.

“在离这个区域不远的地方也会发现海滨芥，因为它的种子被海水冲到这里……”：Falkus, H., p.31.

“大叶藻生长在一到四米深的地方……”：*Secrets of Seashore*, p.79.

“看到跳跃的钓饵鱼是鲨鱼出没的线索……也是救生员该让人们从水中离开的信号……”：Brouwer, J., p.115.

“我们只会在亮斑和暗斑的交界处看到最微弱的涟漪……”：Minnaert, p.312.

“任何河流的笔直区段都不会超过其自身宽度的 10 倍……因为弯道的半径通常是宽度的两到三倍……”：*Mathematical Nature Walk*, p.183.

“垃圾往往会堆积在水流方向的右侧的河岸上……”：Mitchell, C., *Quirky 1*, p.127.

第十七章 雪与沙

雪崩：这一部分内容参考了爱德华·拉沙佩勒的著作《雪的秘密》。

第十九章 稀有的、非凡的

维克托·卡兰萨：*The Economist*, Obituary, 20 April 2013, p.90.

淡蓝菥蓂：Proctor, M., p.236.

青冈衣：Purvis, W., p.90.

驯鹿眼睛：http://www.independent.co.uk/news/science/british-scientists-discover-reindeer-eyes-change-color-from-gold-to-blue-over-course-of-the-seasons-8916008.html.（访问于 2013 年 11 月 6 日。）

蜜环菌：*The Book of Fungi*, p.63.

沙之味：Dr Anne Best, 私人谈话。

Fucus ceranoides：*Secrets of the Seashore,* p.55.

白亚麻：Proctor, M., p.220.

“如果你在高纬度地区的山区徒步，你偶尔会遇到一个有趣的现象，即‘波浪林’……”：http://csdt.rpi.edu/na/tunturyu/cb-navigating.html.

“奥特兰”：http://www.hawaiilibrary.net/article/whebn0006206592/outer%20lands.（访问于 2015 年 3 月 9 日。）

“气候和环境会随纬度逐渐变化”：本段参考了斯托克斯和格拉斯伯格的著作。

地震：这部分参考了苏珊·霍夫的书《预测无法预测之事》。

满月与睡眠：http://www.huffingtonpost.com/2013/07/29/full-moon-sleep-problems_n_3654323.html?utm_hp_ref=healthy-living.（访问于 2013 年 7 月 30 日）

附录 I

“视力绝佳的人可以在 112 英尺的距离内分辨出一厘米的……”：Naylor J., p.179.

“在大约 170 米（560 英尺）的距离内，它们似乎都是同样的距离……”：Minnaert, p.160.

“科学家们估计，由于大气层的影响降低了对比度……”：Naylor, J., p.19.

“约翰·巴特利特船长清楚地看到并确定了斯奈山冰盖的轮廓……”：Naylor, J., p.63.

致 谢

爬山是对生活中许多更令人满意的挑战的一个恰当的比喻。写这本书的过程比我想象的或计划中更漫长，更困难，更令人筋疲力尽。但是，谁没有在某个时候，故意走上一条比自以为完全合理的时间稍长的路？我们把自己扔到小路和山丘上，有时正是出于那个最奇怪的原因——自我欺骗——从而获得令人惊讶的满足感。也许，这就是我提笔写下这本特别的书的原因。我不确定，我所知道的是，在这一路上，我得到了很多帮助。

如果有人在户外足够热情地寻求某种东西，那么他们就会以独特的视角来认识它。在这本书中，我将自己的经验与各种背景的人结合起来，其中有星期日的徒步者、寻宝者和猎头者。那些追寻金子的人和以血为目标的人都提供了宝贵的洞见，但我更要感谢那些两者都不追求，只喜欢新鲜空气的人，他们提供了宝贵的知识。

太多的人忍受了我对他们发出的徒步和谈话的邀请，还有最糟糕的——我过分好奇的咨询邮件，我将永远感谢他们。彼得·吉布斯、吉姆·兰利、理查德·韦伯、特蕾西·扬哈斯本、约翰·帕尔、夏洛特·沃克、亚当·巴尔，我感谢你们。非常感谢穆罕默德·沙迪安，在我们进出婆罗洲中心地带的过程中，他忍受了我几个星期的温和追问——感谢沙迪，我们找到了“聪明的老山羊”！

这本书中的任何错误都是我自己的，任何愚蠢之处也是我自己的。

感谢这些年来所有来参加我的课程的人，特别是那些从全国和世界各地发来自己的意见的人。

我要感谢受托出版本书的赛普特公司的所有人：有一个出版商能像我喜欢在没有地图或指南针的情况下走上活火山一样，对出版不寻常的书的风险不屑一顾，这真是太好了。还要感谢那些为本书的制作而努力工作的人，尤其是麦迪·普莱斯、艾玛·戴利和尼尔·高尔。为使该书的美国版成功付梓，我想感谢以下人士：尼古拉斯·齐泽克和The Experiment的团队，以及马克·威廉姆斯，他将许多自然界的例子“翻译”成了美国物种，这些研究工作真是太令人震撼了。我尤其要感谢为帮助我把这本书从想法变成现实做了最多工作的两个人：我的出版商鲁伯特·兰卡斯特和我的经纪人索菲·希克斯。

最后，我要感谢我的家人。

部分参考文献

Adam, John A. A Mathematical Nature Walk [M]. Princeton: Princeton University Press, 2009.

Aveni, Antony. People and the Sky [M]. London: Thames & Hudson, 2008.

Bagnold, R. A. The Physics of Blown Sand and Desert Dunes [M]. London: Methuen and Co., 2005.

Baker, John. Elementary Lessons in Botanical Geography [M]. Milton Keynes: Lightning Source, 2012.

Barkham, Patrick. The Butterfly Isles [M]. London: Granta, 2011.

Barnes, Brian. Coast and Shore [M]. Marlborough: The Crowood Press, 1989.

Baron, George. Understanding Lichens [M]. Slough: The Richmond Publishing Co., 1999.

Binney, Ruth. The Gardener's Wise Words and Country Ways [M]. Cincinnati: David and Charles Ltd., 2007.

Binney, Ruth. Wise Words and Country Ways: Weather Lore [M]. Cincinnati: David and Charles Ltd., 2010.

Binney, Ruth. Amazing and Extraordinary Facts: The English Countryside [M]. Cincinnati: David and Charles Ltd., 2011.

Birkhead, Tim. Bird Sense [M]. London: Bloomsbury, 2012.

Black's Nature Guides. Trees of Britain and Europe [M]. London: A&C Black, 2008.

Brightman, F. H. and Nicholson, B. E. The Oxford Book of Flowerless Plants [M]. Oxford: OUP, 1974.

Brouwer, Jim. Gold Beneath the Waves [M]. Marston Gate: Good Storm Publishing, 2011.

Brown, Tom. Tom Brown's Field Guide to Nature Observation and Tracking [M]. New York: Berkley Books, 1983.

Brown, Tom. The Science and Art of Tracking [M]. New York: Berkley Books, 1999.

Burton, Antony and May, John. Landscape Detective [M]. London: Allen & Unwin, 1986.

Caro, Tim. Conservation by Proxy [M]. London: Island Press, 2010.

Caro, Tim. Antipredator Defenses in Birds and Mammals [M]. Chicago: University of Chicago Press, 2005.

Coutts, M. P. and Grace, J. Wind and Trees [M]. Cambridge: Cambridge University Press, 1995.

Davis, Wade. The Wayfinders [M]. Toronto: House of Anansi Press Inc., 2009.

Dobson, Frank. Lichens [M]. Richmond: The Richmond Publishing Co., 1981.

Dodge, Richard. Our Wild Indians [M]. New York: Archer House Inc., 1959.

Duke, James. Handbook of Edible Weeds [M]. Boca Raton: CRC Press, 2001.

Eash, Green, Razni and Bennett. Soil Science Simplified [M]. Iowa: Blackwell, 2008.

Falkus, Hugh. Nature Detective [M]. London: Penguin, 1980.

Fewins, Clive. The Church Explorer's Handbook [M]. Norwich: Canterbury Press, 2012.

Gatty, Harold. Finding Your Way Without Map or Compass [M]. Mineola: Dover, 1999.

Gilbert, Oliver. Lichens [M]. Redgorton: 2004, Scottish Natural Heritage, 2004.

Glassberg, J. Butterflies of North America [M]. New York: Sterling, 2011.

Gooley, Tristan. How to Connect with Nature [M]. London: Macmillan, 2014.

Gooley, Tristan. The Natural Navigator [M]. London: Virgin, 2010.

Gooley, Tristan. The Natural Explorer [M]. London: Sceptre, 2012.

Gould, J. and Gould, C. Nature's Compass [M]. Oxford: Princeton University Press, 2012.

Greenberg, Gary. A Grain of Sand [M]. Minneapolis: Voyageur Press, 2008.

Hall, P., Sussex Plant Atlas, Brighton: Borough of Brighton, 1980.

Hart, J. W. Plant Tropisms and Other Growth Movements [M]. London: Unwin Hyman

Ltd, 1990.

Heath, Pollard & Thomas. Atlas of Butterflies in Britain and Ireland [M]. London: Viking, 1984.

Heuer, Kenneth. Rainbows, Halos, and Other Wonders [M]. New York: Dodd, Mead & Co., 1978.

Holmes, Richard. Falling Upwards [M]. London: William Collins, 2013.

Hough, Susan. Predicting the Unpredictable [M]. Woodstock: Princeton University Press, 2010.

Ingram, Vince-Prue & Gregory. Science and the Garden [M]. Oxford: Blackwell, 2008.

Kearney, Jack. Tracking [M]. A Blueprint for Learning How, El Cajon: Pathways Press, 2009.

Knight, Maxwell. Be a Nature Detective [M]. London: Frederick Warne & Co Ltd., 1968.

Koller, Dov. The Restless Plant [M]. London: Harvard University Press, 2011.

LaChapelle, Edward. Secrets of the Snow [M]. Seattle: University of Washington Press, 2001.

Laundon, Jack. Lichens [M]. Princes Risborough: Shire Publications, 2001.

Laws, Bill. Fields [M]. London: HarperCollins, 2010.

Lord, W. and Baines, T. Shifts and Expedients of Camp Life [M]. Uckfield: Rediscovery Books Ltd., 2006.

Lynch, Mike. Minnesota Weatherwatch [M]. St Paul: Voyageur Press, 2007.

Marler, P. and Slabbekoorn, H. Nature's Music [M]. San Diego: Elsevier, 2004.

Mattheck, Claus. Stupsi Explains the Tree [M]. Forschungszentrum Karlsruhe GmbH, 1999.

Mattheck, Claus and Breloer, Helge. The Body Language of Trees [M]. Norwich: The Stationery Office, 2010.

Maxwell, Donald. A Detective in Sussex [M]. London: The Bodley Head, 1932.

McCully, James Greig. Beyond the Moon [M]. London: World Scientific Publishing Ltd., 2006.

Minnaert, M. Light and Color in the Open Air [M]. New York: Dover Publications, 1954.
Mitchell, Chris. Quirky Nature Notes [M]. Isle of Skye: Christopher Mitchell, 2010.
Mitchell, Chris. Quirky Nature Notes Book Two [M]. Isle of Skye: Christopher Mitchell, 2011.
Mitchell, Chris. Lake District Natural History Walks [M]. Wilmslow: Sigma Leisure, Date NK.
Mitchell, Chris. Peak District Natural History Walks [M]. Ammanford: Sigma Leisure, 2005.
Mitchell, Chris. Isle of Skye Natural History Walks [M]. Wilmslow: Sigma Leisure, 2010.
Moore, John. The Boys' Country Book [M]. London: Collins, 1955.
Morris, Desmond. Manwatching [M]. London: Collins, 1982.
Morris, Desmond. Dogwatching [M]. London: Jonathan Cape, 1986.
Muir, Richard. Landscape Detective [M]. Macclesfield: Windgather Press, 2001.
Muir, Richard. Be Your Own Landscape Detective [M]. Stroud: Sutton Publishing, 2007.
Muir, Richard. How to Read a Village [M]. London: Ebury, 2007.
Niall, Ian. The Poacher's Handbook [M]. Ludlow: Merlin Unwin, 2010.
Naylor, John. Out of the Blue [M]. Cambridge: Cambridge University Press, 2002.
Page, Robin. Weather Forecasting the Country Way [M]. London: Penguin, 1981.
Papadimitriou, Nick. Scarp [M]. London: Sceptre, 2012.
Parker, Eric. The Countryman's Week-End Book [M]. London: Seeley Service, 1946.
Prag, Peter. Understanding the British Countryside [M]. London: Estates Gazette, 2001.
Purvis, William. Lichens [M]. London: Natural History Museum, 2000.
Rackham, Oliver. Woodlands [M]. London: Collins, 2010.
Reader's Digest, The Countryside Detective, London: Reader's Digest, 2000.
Reader's Digest. Secrets of the Seashore [M]. London: Reader's Digest, 1984.
Renner, Jeff. Lightning Strikes [M]. Seattle: The Mountaineers Books, 2002.
Royal Geographical Society. Hints to Travelers Volume Two [M]. London: Royal Geographical Society, 1938.
Rubin, Louis D. & Duncan, Jim. The Weather Wizard's Cloud Book [M]. New York:

Algonquin Books, 1989.

Ryder, Alfred Ryder Sir. Methods of Ascertaining the Distance From Ships at Sea [M]. 1845.

Sadler, Doug. Reading Nature's Clues [M]. Peterborough, Canada: Broadview Press, 1987.

Schaaf, Fred. A Year of the Stars [M]. New York: Prometheus Books, 2003.

Schaaf, Fred. The Starry Room [M]. Mineola: Dover, 2002.

Sibley, D.A. The Sibley Guide to Bird Life & Behavior [M]. New York: Knopf, 2001.

Sloane, Eric. Weather Almanac [M]. Stillwater: Voyageur Press, 2005.

Sterry, Paul and Hughes, Barry. Collins Complete Guide to British Mushrooms & Toadstools [M]. London: Collins, 2009.

Stokes, D., Stokes, L., & Williams, E. Stokes Butterfly Book [M]. The Complete Guide to Butterfly Gardening Identification and Behavior, New York: Little, Brown, 1991.

Taylor, Richard. How to Read a Church [M]. London: Rider, 2003.

Thomas, Peter. Trees [M]. Their Natural History, Cambridge: Cambridge University Press, 2000.

Tooker, William Wallace. The Indian Place-Names On Long Island and Island Adjacent with Their Probable Significations [M]. New York: Knickerbocker Press, 1911.

Underhill, Paco. Why We Buy [M]. London: Texere Publishing, 2000.

Watson, John. Confessions of a Poacher [M]. Moretonhampstead: Old House Books, 2006.

Watts, Alan. Instant Weather Forecasting [M]. London: Adlard Coles, 1968.

Welland, Michael. Sand [M]. Oxford: Oxford University Press, 2009.

Wessels, Tom. Reading the Forested Landscape [M]. Woodstock: The Countryman Press, 1997.

Wessels, Tom. Forest Forensics [M]. Woodstock: The Countryman Press, 2010.

Woolfson, Esther. Corvus [M]. London: Granta, 2008.

Young, Jon. What the Robin Knows [M]. New York: Houghton Mifflin, 2012.

图书在版编目（CIP）数据

消逝的艺术：如何读懂大自然的迹象 /（英）特里斯坦·古利（Tristan Gooley）著；丁将译．—西安：世界图书出版西安有限公司，2023.5

书名原文：The Lost Art of Reading Nature's Signs: Use Outdoor Clues to Find Your Way, Predict the Weather, Locate Water, Track Animals—and Other Forgotten Skills

ISBN 978-7-5232-0216-6

I. ①消… II. ①特… ②丁… III. ①自然科学—普及读物 IV. ① N49

中国国家版本馆 CIP 数据核字（2023）第 045223 号

消逝的艺术：如何读懂大自然的迹象

XIAOSHI DE YISHU：RUHE DUDONG DAZIRAN DE JIXIANG

作　　者　〔英国〕特里斯坦·古利
译　　者　丁　将
责任编辑　王婧姝　郭　茹
书籍设计　鹏飞艺术
出版发行　世界图书出版西安有限公司
地　　址　西安市雁塔区曲江新区汇新路 355 号
邮　　编　710061
电　　话　029-87233647（市场部）　029-87234767（总编室）
网　　址　http://www.wpcxa.com
邮　　箱　xast@wpcxa.com
经　　销　新华书店
印　　刷　三河市中晟雅豪印务有限公司
开　　本　960mm × 640mm　1/16
印　　张　25
字　　数　350 千字
版　　次　2023 年 5 月第 1 版
印　　次　2023 年 5 月第 1 次印刷
国际书号　ISBN 978-7-5232-0216-6
定　　价　39.80 元

著作权合同登记号　图字：10-2021-376 号